方山黄

胶 蓝

鲁 红

青6号

青 皮

小白蚕

银　白

沈黄 1 号

特大 1 号

抗病 2 号

高新 1 号

青黄蚕血统、黄蚕血统及杂交种

柞蚕卵

柞蚕蛾

柞蚕蛹（黄）

柞蚕蛹（黑）

柞蚕种茧

晾　蛾

晾　对

单蛾袋产卵

纸面产卵（混产）

纸面产卵（单蛾）

柞蚕放养

柞树中干树型

学术前沿研究

辽宁省教育厅高校科技专著出版基金资助

柞蚕蚕种学

秦 利 姜德富◎主 编

北京师范大学出版集团
BEIJING NORMAL UNIVERSITY PUBLISHING GROUP
北京师范大学出版社

图书在版编目（CIP）数据

柞蚕蚕种学／秦利，姜德富主编.—北京：北京师范大学
出版社，2011.6
（学术前沿研究）
ISBN 978-7-303-12227-1

Ⅰ．①柞…　Ⅱ．①秦…②姜…　Ⅲ．柞蚕-蚕种
Ⅳ．① S885.1

中国版本图书馆 CIP 数据核字（2011）第 049796 号

营销中心电话　　　010-58802181 58808006
北师大出版社高等教育分社网　http://gaojiao.bnup.com.cn
电　子　信　箱　　beishida168@126.com

出版发行：北京师范大学出版社 www.bnup.com.cn
　　　　　北京新街口外大街 19 号
　　　　　邮政编码：100875

印　　刷：北京京师印务有限公司
经　　销：全国新华书店
开　　本：155 mm × 235 mm
印　　张：20.5
插　　页：2
字　　数：315 千字
版　　次：2011 年 6 月第 1 版
印　　次：2011 年 6 月第 1 次印刷
定　　价：43.00 元

策划编辑：姚斯研　　责任编辑：姚斯研
美术编辑：毛　佳　　装帧设计：天之赋设计室
责任校对：李　菌　　责任印制：李　啸

主要编写人员名单

主　编　秦　利　姜德富

副主编　石生林　李喜升　姜义仁

编　委（以姓氏笔画为序）

包　臣　石生林　石淑萍　朱有敏　刘彦群

李喜升　杨瑞生　姜义仁　姜德富　秦　利

序 言

　　我国是柞蚕种的发源地，柞蚕生产已有 2 000 多年的历史，柞蚕业作为一项传统的特色产业在我国经济发展中占有重要的地位。新中国成立至今，在柞蚕种质资源、遗传育种及良种繁育等领域取得了显著的成绩，为柞蚕业发展作出了巨大贡献。为了实现柞蚕业的优质、高产、高效及可持续发展，总结柞蚕种质资源及利用方面的研究成果，促进柞蚕种质资源研究及利用，特编写此书。

　　《柞蚕蚕种学》总结了柞蚕种质资源的研究及应用领域的技术成果，论述了柞蚕种的发生及遗传规律、柞蚕品种选育及良种繁育、柞蚕杂种优势利用及柞蚕种茧检验的原理与方法，系统总结了我国柞蚕蚕种学领域的主要科学研究成就。

　　本书编写的基本思想是坚持理论与实践相结合的原则，贯彻实用性、系统性、科学性和先进性，反映我国柞蚕蚕种学领域最新科研成就、现状和水平，力求把本书编写成一部以记录我国柞蚕蚕种学领域的成就为主体，又能反映本学科发展水平，并对柞蚕生产具有指导作用的著作。

　　本书由沈阳农业大学和辽宁省蚕业科学研究所共同编写，参加编写者均是专门从事柞蚕育种及良种繁育的教学及研究人员。由于我国地域辽阔，柞蚕蚕种学涉及领域广泛，各地区柞蚕良种繁育的技术与方法不尽相同，还有许多未知领域需要研究和探索，希望此书的出版能够对推动柞蚕蚕种事业的发展起到微薄之力。本书不当之处敬请各位读者批评指正。

编　者

2011 年 3 月

目　录

绪　论

　　柞蚕 *Antheraea pernyi* 属鳞翅目、大蚕蛾科的泌丝昆虫(silk spin-ning insect)，联合国粮农组织(FAO)称之为非家蚕(Non-mulberry silk-worm)。柞蚕属共有 35 个种和变种，其中，以中国柞蚕的生产量最高，经济价值最大，约占世界野蚕丝总产量的 90%，年产柞蚕茧约 7×10^4 t。

　　中国是柞蚕种的发源地，柞蚕和柞树资源丰富，分布辽阔。多数省份都有饲养柞蚕的历史，大部分省区气候资源适合柞蚕生长发育。柞蚕种自发生以来历经千百年，在我国广阔的山区繁衍生息，经过人类的选择和驯化，成为我国重要的经济昆虫资源之一。发展柞蚕生产，首先要收集、保存和选育柞蚕品种，柞蚕蚕种学就是研究柞蚕种质资源、品种改良及选育新品种的科学。其主要任务是发掘和改良现有柞蚕种质资源、培植新的柞蚕群体遗传结构，使柞蚕优良品种得到科学合理的繁育和保存，为柞蚕生产提供丰富的品种资源。

1. 柞蚕茧利用的历史

　　柞蚕之名始于晋(265—420)郭义恭所著的《广志》，因它以柞树叶为饲料而得名，"柞蚕食柞叶，民以作绵"。因放养在山野，又称山蚕或野蚕。柞蚕原产中国，为与柞蚕属的天蚕 *Antheraea yamamai*、印度柞蚕 *Antheraea mylitta* 相区别，而称之为中国柞蚕(Chinese oak silk worm

或 Chinese tussah)。

柞蚕生产起源于中国。西晋崔豹所撰《古今注》中记载:"(汉)元帝永光四年(前40)东莱郡东牟山(今山东省牟平县昆嵛山一带),有野蚕成茧,茧生蛾,蛾生卵,卵著石,收得万余石,民以为蚕絮。"依此推之,我国柞蚕茧的采集利用已有2 000多年的历史。关于柞蚕茧的利用历史,《尚书·禹贡》载:"莱夷作牧,厥篚檿丝。"而《尚书·禹贡》写于战国时代,所记之物当是公元前21世纪~公元16世纪的史实。蒋猷龙认为远古时期的"檿"即现代的柞树,檿丝即柞蚕丝,其产地为今山东省鲁中南地区,因此柞蚕茧的利用至少已有3 500多年的历史。

章楷(1991)认为,古今学者往往以"檿"为柞,以"檿厌丝"为柞丝,而"檿"与"檿丝"的记载出于《禹贡》,这样就把古代对柞蚕的利用历史提早到夏代了。他认为目前尚无确切的史料可以证明"檿"即为今日之柞树。《尚书·禹贡》注:"檿丝桑蚕丝,中琴瑟弦。"《诗》朱传:"檿,山桑也,与柘皆美材,可为弓干,又可蚕也。"《左传》:"山桑曰檿。"《汉书·五行志》:"檿,山桑之有点文者也。"另有《管子·地员篇》载:"其檿其桑,其柘其栎。"

柞树的称呼历来不一,《尔雅》称"栩""杼",《古今注》"杼实曰橡又名茅",《齐书》称柞树为槲。尽管称呼不同,但未见将檿说成柞树。宋代苏轼出守登州(山东半岛东部),闻该郡有野蚕,而未暇考其出自何林,后注曰:"檿丝出东莱,丝丝缯,坚韧异常,东莱人谓之山茧。"此后有人延其说,误以山茧一律为柞蚕茧,檿丝就为柞蚕丝了。其实东莱人习惯将山上的各种野蚕茧统称为"山茧",苏轼所指的山茧可能是桑野蚕茧(Bombyx mandarina),而不一定是柞蚕茧。

《登州府志》载:"檿丝出栖霞县,文登招远等县也有之,其茧生山桑。"王元廷在《野蚕录》考证中,更书以檿当柞为"宋儒之误也"。明朝《王桢农书》中没有记载柞蚕,而王桢是山东人,战国时的《禹贡》比公元前40年首次记载柞蚕还早2 000年左右,因此,当时很难有柞蚕丝为贡赋。

古文献有许多柞蚕结茧的记载,如《三国志·吴大帝本纪》:"黄龙三年(231)夏,有野蚕成茧大如卵";同年,《江宁府志》也作"有野蚕成茧大如卵";《宋书·符瑞志》还记载南朝宋文帝元嘉十六年(439),"宣城宛陵县(今安徽宣城)野蚕成茧大如雉卵,弥漫林谷,年年转盛";以后还有"生野蚕三百余里"的记载。

对人工放养柞蚕较详细的记载始于清代。清顺治八年(1651)，孙廷铨在其《南征纪略》的《山蚕说》中记载了山东省诸城石门村农民在榭林中放养柞蚕的情景和柞蚕人工放养技术及捻线等方法，张纲孙在题为《蒙阴》的诗中生动地记述了蒙阴县(山东境内)农民放养柞蚕的情景。这些史料说明当时的山东省诸城、蒙阴、沂水等地柞蚕人工放养技术，包括选种、留种技术及柞蚕制丝技术已达到相当高的水平，柞蚕丝绸业已发展成为当地的一项重要产业。鲁中南地区自然成为我国柞蚕的发源地，以后这里的柞蚕直接或间接地传播到其他地区。

1956年，河南省嵩县黄水村发现"嵩县野柞蚕"(一化性青绿)，由河南省南召蚕业试验场收集整理。1960年及1993年，河南省信阳地区梅云昌二次发现"信阳野柞蚕"。该野生柞蚕为青黄蚕系统，二化间有一化，现保存在河南云阳蚕业试验场。20世纪80年代中期，台湾林业试验所在台湾中部山区收集到"台湾野柞蚕"(青黄一化)。这些野生柞蚕的发现成为柞蚕起源于中国的实物证据。

2. 柞蚕生产

《宋书·符瑞志》载："汉光武建武初年(25)，野茧、谷充给百姓。其后耕蚕稍广……。"这一史料说明，公元25年，汉光武帝刘秀对发展柞蚕生产曾采取了一系列措施，包括发放柞蚕种茧和提倡柞蚕生产，甚至把耕蚕相提并论，并指明了"其后耕蚕稍广"；从此以后，即有"几十处野蚕成茧，一度弥漫林谷(宛陵)，年年转盛，织纫成万匹"的记载。

虽然东汉时期已开始从事柞蚕生产，但明代前期，我国古文献中还不断出现关于"野蚕成茧"的记载，野蚕发生数量多的年份往往被认为是祥瑞的征兆，说明此时人工放养柞蚕数量还很少。明代中叶以后，关于"野蚕成茧"的记载很少，这可能是因为人工放养柞蚕已成一定规模，人们不再关心山林中出现野生蚕茧。

如明末清初孙廷铨所记："野蚕成茧，惜人谓之上瑞，乃今东齐山谷，在在有之。"另外，宋代以前的文献中很少提到人工放养柞蚕。如《农桑辑要》和《王祯农书》中介绍了南北方的农桑生产，但都没有提到柞蚕。因此大量放养柞蚕迟至明代中叶以后，才成为山区农家比较重要的副业。

3. 柞蚕种的传播

柞蚕种首先在山东省鲁中南地区出现并人工放养,以后向全国各地传播,山东省自然成为中国古代柞蚕种的第一个传播中心。

明嘉靖年间(1522—1566)编辑的《南阳府志》载:绸分山丝绸与家丝绸两种,山丝绸则南召、镇平等8县。河南省与山东省相邻,该省柞蚕种最初是由山东传入。清乾隆九年(1744)九月,河南巡抚硕色奏称:"近有东省(山东省)人民携带柞蚕茧来豫,伙同放蚕,具已得种得法。"河南柞蚕业兴起以后,经累代选择,形成了地方性品种——鲁山种,又向其他各省传播。《册府元龟》记载了五代十国公元936年的河北省柞蚕。河北省是山东省近邻,放养柞蚕从山东传到河北可能在清代康熙、雍正年间。《册府元龟》载:"唐武德五年(662)三月,梁州野蚕成茧,百姓得而用之。"当时梁州即今日陕西汉中,野蚕应为柞蚕。《宋史》记载了北宋乾德四年(966)陕西秦岭以北的柞蚕。清康熙三十七年(1698),山东诸城人刘起任陕西宁羌州(宁强县)知州,从山东购买种茧,并由山东来的养蚕农民和织绸工人传授养蚕方法和织绸技术。清雍正三年(1725)陕西兴平县绅士杨双山,又从山东购买柞蚕种茧到终南山麓放养。

辽宁省是中国柞蚕的主产区,《金史·太宗本纪》载:"金太宗天会三年七月,南京帅以锦州野蚕成茧,奉其丝绵来献,命赏其长史。"表明辽宁省于公元1125年已有柞蚕成茧,而且以锦州地区较早。清乾隆八年(1743),清高宗要把山东放养樗蚕、柞蚕的方法传布,以收蚕利。同年,四川按察使姜顺龙给朝廷的奏章中说:"四川大邑县知县王隽(山东胶州人)曾取东省(山东省)茧数万,散给民间,教以喂养,两年以来,已有成效。"

遵义是贵州省放养柞蚕最早、最发达的地方。清乾隆四年(1739),遵义知府陈玉玺派人去山东购买种茧、招柞蚕师来遵义。但种茧在途中羽化了,未能成功。当年冬天,陈玉玺再次派人去山东购买种茧,放养春蚕,成绩甚佳。但用春茧放养秋蚕时,因不明当地气候条件而失败。经过两次失败,终于在清乾隆六年试养成功。

《宋史·五行志》记叙了公元1099年湖北房县的柞蚕结茧。清乾隆九年(1744),湘西的道州、辰州等地曾饲养柞蚕。1828年,云南省从贵州安平购买种茧在昆明东郊放养。有学者认为,云南放养柞蚕是清嘉庆年间，即 19 世纪前期从贵州传去的。

《册府元龟》载："贞观十三年(639)滁州言，野蚕成茧，遍于山谷；濠州、卢州献野茧"。公元 639 年、640 年连续记叙了安徽滁县等地的柞蚕盛况。清乾隆三十一年(1766)，山东潍县人韩理堂任来安县知县时，曾把放养柞蚕介绍到来安，并参考山东巡抚衙门的《养山蚕成法》(咯尔吉善，1743)改写成《养蚕成法》。

东北地区的吉林省、黑龙江省及华北地区的内蒙古自治区是在 20 世纪初开始饲养柞蚕的。清光绪三十三年(1907)，许鹏翙认为："山蚕却有可兴之利"。提倡养蚕，编辑《橡蚕新篇》《养蚕简明法》等，1911—1931 年间，又有山东、辽宁等农民携带柞蚕种到吉林养蚕。《宾县县志》记载，清光绪三十一年(1905)，黑龙江曾放养过柞蚕，因早霜危害，未能发展起来。20 世纪 50 年代后，在"二化一放"技术推广后，黑龙江省的柞蚕业才得以发展起来。1958 年，内蒙古自治区由辽宁省引种试养柞蚕，实行"二化一放"后逐渐发展起来。

浙江省在清代末年才开始饲养柞蚕。《农工杂志》(1909)记载，曾从河南南阳购柞蚕种茧放养。1958—1961 年再次饲养柞蚕，由于未研究生态条件的适应性，未能发展下去。1965 年又从辽宁引进种卵饲养，由于二化性品种秋季羽化率只有 52%。引进的一化性品种的化性虽稳定，但夏季保种期长，柞蚕病害严重，比较经济效益低，未能继续发展(胡介泓，2004)。

目前我国有 10 余个省份发展柞蚕生产，每年约有 15 万个农户从事柞蚕生产，年产柞蚕茧约 7×10^4 t。日本、朝鲜、印度等国有少量柞蚕生产。

随着柞蚕种的传播，在长期的自然选择、人工选择及生殖隔离过程中形成了性状丰富、类型繁多的柞蚕品种资源，这是柞蚕业可持续发展的基础。

4. 柞蚕繁种技术进步

清代末年，柞蚕生产技术已相当进步，这可以从清代不同时期出版的《养山蚕成法》《养蚕成法》《樗茧谱》(郑珍，1837)、《野蚕录》(王元廷，1902)等柞蚕专著中论述蚕种、放养、病虫害防治等方面得以证明。

《养蚕成法》载："有一油烂茧，其蛹不活，茧出黑水，有臭气，不可为种。"可见当时已认识到脓病及对次代的影响,为防病由选茧进而发展出了选蚕和选蛾。《野蚕录》载:"育蚕莫过于选种,种不佳则蚕不旺,而收成也欠。"又载:"大约一树只供蚕二三日之食,盖春蚕喜移,或间日一移,或一日一移,愈移则蚕食旺……"这说明清代后期为解决春蚕生长发育与天旱叶质老硬的矛盾,已有春蚕密放勤移技术。清代前期的选种方法只是在采茧后选茧。清代后期从选茧发展到选蚕。

另据《山蚕辑略》(孙仲檀,1919)载:"育蚕最要之事,在选善良种子。按蚕子如高粱粒大,其色如嫩高粱粒,淡水红者佳,……而其要总在选蚕,选蚕时,要蚕身健强……""按母蛾腹大者不佳,产卵一二日即死;腹小而健强者佳,产卵后十余日才死。以是知蛾之寿命延长,即可知蛾之精明强悍。我前言选种,故以选蚕为主,又当以选蛾为要。"表明选种已注意对柞蚕 4 个变态期进行选择。同时,注意选择叶质,"预备作种,蚕初出时,不破嫩叶,而破老树头……此中之挫折,亦非一日,名曰拷蚕。拷蚕日久,而蚕身健固……"此史料说明,清代在选种时已重视强健性选择和自然选择的作用。

此后,选种开始按化性、体色分类命名,如杏黄、银白、胶蓝等农家品种。柞蚕茧生产的分工与改进,出现了保种、暖种、制种等人为控制温度,改善环境的繁种方法。

5. 我国柞蚕种选育及繁育技术的成就

中国柞蚕业走过了 2 000 多年的历史,柞蚕种质资源保存技术、繁育技术及育种技术的发展,加速了柞蚕品种的更新换代,提高了柞蚕业抵御风险的能力。

5.1 柞蚕种繁育技术的成就

据 1983 年统计,全国柞蚕茧主产区蚕茧生产比例:辽宁省 77%,河南省 7%,黑龙江省 5.1%,山东省 4.9%,吉林省 4.2%,湖北省 1.2%,内蒙古自治区 1.3%。

新中国成立 60 多年来,柞蚕茧的质量有大幅度提高,柞蚕茧的良茧率、全茧量、茧层率分别由新中国成立初期的 65%~70%、8.5~9.2 g、7.5%~8.5%提高到 80%~85%、10~12 g、11%~12%。柞蚕茧产量也有了大幅度提高,尤其是单产提高的幅度较大,这主要是柞蚕种质量的提高及养蚕技术的改进所致。

目前，我国主要柞蚕产区都建立了相应的柞蚕母种场、原种场，负责繁育柞蚕母种和原种。农业部及各省先后制定了《柞蚕良种繁育规程》，建立了《柞蚕种质资源数据库》，实施了柞蚕种质量检验，保证了柞蚕种的质量，为柞蚕生产的发展提供了优良种茧和种卵。

在柞蚕种繁育技术方面，实施了选蛾和雌蛾显微镜检查，保证了柞蚕卵的质量，控制了柞蚕微粒子病的发生；春柞蚕小蚕保护繁育技术的应用，有效地防止了晚霜的危害，提高了柞蚕种质量和产量；柞蚕蛾纸面产卵技术的普及，提高了秋柞蚕孵化率及收蚁结茧率；"二化一放"(single rearing of bivoltine tussah race)种茧低温控制方法及"一化二放"(twice rearing of monovoltine tussah race)保种技术研制成功，有效地利用气象资源和柞林资源，实现了高纬度、高寒山区柞蚕茧高产稳产，解决了一化性地区放养秋柞蚕丰产的问题；柞蚕平面制种技术的应用，既节省了制种用房，又改善了制种环境等。

5.2　柞蚕遗传育种成就

1949 年原辽东省五龙背蚕业试验场从凤城叆阳收集农家青黄种，经混合选择和系统选择，于 1954 年育成了我国第一个柞蚕新品种青黄1 号。1950 年该场又利用凤城农家种，以蚕体色为表型标记进行色系分离、系统选择，1956 年育成青 6 号，1963—1964 年在原沈阳农学院柞蚕研究室进一步选择培育，巩固和提高了种性，1965 年后在西丰县松树柞蚕种场继续选择和提高，在东北柞蚕区大面积推广。上述两个品种应用达 30 年之久，成为中国柞蚕史上划时代的品种。山东省蚕业改进所胶东分所以原辽东省安东(今丹东)地区的青黄种为材料进行整理，1953 年转入方山蚕种场继续选育，1958 年建立 4 个品系，命名为黄安东(后更名为青黄)。此后，山东省又育成了烟 6、789、方山黄 1 号、方山黄 2 号等。河南省农业厅柞蚕改良所从南召县南河店征集农家种，经系统选育育成河 41，适宜于雨量充沛、以麻栎为饲料的地区放养；1953 年又收集河南一化性农家种，以高茧层和虫蛹统一生命率为主要目标，经 6 代整理与选择，育成了黄蚕血统、一化、中熟品种 33 和 39，成为河南省主要生产品种。吉林省蚕业科学研究所于 20 世纪 50 年代初从辽东地区征集农家青黄种，以早熟为主要目标，经多年系统选择，于1960 年育成二化、早熟性青黄蚕品种小黄皮；20 世纪 90 年代，育成了选大 1 号，成为二化性地区的主要生产品种之一。

之后，辽宁、山东、吉林、河南、黑龙江、内蒙古、贵州等省区的育种工作者先后选育了一批柞蚕新品种，在生产上得到应用。

在杂交育种方面，探索出选用适应性强、生产性能好的品种作为母本，选用具有某种突出特点又符合或接近育种目标性状且与母本生态、生理特性差异较大或地理远缘的品种作为父本进行杂交，使育成品种适应性强、生产性能高等理论。20 世纪 50 年代我国柞蚕育种工作受到选择性受精理论影响，以 2 个或多个品种作父本，探索了多雄受精育成具有多个亲本品种优良性状新品种。通过杂交育种技术先后育成了许多经济性状好、生产性能高的柞蚕品种。

20 世纪 70 年代后期开始探索辐射诱变技术培育柞蚕新品种。1977 年辽宁省蚕业科学研究所采用氮分子等 4 种激光光源，分别照射处理蛹、成虫和卵，杂交第 2 代从氮分子激光蛹期处理第九能量密度区中发现变异个体，经 12 年 24 代选择培育，育成了二化、青黄蚕系统新品种多丝 3 号；山东省蚕业研究所 1977 年秋以 CO_2 作激光光源照射柞蚕卵，1985 年育成了黄蚕血统、二化性、早熟品种 C_{66}。

为了开发利用东北部柞树资源，发展高纬度寒温带地区柞蚕生产，从 20 世纪 60 年代开始，人们探索在长日照二化性柞蚕区选育一化性品种的可能性。1965 年辽宁省蚕业科学研究所以二化性品种青黄 1 号春蚕滞育蛹为材料，大蚕期在 6 月自然日照条件下筛选滞育蛹留种继代，1974 年育成了一化性品种四青；1964 年黑龙江省蚕业科学研究所利用夏季高温长日照的自然条件，从二化性青黄 1 号中选择滞育蛹留种继代，于 1972 年育成了一化性品种龙青 1 号；吉林省蚕业科学研究所以一化性品种松黄、日照为亲本进行杂交，在当地日照条件下筛选滞育蛹继代，经 15 代定向选择，1987 年育成了一化性品种吉黄一化。同时，1959 年河南省南召蚕业试验场选用一化性品种 39 为父本、山东省二化性品种胶蓝为母本杂交，从杂交后代中选择活性蛹继代，在短日照条件下逐代选择活性蛹留种，经 7 年 14 代选择培育，在一化性柞蚕区育成了二化率达 98% 左右的蓝二化和白二化两个新品种。

在茧丝品质改良方面，20 世纪 50 年代，河南省农业厅柞蚕改良所育成的一化性黄蚕多丝量品种河 41，茧层量 1.23 g，茧层率 14.11%，鲜茧出丝率 7.6%，茧丝长 1 126 m；之后育成的豫 7 号，茧层量 1.3 g，茧层率 16.2%，鲜茧出丝率 11.3%，茧丝长 1 336 m。二化性品种选育方面，中国农科院柞蚕研究所 1962 年育成的黄茧多丝量品种三里丝，茧层量 1.14 g，茧层率 12.68%，鲜茧出丝率 7.4%，茧丝长 1 200～1 400 m；1988 年辽宁省蚕业科学研究所育成的多丝 4 号，茧层量 1.25 g，茧层率 15.1%，鲜茧出丝率 7.2%；1989 年山东省方山柞蚕原种场育成的方山黄，茧层量 1.27 g，茧层率 14.94%，鲜茧出丝率 8.8%，茧丝长 1 160 m。

在茧色品种改良方面，1986 年金欣等选育出解舒性能好的柞蚕白茧品种白茧 1 号。此后，我国柞蚕育种工作者又选育了白茧 825、白茧 8711、华白 1 号、云白、8344 等白色茧品种。

1978 年辽宁省蚕业科学研究所根据 25 个柞蚕品种的抗性鉴定结果，筛选出抗性强的亲本材料，通过近交、纯化，选择抗核型多角体病毒能力强与耐低温饥饿能力强的亲本杂交，1989 年育成了抗柞蚕核型多角体病毒兼抗柞蚕空侗病的品种抗病 2 号；之后又育成了抗软化病品种 H8701。

1990 年姜德富等发掘高饲料效益的种质资源，作为柞蚕高饲料效益品种选育基础材料。经选择获得了饲料效益比现行品种高 15% 的个体，并建立了高饲料效益选育系，选育出高饲料效率品种 8821、8822 及杂交种"大三元"。

经过 50 多年的努力，我国育种工作者已选育了 140 多个柞蚕新品种及杂交种，包括生产用种和基础品种，成为柞蚕重要的种质资源。

5.3　柞蚕杂种优势的研究及利用

探索了柞蚕杂种优势产生的理论基础及杂交种的组配原则，选育了 30 多个杂交种。如河南省南召蚕业试验场于 20 世纪 50 年代选用河南省和贵州省一化性改良品种杂交，育成一化性黄茧血统品种豫杂 1 号。20 世纪 70 年代又育成了豫杂 2 号、豫杂 3 号。20 世纪 80 年代末，河南省云阳蚕业试验场育成 3 元杂交种豫杂 4 号，茧层量 1.23 g，茧层率 13.08%，鲜茧出丝率 8.2%，增产 20%～30%。

山东省、辽宁省等也先后育成了一批二元、三元、四元杂交种，尤其是辽宁省蚕业科学研究所姜德富等育成了高饲料效率大型茧三元杂交种"大三元"，成为柞蚕生产上应用范围最广、面积最大的杂交种。但柞蚕杂交种普及率不平衡，优良纯种、二元杂交种、三元杂交种、四元杂交种均在生产上应用。

6. 发展柞蚕生产的意义

柞蚕茧是中国的特产之一。柞蚕生产是重点蚕区农业生产中的重要组成部分，蚕业收入在某些重点蚕区占农业收入的 30% 左右，是部分山区农民的主要经济来源；柞蚕丝是高级的纺织原料，它具有强力大、耐酸、耐碱、耐热、耐湿、绝缘、通气、吸湿等特性，是纺织、化工、电力和国防工业的重要原料。可生产高级绝缘绸、电线包皮、轮胎内芯、降落伞等。柞丝绸具有坚韧强牢、轻柔薄软、色泽柔和、优美绚丽、穿着舒适等优点，在国际市场上享有很高声誉，畅销世界各地，是传统的出口创汇产品。

柞蚕蛹、卵、蛾、丝等的综合加工利用，为农业、医药、食品工业等提供了高附加值的产品。柞树具有耐瘠薄、耐干旱、萌芽力强等特点，是绿化荒山、涵养水源、防风固沙的优势树种，发展柞蚕生产有利于增加山区植被、保护生态平衡。

为了进一步推动我国柞蚕事业的发展，总结半个多世纪柞蚕种科学方面的研究成就，特编写此书，期望以此促进柞蚕蚕种事业的发展。

第 1 章

柞蚕生态环境

柞蚕生长在自然生态环境中，其生长发育受生态因子的影响，在长期的自然选择过程中，对各种生态因子具有较强的适应性，形成了自己的生活习性；同时，各种生态因子又影响着柞蚕的生命活动。研究柞蚕与生态环境之间的关系，了解并掌握生态因子对柞蚕的综合作用，从中找出影响柞蚕生长发育、繁殖、产量形成的主导因子，能够更好地利用生态条件，实现柞蚕生产高效、高产、优质、可持续发展。

1.1　柞蚕的习性

习性(habits)指柞蚕种群具有的生物学特性，包括柞蚕的活动和行为。柞蚕长期生活在野外，形成了在野外栎林食叶、活动、栖息的习性及抵御不良环境条件的能力，并能很好地生存和繁殖后代。

1.1.1　活动的昼夜节律

昼夜节律(circadian rhythm)是与自然界昼夜变化相吻合的活动规律，它对柞蚕的生命活动非常重要。如幼虫孵化、幼虫生长、成虫羽化等均具有明显的昼夜节律现象。柞蚕幼虫的取食行为规律是夜长于昼。柞蚕的生命活动节律存在季节性变化，如二化性春柞蚕的大蚕期在长光照条件下，表现为蛹不滞育；秋柞蚕大蚕期处在短光照条件下，表现为蛹滞育。另外,卵期长光照,也有促使蛹滞育的作用等。

1.1.2 柞蚕的食性

食性(feeding habit)是指柞蚕的取食习性。柞蚕是植食性(phytopha-gous)昆虫,且对饲料植物具有一定的选择性,主要以栎属植物的叶为食料,因而能以在分类上几乎无亲缘关系的多种植物为饲料,所以,柞蚕属多食性昆虫(polyphagous insect)。柞蚕的食性是在长期进化过程中形成的特性,有其相对的稳定性,但亦非永远不变。柞蚕本来取食天然饲料,但也可以改变使它取食人工饲料。在营建柞蚕饲料基地或配制人工饲料时,应根据食性选择柞蚕可食和喜食的树种;根据食性及不同龄期的生理要求,建立优良树种和树龄的柞蚕场;在特殊情况下,选用适合的代用饲料等。

达尼列夫斯基研究表明,柞蚕能取食 11 个科 37 种不同植物的叶子,但主要以山毛榉科栎属植物为主,如辽东栎、麻栎、蒙古栎等;此外,还取食栗属、杨柳科柳属的蒿柳、桦木科的桦木属、千金榆属、花椒属等。柞蚕不仅对饲料植物有一定的选择性,而且对饲料植物的叶质也具有主动的选食活动。如蚁蚕喜聚集枝梢选食嫩叶,当嫩叶被食尽后,再逐渐下移取食;如果叶量不足或叶质不良时,柞蚕为选食良叶会频频窜枝,3 眠前后更为明显,尤其以春蚕为甚,故有"春蚕好动,秋蚕好静""3 眠的腿,老眠的嘴"的说法。

柞蚕的取食时间,春蚕小蚕期,日出后渐长,并随温度升高而增加,日落后逐渐缩短;大蚕期则以日落后较长,中午温度高时较短,且喜隐藏于叶阴处取食。大山融在辽宁瓦房店市用 4 年生蒙古栎进行了秋蚕取食时间的研究,表明秋柞蚕取食时间随龄期的增加而增加,静止时间则相反;运动时间以 1 龄最长,2 龄最短。食叶、静止、运动所构成的动静回数,随蚕龄增加而减少。

1.1.3 柞蚕的趋性与抗逆性

1. 趋性

趋性(taxis)是指蚕体对刺激来源的定向改变、定向移动。如趋光性、趋温性、趋化性等。蚕体对刺激物有趋向和背向两种反应,因此趋性也有正趋性和负趋性。

(1)趋光性(phototaxis) 趋光性是蚕体通过视觉器官对光线的定向

反应。小蚕期尤其是蚁蚕，呈正趋光性，有利于蚁蚕上树、取食嫩叶；大蚕期为负趋光性，有利于防高温及烈日直射。柞蚕的趋光性还与光质有关，正常情况下，柞蚕喜集于青光、紫光；在经冷藏、绝食或蚕体虚弱时，则趋于绿光、黄光。

（2）趋密性（crowding 或 aggregation）　趋密性又称群集性，是同种昆虫的大量个体高密度地聚集在一起的习性。柞蚕属临时群集类型，因蚕龄而不同，小蚕趋密性强，大蚕则分散。因此小蚕可以密放，大蚕必须稀放。

（3）趋温性（thermotaxis）　趋温性是柞蚕对热和冷刺激的反应。当柞蚕同时遇到多种温度时，总是向它最适宜的温度移动，而避开不适宜的温度。当温度低于适温时，呈正趋温性；当温度高于适温时，呈负趋温性。选用蚕场时，春季应先用阳坡后用阴坡，撒蚁时先用柞墩的向阳处，秋蚕则相反。

（4）趋湿性（hydrotaxis）　趋湿性是柞蚕幼虫对湿度和水刺激的反应。当干旱或叶中水分低于蚕体生理要求时，柞蚕移向叶面饮露水或雨水。当低温多湿时，柞蚕不喜食雨露多的叶子。

（5）趋化性（chemotaxis）　趋化性是柞蚕通过嗅觉器官对化学物质刺激产生的反应。柞蚕幼虫趋向喜食树种及适熟叶；成虫趋向柞树枝叶产卵等。配制柞蚕人工饲料时，应添加诱食物质，促使柞蚕取食。

（6）向上性（apogeotropism）　向上性是柞蚕幼虫背离地心引力向上运动的习性。柞蚕幼虫除选食迁移时会出现向下运动外，一般情况下，总是向上运动，在有坡度的山坡上也向上爬行。春蚕收蚁和移蚕时，应撒在柞墩的坡下半墩枝条上；撒蚕时枝条应斜放或横放，使蚕在树上均匀分布。

2. 抗逆性

柞蚕幼虫的抗逆性是指它对营养缺乏、气候恶劣、病原、敌害等不良环境的抵抗能力。

（1）警觉性　柞蚕遇到外界物理因素如风吹枝动等刺激，便停止取食或爬行，进而体躯收缩，头胸昂举呈警戒状态。警觉性强的蚕抓着力强，抗御风、虫等能力也强；凡蚕体收缩紧且持续时间久的为健蚕。警觉性的强弱可以作为选蚕的依据之一。

（2）自卫、吐消化液　当外来刺激加强，蚕除收缩、停食不动、头胸昂举外，头胸还左右摇击自卫；刺激过大时，蚕便吐出消化液，对袭击的蝽象、瓢虫等小害虫有驱逐作用。移蚕操作刺激过大时，也会导致其吐出消化液，这会影响蚕的消化能力，不利于蚕体健康。

（3）知雨性　柞蚕对降雨来临有预感的习性。在降雨来临之前，柞蚕能从叶面转移到叶背隐藏起来，以防降雨的危害。为减少雨害损失，给蚕留有隐蔽之处，应在降雨来临之前移蚕；雨季撒蚕不宜过密；降雨时不应移蚕、匀蚕。

（4）抓着力　柞蚕有随时用足抓住枝叶的习性，当蚕体受到振动或遇风雨等刺激时更为明显。养蚕中常见 2～4 龄蚕遭受蜂类危害后，蚕体尾部残留在柞枝上，这是因为尾足、腹足有较强的抓着力。从枝条上取蚕时，应在警觉之前从尾端迅速抓下，以免损伤蚕体。蚕的抓着力，大蚕强，小蚕弱；取食期强，眠中弱；起蚕强，将眠时弱。蚕的抓着力是警觉、自卫、抗风的基础。

1.1.4　眠性及眠性变化

眠性（moltinism）是指幼虫眠的次数，是柞蚕在进化过程中形成的生理遗传特性。柞蚕幼虫从孵化到发育成熟，一般要眠 4 次。眠性主要是由脑－咽侧体－前胸腺系统分泌的激素强弱决定的，当脑激素分泌弱时，保幼激素分泌强。一般情况下，每龄初咽侧体分泌强，龄中脑激素分泌后促进前胸腺分泌蜕皮激素，而保幼激素分泌弱，幼虫就出现眠和幼虫蜕皮。脑激素的分泌又受伴性复等位基因控制。另外，柞蚕的眠性还受光照、温度、营养等因素的影响。眠性与蚕的数量性状有密切的关系，一般眠数多的蚕，幼虫期经过时间长，食下量多，全茧量高。眠数少的蚕则相反。

现行柞蚕品种属 4 眠性，即 4 眠 5 龄。由于环境条件的影响（干旱、柞叶老硬等），也有 5 眠 6 龄蚕发生。在自然条件下，柞蚕很少出现 3 眠蚕，如使用抗保幼激素类似物，也可使 4 眠蚕变为 3 眠蚕。秦利等（1996）在 3 龄起蚕添食抗保幼激素类似物"金鹿 3 眠素"，获得了 3 眠蚕。经诱导的 3 眠蚕其 3 龄经过延长 1～2 天，4 龄经过延长 7 天左右，全龄经过缩短约 8 天。

1.2　自然地理环境与柞蚕的分布

中国地域辽阔，地形复杂，气候多样，北起寒温带的黑龙江省，南至亚热带的云南省、贵州省、广西壮族自治区等省区都有中国柞蚕分布。由于各地地理环境及气候条件的差异,柞蚕在各地的分布及生物学特性也不同。在饲育方法、品种选育、良种繁育等方面也存在差异。

1.2.1　自然地理环境与柞蚕化性

化性(voltinism)是柞蚕在自然条件下,1 年中所发生世代数的特性。1 年中只发生 1 个世代的特性称为一化性;1 年中发生 2 个世代的特性称为二化性;1 年中发生 3 个世代以上的特性称为多化性。柞蚕因每个世代的生活周期较长,在自然条件下,只有一化和二化。

柞蚕化性是由生理遗传因素决定的,同时又受环境条件的影响。影响柞蚕生长发育的环境因子主要有光、温度、降水,这些环境因子从北到南存在地理性差异,这种地理性差异影响了柞蚕的分布。光照强度在地球表面有时间和空间的变化规律,在赤道附近光照强度最强,随纬度增加,太阳高度变低,光照强度相应减弱;同时,光照强度还随海拔高度的升高而增强。在北半球、温带地区太阳的位置偏南,因而南坡接受光照比平地、北坡多,温度也高;夏季光照强度最强,冬季最弱。从光谱成分上看,随太阳高度升高,紫外线和可见光所占比例增大,低纬度地区短光波多,高纬度地区长光波多;夏季短光波多,冬季长光波多。纬度不同,光照时间也有差异(表 1.2-1)。

表 1.2-1　北半球不同纬度的光周期变化(单位:时:分)

纬　度	0°	10°	20°	30°	40°	50°	60°	65°	66.5°
最长日	12:00	12:35	13:13	13:56	14:51	16:09	18:30	21:09	24:00
最短日	12:00	11:25	10:47	10:04	9:09	7:51	5:30	2:51	0:00

此外,温度在地球不同纬度上也有明显的变化规律。在北半球,随纬度北移,温度逐渐降低,纬度每增加 1°,年平均气温约降低 0.5 ℃,这种变化对柞蚕的生长发育有重要意义。从降水来看,我国从东南向西北降水量逐渐减少,可以划分为湿润、半干旱、干旱三大气候区。由于上述环境条件的变化主要是以纬度为中心,又与柞蚕的化性密切相关,因此形成了柞蚕的化性分布规律。柞蚕生产分为一化性地区和二化性地区。

顾青虹(1940)研究认为,柞蚕化性有明显的分界线,即北纬 35°为分界线,35°以北地区为二化性地区,35°以南地区为一化性地区,35°线附近为化性不稳定地区。苏伦安（1980）研究表明，在地域上，柞蚕有一个化性不稳定的活动带，从山东的泰安市（北纬 36°09′）经河南的林县（北纬 36°），至甘肃的平凉（北纬 35°25′），即从东北微偏西南走向的一条自然产生二化性柞蚕的最南界，在此线以北的山东、河北、辽宁、吉林、黑龙江、内蒙古自治区等省区饲育的柞蚕为二化性，把这一区域称为二化性地区。从山东的莒县（北纬 35°）经河南的嵩县（北纬 35°05′），至甘肃的天水（北纬 34°25′），即从东北微偏西南走向的一条自然产生一化性柞蚕的最北界。此线以南的河南、江苏、浙江、安徽、贵州、四川、云南、广西壮族自治区等省区饲育的柞蚕为一化性，将这一区域称为一化性地区。在柞蚕一化性北界线和二化性南界线之间，相距约一个纬度的地域是柞蚕的化性不稳定地带，是一化性和二化性的过渡区域。在该区域内，既分布有一化性柞蚕品种，又分布有二化性柞蚕品种。

　　自然地理环境对柞蚕的化性有极强的影响，如果将辽宁、山东胶东等地的二化性品种移至河南、贵州、四川等省一化性地区饲育，当代就有大部分蛹滞育变为一化，以此滞育蛹继代选育，可以选育出一化性品种。反之，若将河南、贵州、四川等省一化性品种移至辽宁、山东等省二化性地区饲养，同样当代就有大部分变为二化性，以此继代选育，也可以育成二化性品种。此外，即使同一地区，由于饲养时期不同，生态条件存在差异，也可使柞蚕化性发生改变。在二化性地区，如果春蚕饲养过早，导致秋蚕在 8 月下旬或 9 月上旬结茧，则出现部分非滞育蛹，羽化为"三化蛾"。如果春蚕饲养过迟，7 月上旬结茧，则常出现少量滞育蛹。又如山东沂水地区，地处北纬 35°～36°，是化性不稳定地区，更容易产生化性变化现象。春蚕的营茧期在芒种（6 月 6 日）前后，该地区的柞蚕品种在不同年份化性表现不同，有些年份蛹期滞育为一化性，有些年份蛹期不滞育为二化性。在化性品种选育方面，辽宁省蚕业科学研究所（1956）曾以二化性品种青黄 1 号的春季滞育蛹为材料，在 6 月份长日照下，育成了一化性品种四青，一化率达 95％以上。"八五"期间，又与吉黄 1 号组配成一化性杂交种吉黄×四青。黑龙江蚕业科学研究所（1972）从青黄 1 号中选择滞育蛹继代，在高纬度（北纬 46°）长光照（16小时）地区育成了一化性品种龙青 1 号、日照等，吉林省蚕业科学研究所以一化性品种松黄、日照为材料杂交选育，在长日照地区育成了一化性品种吉黄 1 化。河南省南召蚕业试验场选用一化性品种 39 为父本，二化性品种胶蓝为母本杂交，在一化性地区育成了二化性品种蓝二化和白二化。另外，为了更好地利用自然环境条件，经过多年的探索，人们成功地采用低温控制柞蚕种茧，使二化性地区实现了年养一次柞蚕即"二化一放"；一化性地区采用人工感光解除滞育法，实现了年养两次柞蚕即"一化二放"。

20 世纪 60 年代以来，我国蚕业工作者陆续发现了台湾野柞蚕（一化性）、嵩县野柞蚕（一化性）、信阳野柞蚕（二化间有一化）。三种野柞蚕都分布在一化性地区，其中，嵩县野柞蚕的滞育期特别长，短者 10 个月，长者可达 2 年以上；信阳野柞蚕通常有 85% 的个体为二化性，15% 的个体为一化性。二化性个体的春蛹期较长，恰好度过当地的高温季节，秋柞蚕才得以在较适宜的自然温度下生长发育，一化性个体一直到翌年春才发育。上述柞蚕化性育种及野生柞蚕的化性表现进一步说明，柞蚕化性既受内在遗传因素控制，又受外界环境条件影响；我国柞蚕原始种群中存在一化和二化两种类型。

1.2.2　自然地理环境条件与柞蚕品种分布

我国目前有记载的柞蚕品种约 140 余个。按化性来分，可以分为一化性品种和二化性品种；从体色上分，可以分为黄蚕血统、青黄蚕血统、蓝蚕血统、白蚕血统、青蚕血统、红蚕血统。不同品种对环境条件的要求不同，柞蚕品种的分布存在明显的地区性。一化性品种主要分布在北纬 35°线以南的一化性地区，二化性品种则主要分布在北纬 35°线以北的二化性地区。柞蚕幼虫的体色不同，对温度、光照等环境条件的适应能力也不同。黄蚕血统品种因幼虫体色对太阳光具有较强的反射作用，比较耐高温环境，所以黄蚕血统品种多分布在低纬度高温气候区，如山东、河南、四川、贵州等省；青黄蚕血统品种对太阳光的反射作用较小，不耐高温，因此青黄蚕血统品种多分布于高纬度中温带气候区，如辽宁、吉林等北方蚕区。蓝蚕血统品种主要分布于胶东半岛，白蚕血统品种应用较少。选用柞蚕品种，必须考虑该品种的地区适应性，才能实现高产、稳产。

我国主要柞蚕产区的自然地理环境条件与柞蚕品种分布如下：

(1)辽宁、吉林、黑龙江、内蒙古自治区地处北纬 38°43′~53°42′，属中温带季风气候区，柞蚕场主要分布在大、小兴安岭、长白山山脉及南延的吉林哈达岭、龙岗山脉、辽宁千山山脉的低山丘陵，海拔 150~400 m。主要饲料植物是蒙古栎、辽东栎、麻栎，是典型的二化性地区。

该区主要以青黄蚕血统品种为主，如青 6 号、青黄 1 号、抗病 2 号、选大、德花 5 号、扎兰 1 号等。柞蚕茧产量约占全国总产量的 88%。

(2)山东、陕西、山西、甘肃等省地处北纬 $31°42'\sim42°40'$，属中温带至暖温带气候区。柞蚕场主要分布在燕山山脉、太行山山脉、秦岭山脉以及胶东半岛的低山丘陵，海拔 $100\sim500$ m。主要饲料植物是麻栎、栓皮栎、蒙古栎。该区是一化性和二化性的过渡区域，既有一化性品种，又有二化性品种；既有黄蚕血统品种，又有青黄蚕血统品种，还有蓝蚕血统品种，如杏黄、烟 6、方山黄 $1\sim2$ 号等。柞蚕茧产量约占全国总产量的 6%。

(3)河南、安徽、湖北等省位于北纬 $29°05'\sim36°22'$，属暖温带气候区。柞蚕场主要分布在伏牛山、桐柏山、大别山等山脉及江南丘陵。主要饲料植物是麻栎、栓皮栎，是典型的一化性地区。该区主要以黄蚕系统品种为主，如河 41、33、39、豫 6 号等。柞蚕茧产量约占全国总产量的 5%。

(4)贵州、四川、广西壮族自治区等省区位于北纬 $21°08'\sim35°07'$，属暖温带至亚热带湿润季风气候区。柞蚕场主要分布在江南丘陵、云贵高原海拔 $50\sim300$ m 的低山丘陵。主要饲料植物是麻栎、栓皮栎、白栎。也是典型的一化性地区。该区主要以黄蚕血统品种为主，如 101、河 41、豫 6 号等。

1.3　柞蚕场的地理环境

柞蚕场(chinese tussah rearing yard)是饲养柞蚕的场所，它为柞蚕提供了生存空间和生活资料。柞蚕放养在野外，全部生命活动都在柞蚕场完成，因此柞蚕场的地理环境条件与柞蚕的生长发育有密切关系。影响柞蚕场小气候的主要地理环境因素是海拔高度和坡向。

1.3.1　柞蚕场的海拔高度与柞蚕饲育

海拔高度与柞蚕场小气候有密切关系，同一柞蚕场，由于海拔高度及地形不同其环境条件有较大差异，海拔高度高的高山或高原太阳辐射虽然较强，但由于空气稀薄，地面逆辐射的热量散失较快，气温较低。通常海拔高度每升高 100 m，年平均气温降低 0.5 ℃~0.6 ℃。同时气温还受地形、坡向等因素的影响，小气候环境也不完全如此，如坡面热量散失快，冷空气比重大，沿坡而下滑，集聚于洼地面上，使地面温度很快下降，所以无风夜晚洼地温度常比坡地低。又因为洼地常为热导率小的疏松土壤，易结霜，因此易受早霜、晚霜的危害，俗语称"霜打洼地""冷潮"，等等。而且，洼地蚕场通风较差，湿度小，排水不良等，柞树发芽晚，易遭霜冻，不适合用做春季蚁场和茧场。地势较高的丘陵、山坡、山梁，白天空气流通，散热快，温度升高慢；夜间冷空气沿山坡下滑，使下面的热空气上升，在山坡交互混合，气温反而比山梁和洼地都高，形成暖带，而且温差也小，适合用做春季蚁场。因此春蚕饲育应从山脚向山上放，先用低坡后用高坡，但不用洼地。秋蚕饲育先用山坡的中上部，但应避开风大的地方。茧场应选用中下部的蚕场。

1.3.2　蚕场坡度坡向与柞蚕饲育

坡度指山坡的陡峭程度，用垂直高度对水平距离的百分比来表示。坡度越大，单位水平面积的表面积也越大，按同种株行距栽植的柞树量，中等坡度的优良柞蚕场比水平蚕场的株数多。另外，坡度大，蚕场小气候变化也大。$10°\sim30°$的坡地比$1°\sim3°$的平地的地表径流量约大9.8倍，泥沙流失量约大16倍。因此搞好山坡地柞蚕场建设，对于保护柞蚕资源，实现柞蚕业的可持续发展具有重要意义。

蚕场坡向与太阳辐射和风向有密切关系。在北半球温带地区，太阳的位置偏南，南坡所接受的太阳辐射量比平地及其他坡向多，因此南坡小气候的温度高。而且还影响该坡蚕场的地温、湿度、土壤水分以及柞树的生长发育。北坡接受太阳辐射量最少，温度偏低，湿度偏高。东坡早晨接受太阳辐射早，白天气温回升快。西坡白天气温回升慢，午后由于西照阳光的影响，使西坡的气温急剧升高。有时温度过高会影响柞蚕的生长发育，尤其是沙化蚕场对柞蚕的影响更为严重。因此东坡比西坡平均气温偏低，湿度也偏大。

我国各地不同季节的主风向不同，对不同坡向蚕场的小气候影响也较大。如盛夏西南干热风会使西南坡、南坡柞树叶质加速硬化。江淮和黄淮一带夏季的东南风和东风，不仅凉爽宜人，而且湿度大，这种风南坡受益较大。秋冬季的北风是我国大陆的主风，常常秋季来得早，冬季去得迟，影响柞树的叶质，这种风对北坡、东北坡、西北坡的柞树影响较大。在柞蚕饲育中，因南坡等向阳温暖背风的蚕场柞树发芽早，有利于春小蚕的生长发育，而选做春蚕蚁场，大蚕期则移至北坡饲育。但应避免使用受"西照阳"影响严重的沙化蚕场。秋季蚁场应选择东向或东北向的蚕场。东北地区蚁场多选用东向或南向蚕场，而秋季高温的山东省则选用东向或东北向较好，茧场需要温暖向阳，所以多选用南向、西南向、东南向的蚕场。

1.4　柞蚕与气象环境

柞蚕在野外饲育，直接受野外气象环境因子的影响。影响柞蚕的气象因子有温度、湿度、光线、风、降水、霜冻等。

1.4.1　温度

温度(temperature)与柞蚕的生长发育、繁殖以及茧丝的产量和质量都有密切的关系。柞蚕在完成生命活动过程中需要一定的热能，它主要来源于太阳的辐射能和体内新陈代谢产生的化学能。在亚热带及温带地区，温度有明显的季节性变化及昼夜变化规律。这种有节奏的变动与柞蚕生长发育、生存有密切的关系。柞蚕属变温动物(cold blooded animal)，其新陈代谢类型与恒温动物不同，保持和调节体温的能力较弱，自身无稳定的体温，外界温度的变化直接影响蚕体温度，在较低气温下，柞蚕体温常比气温高一些；在较高气温下，则体温常比气温偏低一些。在一定范围内其代谢率常随外界温度的升降而增高或降低。

1. 温度对柞蚕生存的影响

柞蚕幼虫饲养在适温环境中，食欲旺盛、体质强健、生命力强、茧质优良。反之，饲养在偏低或偏高温度环境中，则生命力减弱、易发生病害，死亡率高。达尼列夫斯基和高洛脱可娃研究表明，柞蚕在 8 ℃条件下饲育，1 龄就死亡。而在 30 ℃条件下饲育，仅有极少数蚕结茧，其蛹也在羽化前死亡。由此可见，8 ℃和 30 ℃是柞蚕幼虫生活的最低和最高界限温度。在 24.5 ℃和 26 ℃下，死亡率为 20%～26%，在 28 ℃下，全龄经过显著缩短，但蚕的死亡率增加为 66%。在 13.5 ℃中饲育，全龄经过延长至 112 天，死亡率高达 70%。由此可见，温度偏高或偏低都不利于柞蚕的生长发育。只有在 16.5 ℃～22 ℃范围内，死亡率最低，茧丝质量也最优。因此，16.5 ℃～22 ℃是柞蚕幼虫生长发育的适温范围(表 1.4-1)。

表 1.4-1　温度对柞蚕生长发育的影响（达尼列夫斯基，高洛托可娃）

项　目	温度（℃）									
	32	30	28	26	24.5	22	20	16.5	13.5	11.5
全龄经过（天）	—	35.0	34.0	37.5	43.4	47.3	55.9	71.2	112.0	—
幼虫死亡率(%)	100.0	98.0	66.0	26.0	20.0	0	0	4.0	70.0	100
雄全茧量（g）	—	—	4.65	—	5.29	5.79	5.47	4.56	2.8	—
雌全茧量（g）	—	—	6.13	—	7.18	7.59	7.01	5.63	3.6	—
平均	—	—	5.39	6.01	6.24	6.63	6.24	5.04	3.2	—
茧层量（g）	—	—	0.37	—	0.41	0.45	0.42	0.35	—	—

不同龄期对温度的敏感程度也不同，当平均温度高于 22 ℃时，死亡率以 3 龄、4 龄期最高，5 龄则显著降低；当温度低于 22 ℃时，1 龄、4 龄、5 龄期死亡率较高。由此可见，1 龄及 5 龄均不耐低温，2 龄、3 龄对较高温度的适应性较强，4 龄对偏高或偏低温度的适应范围较窄。根据我国柞蚕产区的实际情况，柞蚕幼虫的适温和生活温度范围如图 1.4-1 所示。

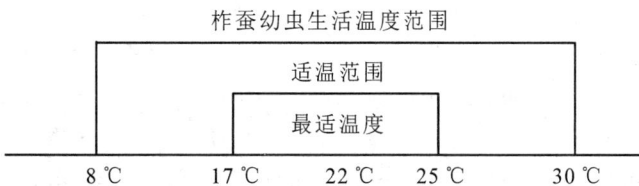

图 1.4-1　柞蚕幼虫生活适温示意图

不同品种对温度的适应性也有差异，如黄蚕血统品种对高温、干旱的适应性较强。在辽宁省西部干旱地区，饲养黄蚕血统品种容易成功。

2. 温度与柞蚕生长发育的关系

温度不仅影响柞蚕的生存，而且还影响柞蚕生长发育的速度。在适温范围内，蚕体代谢作用随温度的升高而增强，随温度的降低而减弱。如山东省方山地区，春蚕期(5～6 月)平均温度为 13.5 ℃～22 ℃时，全龄经过时间为 49～51 天；秋蚕期(8～9 月)平均温度为 24 ℃时，全龄经过为 41～43 天。吉林省吉林地区春蚕期平均温度 17.2 ℃时（1957年），全龄经过 51 天；平均温度为 20 ℃时，全龄经过 37 天，可见全龄经过随温度升高而缩短。达尼列夫斯基和高洛托可娃研究表明，平均温度为 28 ℃时，全龄经过最短，平均为 34 天；当温度高于 28 ℃时，全龄经过随温度升高而延长，这是因为过高的温度抑制了蚕体内某些代谢酶的活性，引起发育障碍所致。若温度低于 20 ℃，全龄经过随温度下降而延长。当温度在 13 ℃时，全龄经过长达 112 天；低于 13 ℃时，蚕不能充分生长发育。而在 17.5 ℃和 20 ℃时，2 龄、3 龄幼虫的发育经过最短。

我国东北、华北等地的实践和试验结果也表明，平均温度为 22 ℃～25 ℃时，收蚁结茧率高、茧质好。如温度高于 28 ℃，则蚕多不食叶而到处爬行；低于 20 ℃时，营茧率低，而且茧质差。山东昌潍农业学校（1958）在栖霞方山蚕场研究结果表明，温度在 17.5 ℃～22.5 ℃范围内，柞蚕生长发育良好，高于 27.5 ℃，则出现跑坡现象（表 1.4-2）。

表 1.4-2　气象条件与柞蚕行为

日　期	时　间（时）	气象条件					蚕的行为
		天气	温度（℃）	湿度（%）	风向	地面温度（℃）	
	6	晴	17.5	37	西南	16.5	食欲旺盛
	9	晴	22.5	25	北	52	安静食叶
5 月 25 日	10	晴	27.5	25	北	52	部分蚕窜枝跑坡
	14	晴	31.5	15	北	63	窜枝跑坡严重
	16	晴	25.5	27	东南	27	无跑坡，恢复食叶

柞蚕在生长发育过程中，需从外界摄取一定热量才能完成某一阶段的生长发育，各发育阶段所需要的总热量是一个常数，这个总热量称积温（accumulated temperature）。可用下列公式表示：

$$K = N \cdot T \qquad (1.4\text{-}1)$$

其中，K 为总积温（常数），N 为生长期所需时间（日），T 为发育期的平均温度（℃）。

由于柞蚕的发育起点温度不是 0 ℃，因此常用有效积温（effective accumulated temperature），即生物在发育期内感受有效温度（发育起点以上温度）的总和来表示，公式为：

$$K = N(T-C) \qquad (1.4\text{-}2)$$

其中，C 为发育起点温度（threshold temperature of development），$T-C$ 为有效平均温度，K 为有效积温。

苏联学者米哈依洛夫根据 8 ℃为柞蚕生长发育的最低界限温度，计算出柞蚕幼虫的生长发育有效积温为 700 日·度。李维田根据辽宁省西丰县 20 年 5～9 月的实际温度，以 8 ℃为发育起点温度，计算出春柞蚕生长发育所需有效积温为 550 日·度，秋柞蚕生长发育所需有效积温为 600 日·度，蛹期有效积温为 263 日·度，卵期有效积温为 144 日·度，从春季幼虫孵化到秋蚕营茧所需总有效积温为 1 560 日·度。吴忠恕(1987)根据辽宁省重点蚕区宽甸县柞蚕生产的历史总结认为，在辽宁省进行两季柞蚕生产，5～9 月大于等于 10 ℃的活动积温必须保证在 2 900日·度，才能获得丰产。根据有效积温法则，可以计算出羽化和孵化日期，安排柞蚕生产。

3. 高温和低温对柞蚕的不良影响

环境温度超过柞蚕最高的生活温度范围时，柞蚕生长发育异常，严重时引起死亡。这是因为高温能引起蚕体原生质变性或代谢酶系统被破坏。高温的这种不良影响除直接作用于当龄幼虫或虫态，而且还影响以后的生长发育。卵期、小蚕期接触高温，常常会引起大蚕期发生脓病；蛹期高温，会引起蛾羽化不齐、卷翅蛾发生以及造卵数减少等。蚕体通过气门和体表蒸发对高温有一定的调节作用。当温度升高时，蚕体代谢加快，柞蚕气门开放时间较长，增大了体内水分的蒸发量，从而体温下降。但如遇高温多湿时，气门开放小，时间短，则体内水分蒸发困难，使呼吸率增高，体温升高快，易引起蚕体死亡。所以高温高湿对柞蚕的影响更大。

低温也会造成柞蚕生长发育异常或死亡，从而影响柞蚕生产。柞蚕遭受低温危害多在早春和晚秋，早春的冻害会导致小蚕发育迟缓，严重时死亡；晚秋的低温冻害会延缓大蚕的生长发育，造成蚕体死亡或不能结茧。低温对柞蚕的致死作用主要是由于蚕体液结冰，使原生质遭到机械损伤、脱水及生理结构的破坏。当这种现象达到一定程度，体内组织细胞产生不可恢复的变化时，蚕体即死亡。柞蚕对低温的抵抗能力与过冷却现象有关，蚕体过冷却点越低，耐寒性越强。昆虫的过冷却现象是巴赫梅耶夫(1898)用热电偶法测量大戟天蛾 *Celerio euphorbiae* 蛹的结冰点时发现的。昆虫在低温条件下，体温开始下降，降至 0 ℃时，体液仍不结冰，即开始进入过冷却过程，当温度继续下降到某一温度时，体温突然以跳跃式上升，此温度为"过冷却点"，表示体液开始结冰，此时体温突然上升到 0 ℃以下的某一温度，并有一个短暂的稳定期，以后又缓慢下降，这一开始下降的温度称"体液结冰点"，表示体液大量结冰而引起柞蚕死亡。

温度也是影响柞蚕滞育与化性的因子之一。

1.4.2 湿度和降水

柞蚕体重的 80% 以上都是水分，水是柞蚕生命活动的物质基础，柞蚕体内的一切新陈代谢都以水为介质。水分不足会导致正常生理活动的终止，严重时引起死亡。柞蚕在长期的系统发育过程中已经形成了喜雨好湿的习性，故有"雨蚕"之称。同时，湿度和降水还可以通过食物和天敌间接对柞蚕发生影响。满足柞蚕对水分的生理需求，维持蚕体内的水分平衡，是获得优质高产柞蚕茧的基础。

1. 柞蚕幼虫体内的水分来源

柞蚕幼虫体内的水分主要来自食料，其次是雨水、露和空气。柞叶的含水量也受降水和湿度的影响。柞蚕体内的水分平衡是通过水分的吸取和排除来调节的，柞蚕获得水分的主要途径有：

(1)从食物中获得水分，这是柞蚕取得水分的主要方式。

(2)直接饮水，在干旱的时候，降雨或有露水时，柞蚕常爬到叶面上直接饮水，以补充食料水分之不足，大蚕可连续饮水 7~8 滴。

(3)通过体壁或卵壳吸水。

(4)利用体内代谢水，如越冬前或化蛹、羽化前，虫体内部储藏的脂肪类物质降解产生大量水，可供生长发育需要。1 g 脂肪完全氧化可产生 1.07 g 水；1 g 糖氧化后可产生 0.55 g 水；1 g 蛋白质氧化后可产生 0.41 g 水。另外，柞蚕通过体壁与气门蒸发和排泄粪便排除多余水分。

2. 降水和湿度对柞蚕生长发育的影响

当柞树叶含水量低或天气干旱时，柞蚕生长发育受到抑制，出现蚕体瘦小、龄期延长、窜枝跑坡等选食迁移现象。一旦久旱降雨，蚕便在叶面上吞饮雨露。饮水后，蚕体肥大，体色正常，发育良好。达尼列夫斯基和高洛托可娃研究表明，湿度为 85%~88% 时，小蚕期发育经过最短(18 天)；湿度为 100% 时，发育经过延长；湿度低于 70% 时，发育速度明显减慢，当湿度为 40％～50％时，3 眠蚕蜕皮前即死亡（表 1.4-3）。湿度对不同龄期的影响是不同的，湿度饱和时，对 3 龄幼虫的生长发育不利，而对 1 龄、2 龄幼虫的生长发育有促进作用。湿度在 85％～100％时，3 眠蚕体重为 1.3 g，湿度低于 70％时，3 眠蚕体重仅为 0.8～0.9 g。

表 1.4-3　湿度对柞蚕小蚕发育的影响(天)

湿度（％）	1			2		
	平 均	最 长	最 短	平 均	最 长	最 短
47～50	24.5	27.0	23.0	23.0	24.0	21.0
58～61	23.0	29.0	22.0	24.0	23.0	20.0
65～70	24.0	27.0	22.0	19.0	20.0	18.0
85～88	18.0	21.0	17.0	18.0	21.0	17.0
100	20.0	26.0	19.0	18.0	24.0	16.0

注：1、2 为重复处理。

刚孵化的蚁蚕或眠起时，雨水过大对蚕是不利的，容易发生"灌蚁子"(newly hatched tussah drunk rain water too much)、"灌起子"(newly exuviated tussah drunk rain water too much)、"张口雨"等，导致蚕死亡。

3. 湿度对柞蚕幼虫生命力的影响

湿度对各龄蚕的影响是不同的，湿度饱和时，1～2 龄蚕生命力不受影响，发育经过稍快；3 龄蚕在多湿环境中生长，则龄期延长，死亡率高。当湿度低于 80％时，1 龄蚕的死亡率高；湿度为 100％时，1 龄、2 龄没有死亡，仅在 3 龄部分死亡。湿度对大蚕的影响较小。

柞蚕小蚕期的适湿为 85％～90％，1 龄蚕特别喜湿，3 龄蚕要求有一定的干湿差，大蚕期在自然条件下即可正常生长发育。

冰雹　蚕期遭受冰雹危害，主要是蚕体受重力打击直接受到伤害，轻者受伤，重者死亡，而且短时间还有冻害。此外，冰雹还会对柞叶造成伤害，导致饲料不足。柞蚕大蚕期对气候似有预知的习性，在冰雹来临之前，能主动地躲藏于树叶下以防冰雹危害。

雾　雾对柞蚕来说也是水分来源之一。尤其在多雾地区，雾滴可饮。但大雾过后，往往阳光充足，高温干燥，蚕易在中午出现跑坡现象，应注意调节叶质和叶量。

1.4.3 光线

光对柞蚕既有热能作用，又有信息作用，不仅影响柞蚕的生长发育，而且还是决定柞蚕滞育的主导因子。光对柞蚕的影响由三个方面发生作用：光照强度、光谱成分、光照长度。

柞蚕对光的反应是以光周期为基础的，一切季节性的或地理的光周期都是以光的日周期为基础的，日周期为生物的外界环境提供了信息，同时也引起生物体内时间性组织作同步反应，即光周期反应。柞蚕通过感受外界昼夜明暗变化而调节本身生理活动的节律。安德里亚诺娃（1939）、冯绳祖等（1986）以5龄后期的柞蚕幼虫进行光与生长发育节奏关系的研究，结果表明，一昼夜间体重有节奏性增长，2~10时，每隔2 h增重0.1 g以上，16~22时体重增加也较快，正午和午夜时增长略有减低的趋势（表1.4-4）。

表1.4-4　光线对柞蚕体重节奏性变化的影响（安德里亚诺娃，1939；冯绳祖等，1986）

时间	1939 年		1986 年	
（时）	10 头蚕重（g）	增重（g）	10 头蚕重（g）	增重（g）
14	67.85	—	67.65	—
16	69.04	1.19	68.64	0.99
18	69.63	0.59	69.74	1.10
20	—		70.74	1.00
22	71.37	1.74	72.54	1.80
24	70.99	−0.38	72.26	0.28
2	71.46	0.47	72.71	0.45
4	72.66	1.20	73.81	1.10
6	73.90	1.24	75.01	1.20
8	75.00	1.10	76.21	1.60
10	76.00	1.00	77.31	1.40

安德里亚诺娃（1933）在乌克兰蚕业试验站研究了光照长短对柞蚕生长发育及茧质等性状的影响，结果表明柞蚕在黑暗中发育缓慢，全龄经过比对照长4天，8 h光照蚕体发育快而且齐；蚕体重以对照区最重，黑暗区最轻；全茧量、茧层量、产卵量也以对照区最高，黑暗区最低（表1.4-5，表1.4-6）。

表 1.4-5　光照长短对柞蚕各龄经过和体重的影响（安德里亚诺娃，1933）

处理	1龄		2龄		3龄		4龄		5龄		全龄
	经过（天）	体重（g）	经过（天）	体重（g）	经过（天）	体重（g）	经过（天）	体重（g）	经过（天）	体重（g）	经过（天）
8小时明	7	0.065	8	0.32	8	1.28	10	3.68	15	11.0	48
4小时明	7	0.050	9	0.30	8	1.25	11	3.80	15	11.5	50
黑暗区	8	0.064	9	0.29	9	1.24	12	3.81	17	10.4	55
对照区	7	0.059	7	0.32	9	1.09	11	3.61	17	13.0	51

表 1.4-6　光照长短对柞蚕茧重及产卵的影响（安德里亚诺娃，1933）

处　理	全茧量(g)	茧层量(g)	茧层率(%)	产卵量(粒/蛾)
8小时明	5.05	0.42	8.30	180
4小时明	5.17	0.46	8.90	186
黑暗区	4.99	0.39	7.80	142
对照区	5.87	0.46	7.80	213

由此可见，光线对柞蚕生长发育、茧质、繁殖等均有显著影响，黑暗不利于柞蚕生长发育。另有研究表明，柞蚕幼虫饲养在黑暗中体色发生改变，由原来的绿色变为黄绿色。1龄幼虫饲养在黑暗中并不影响以后的发育，而5龄幼虫在黑暗中饲养则有许多不良后果，说明不同龄期对光的反应是不同的，柞蚕幼虫是需要光线的。

1.4.4　风、气流

风对柞蚕的影响是多方面的，适当的风量和风速可以调节柞蚕场的小气候环境（如温度、湿度、蒸发等），并促进蚕健康成长。但风速过大、风力过强，则对蚕的生命活动和生长发育有害。

风的强弱，通常用无风、软风、轻风、微风、和风、清风、疾风、强风、大风、烈风、狂风、暴风等表示。大风、烈风等对柞蚕有害，软风、轻风、微风、和风对柞蚕有利。它不仅能及时排湿保持蚕场干燥，而且有利于降低蚕的体温，减轻高温闷热的危害。风吹枝动，可摇落叶面积粪、雨水，能防止"灌蚁子"及防止病害发生。

柞蚕对风力的适应范围，目前尚无精确的调查。经验认为，收蚁时，无风最好；小蚕期间，以 1～3 级、风速 1～5 m·s⁻¹ 的软风、微风、轻风为好(表 1.4-7);大蚕的抓握力较大,以 1~4 级、风速 1~7 m·s⁻¹ 的软风、微风、轻风、和风对柞蚕生长有利。5 龄蚕虽能抵抗较大的风速,但风速过大会影响蚕的取食,导致蚕体虚弱,发育不齐。

表 1.4-7 柞蚕小蚕期对风的适应范围

龄期	风级	风的特征	风速(m·s⁻¹)	地面动态
收蚁	0	无风	0~0.5	静止
小蚕期 (1~3)	1	软风	0.6~1.7	风向标不动
	2	轻风	1.8~3.3	树叶微动
	3	微风	3.4~5.2	细枝叶摇动不息

蚕对风的抵抗能力,大蚕大于小蚕,食叶蚕大于将眠和眠蚕。因此在柞蚕饲养中,要求小蚕避大风,通小风,不窝风。有条件的地区应建立密植、抗风的小蚕专用饲养场。春蚕把场以背风向阳为宜,并采用绑把收蚁养蚕,或者采用室内育、塑料沙罩把育等小蚕保护育措施防风保苗;秋蚕为防止高温高湿,小蚕场应选择通风较好、地势较高的蚕场,同时采用绑把收蚁。大蚕期应注意通风,尤其是春蚕大蚕期遇高温闷热时,应选择通风良好的蚕场。

另外,局部地形、地貌也会造成局部蚕场风速增大,如山岭顶部、山脊及山坡的上半部;山脊的缺口处、马鞍形山势的鞍底部;山沟、山谷或"V"字形地势的风道里等。在选择蚕场时,应考虑这些地形、地貌等因素,防止大风的危害。

1.4.5 霜和霜冻

霜和霜冻(frost damage)会对柞蚕产生冻害,严重时对柞蚕生产构成威胁。我国河北的高寒山区,辽宁、吉林、黑龙江、内蒙古等省区的柞蚕常受霜或霜冻的危害,直接影响着这些地区的柞蚕生产。

春柞蚕 1 龄、2 龄遭受晚霜危害时,常出现行动迟缓、食欲不振、生长缓慢、发育不齐、龄期延长等现象。受害严重时,1 龄或 2 龄就死亡;受害轻者,大蚕期易发生脓病。秋柞蚕 5 龄末期常遭受早霜危害,受害严重时,可被冻死,即使不被冻死,也因无柞叶而饿死;受害轻者,多营薄茧或不营茧。

防霜和霜冻,春季选用背风向阳的蚕场,而不用低洼地做把场;小蚕采用室内或室外保护育等。秋蚕预防早霜危害,多选用早熟品种或杂交种；在秋季制种时，适当采用加温暖种使其提早羽化，东北部高寒山区夜间气温低，也可采用加温暖卵，使之提早孵化，提早收蚁。在饲养技术上，采用勤匀、多移、用嫩叶催蚕等方法，使蚕发育速度加快，缩短龄期；窝茧时选用阳坡温暖蚕场等。在无霜期短的地区如黑龙江、内蒙古及吉林、辽宁的东北部高寒山区等可采用"二化一放"生产方式，避免霜冻的危害。

在自然界中，各种气象因素不是孤立存在的，柞蚕生活在小气候环境里，受到温度、湿度、光线、气流等气象因素的综合作用。气象因素之间既相互作用、相互制约，相互之间又不可代替。只有了解各因素之间的相互关系，才能合理地调节利用气象资源发展柞蚕生产。如温度和湿度总是同时存在并相互影响，温度和湿度的组合不同，对柞蚕卵的孵化率、幼虫生命率、成虫羽化率及产卵量等均会产生不同程度的影响。这是因为适宜的温度范围会因湿度条件而转移；适宜的湿度范围也会因温度条件而变化。因此采用温湿度系数来表示二者的作用关系是比较接近环境现实的。但是温湿度系数必须限定在一定的温度和湿度范围内，否则不同的温湿度组合可以得到相同的温湿度系数。高温多湿下，气流可以减轻危害；光周期的变化往往同温度的变化相一致，也影响湿度的变化等。

另外，柞蚕的生长发育还受谢氏耐性定律（Shelfort's law of tale-rance）的作用，美国生态学家 V. E. Shelfort(1919)指出，一种生物在生存与繁殖过程中，只要其中一项因子的量和质不足或过多，超过了该种生物的耐性限度，则该物种不能生存、甚至灭绝，这一理论被称为谢氏耐性定律。如我国北方部分地区年平均有效积温达不到两次柞蚕生产的基本要求，很难完成"二化二放"柞蚕生产，根据实际情况采用"二化一放"（早秋蚕）的生产方式等。因此，在研究影响柞蚕生态环境条件时，必须综合分析，找出主要矛盾及矛盾的主要方面，有针对性地解决生产中存在的实际问题，达到高产稳产的目的。

1.5　柞蚕与营养因子

柞树(oak tree)叶营养成分直接影响柞蚕的生长发育。幼虫期摄取的营养不仅供本身的生长发育，也影响蛹、蛾、卵的发育和成长。

1.5.1　柞叶的化学成分与柞蚕的营养需求

1. 柞叶的化学成分

柞叶中所含的化学成分有水分、蛋白质、碳水化合物、脂肪、灰分等(表 1.5-1)。化学成分的含量和比例决定着柞叶营养价值的高低；柞叶化学成分不仅与柞树种类、树龄和叶位有关，而且还受土壤、气候及栽培条件等的影响。

表 1.5-1　**柞叶的化学成分**(辽宁省蚕业科学研究所，1955)

树　种	水分含量 (%)	干物重 (%)	干物重(%)					
			粗蛋白氮	粗蛋白	粗脂肪	灰分	钙	镁
辽东栎	61.175	38.825	1.90	11.88	4.32	4.039	1.715	0.560
麻栎	61.866	38.134	2.12	13.25	3.09	3.607	1.180	0.385
蒙古栎	61.190	38.810	1.94	12.13	4.07	4.906	1.959	0.530
槲	66.550	33.450	1.98	12.38	3.40	4.087	1.870	0.450

从柞树叶子的化学成分来看，辽东栎(*Quercus liaotungensis*)、蒙古栎(*Q. mongolic*)、麻栎(*Q. acutissima*)的干物质含量高于槲(*Q. dentata*)，麻栎含蛋白质多，辽东栎、蒙古栎含脂肪量高，因此营养价值高，槲的营养价值低。此外，还可根据柞树叶子的色泽、光滑度、软硬度、厚薄等物理性状及养蚕成绩等评价柞树叶子的营养价值，如叶色浓绿、叶面光滑的叶子营养价值高。麻栎叶面油润也称为"油柞"；黑龙江省部分地区生长的槲中，以叶面具有光泽的油槲营养价值高，养蚕效果好。当然，通过实际养蚕进行生物学鉴定是判定柞叶营养价值最可靠的方法。

2. 柞蚕对营养物质的需求

幼虫从柞叶中摄取必需的营养物质作为新陈代谢的物质基础，并为以后的各发育阶段积累足够的能量。柞叶的各种营养成分必须满足柞蚕生长发育的最低要求，否则，蚕体会因营养缺乏而发育不良。柞蚕所需要的营养物质主要有蛋白质(包括氨基酸)、碳水化合物、脂类、维生素、无机盐类以及水分等。

(1)蛋白质和氨基酸　蛋白质是构成蚕体的基本物质之一，是细胞分子结构中最重要的组成部分，一切生命过程都离不开蛋白质。柞叶中蛋白质含量及构成蛋白质的氨基酸组成直接影响蚕的生长发育和丝物质合成。在氨基酸组成中，有些氨基酸蚕体本身不能合成或合成量很少，必须从食料中获得，当食料中缺乏这类氨基酸的任意一种时，必将导致蚕体生长发育极度不良或死亡，这类氨基酸称为必需氨基酸。有些氨基酸蚕体本身能够合成，称之为非必需氨基酸，也有的氨基酸虽非必需，但对蚕生长发育具有促进作用。

（2）碳水化合物　碳水化合物在生理上主要作为能源物质，同时也是蚕体的重要组成成分；碳水化合物可以转化为非糖类而参与代谢。在碳水化合物中可溶性糖类的营养价值最高，如蔗糖、葡萄糖和果糖等。纤维素虽不能被消化利用，但在生理上却是必需的。

（3）脂类　脂类不溶于水，它是一种能源储备物质，也是细胞结构的一部分，有的脂类则是激素的前体。脂类主要包括脂肪、蜡、磷脂以及甾醇等，脂肪在柞叶中含量很少，蚕体内的脂肪主要以单糖为前体在脂肪体中合成的。蚕体不能合成甾醇类物质，必须从食料中获得。当缺乏甾醇类物质时，蚕体不能生长而死亡。

（4）维生素　维生素是一类生理活性物质，主要是辅酶或其他催化剂的组成成分。它是调节蚕体生理机能不可缺少的物质，在细胞代谢中起着重要作用。蚕体不能合成维生素，必须从食料中获得，其中以维生素 B 和维生素 C 较为重要，缺乏时严重影响蚕生长发育甚至死亡。如添食维生素 B1 和对氨基苯甲酸（叶酸的组成部分），均能促进柞蚕幼虫的生长发育并提高茧层率（捷米亚诺夫斯基，1953）。

（5）无机盐类　无机盐类是蚕体不可缺少的营养物质，对保持细胞与血淋巴间渗透压的相对平衡和血淋巴 pH 的相对稳定，对许多酶系的激活或抑制、呼吸链中电子传递、神经传递及肌肉运动等均具有重要作用。蚕所需要的无机盐类有钾、磷、镁、钙、锌、锰、铁等。研究表明，添食适量的微量元素对柞蚕生长发育及产量形成等有不同程度的作用（维尔金娜，1948；克拉维奇，1956；伍律，1964；姜德富，1994）。

（6）水分　水分是构成蚕体物质中含量最多的成分，约占蚕体组成的 80%。蚕体的生命过程离不开水，特别是消化过程中不可缺少。各种营养物质必须以水溶液状态进入细胞，一切生物化学反应也都必须在水溶液中进行，营养物质的运输以及代谢废物的排泄也必须有水分参加。水又能调节体温，保持体温的相对稳定。柞蚕体内水分主要来自食料，柞蚕也有饮雨、露的习性。

柞蚕从柞叶中摄取的营养物质是进行新陈代谢的物质基础。如果蚕体从柞叶中所获得的营养物质的量超过了最低要求时，则蚕生长发育正常；反之，柞叶中含营养物质的量不足以满足蚕体最低要求，则蚕不能正常生长发育。柞蚕幼虫不同发育阶段对营养物质的要求不同，小蚕期生长发育速度快，1龄体重增长春蚕为8.5倍，秋蚕为9.9倍，是全龄生长发育速度最快的时期。而蛋白质是构建蚕体的基础物质，柞蚕小蚕期尤其是1龄蚕要求柞叶中应含有充足的蛋白质和水分，才能满足迅速生长的需要。糖类是蚕体充分利用柞叶蛋白质进行生长发育的能源物质，柞叶中必须含有足够的量。因此，柞蚕小蚕期用叶既要含有丰富的蛋白质和水分，又必须含有足够的糖类。柞蚕大蚕期对营养物质的需求与小蚕期不同，随蚕龄的增大，生长发育速度缓慢，5龄蚕体重增长仅3.8倍。这时蚕体对糖类的需要量逐渐增大，而对水分和蛋白质的需要量相对减少。因此大蚕用叶，要求含有丰富的糖类和适量的蛋白质及水分。由于5龄蚕丝腺大量合成丝物质，除了利用糖类转化为丝蛋白外，多食蛋白质含量高的柞叶，也能促进丝蛋白的合成。

1.5.2 柞树叶质量与柞蚕生长发育的关系

柞树叶质量直接关系到柞蚕生长发育及蚕茧产量和质量。因此，了解并掌握柞树种类、树龄、叶位、生长期及柞树栽培管理与柞蚕的关系，选择合适的树种、树龄及适当的饲育技术是提高柞蚕茧产量和质量的重要措施之一。

1. 不同柞树种类与柞蚕生长发育的关系

我国饲养柞蚕的栎属植物主要有蒙古栎、辽东栎、麻栎、槲、白栎 Q. fabri、锐齿栎、槲栎 Q. aliena、栓皮栎 Q. variabilis 等。柞树种类不同，其生物学特性、叶子的物理性质、化学组成各不相同，决定了养蚕价值上的差异。麻栎叶片小，适合饲养小蚕，在二化性蚕区麻栎多用于饲养秋蚕，辽宁省因麻栎发芽比蒙古栎约晚7天，故仅适合辽南或辽东南部地区春蚕收蚁用；山东、河南省等地则是春蚕小蚕期的适用树种。锐齿栎和槲栎因叶质老硬光滑，既不利于蚕取食，又不利于保苗，不适合饲养小蚕。槲叶虽不硬，但发芽晚，含水率高，干物量少，叶片大、厚，而且多毛，因此不利于小蚕取食，营养也差；而且叶面易积水积粪，保苗效果差。栓皮栎因发芽比麻栎早而适合河南等一化性地区春蚕收蚁用；在二化性地区叶质软硬程度适合春用，保苗效果也优于槲，但叶背丛生白毛影响蚕的取食和消化，不适合饲养春小蚕；但其叶绿期

长，适合做秋蚕茧场。辽东栎和蒙古栎发芽早，硬度适中，叶营养成分
含量高，适宜春秋蚕兼用，是饲养柞蚕的优良树种。从不同树种饲育秋
柞蚕各龄眠蚕体重和熟蚕体重来看，以辽东栎、麻栎养蚕效果较好，槲
栎最差（表 1.5-2）。从全龄经过看，麻栎饲养区最快（37 天 17 小时），
辽东栎区次之（40 天 18 小时），之后依次为蒙古栎区、槲区、槲栎区。
不同树种对柞蚕抗病力有较大影响，蒙古栎饲养区对脓病的抵抗力最
强，其次为辽东栎、槲栎，槲区发病率最高。对软化病的抵抗力则以辽
东栎饲养区最强，之后依次为蒙古栎、槲栎、槲、麻栎等饲养区。死笼
率也以辽东栎饲养区最低，之后依次为蒙古栎、麻栎、槲栎等饲养区。
总之，用 5 种柞树在辽宁秋季养小蚕，以麻栎为最好，幼虫生长快，其
次为辽东栎、蒙古栎；辽东栎区各龄眠蚕体重最重，抗病力最强、结茧
率最高，死笼率最低，但全龄经过比麻栎稍长；蒙古栎区的抗病力和蛹
期生命力较强，仅次于辽东栎区，经验认为用它繁种效果好；槲和槲栎
饲养区，蚕生长发育较差，体重轻，抗病力和结茧率低，死笼率也最
高，全龄经过长（伍律，1975）。

表 1.5-2　不同柞树对柞蚕生长发育的影响（伍律，1975）

树种	2龄起蚕头数	2龄起蚕百蚕重		2眠百蚕重		3眠百蚕重		4眠百蚕重		熟蚕百蚕重	
		g	指数	g	指数	g	指数	g	指数	g	指数
槲栎	662	5.44	100.0	27.7	100.0	117.5	100.0	478.5	100.0	1115.0	100.0
槲	663	6.02	110.7	35.4	127.8	140.2	119.3	543.6	113.6	1358.2	121.8
蒙古栎	688	5.16	94.9	34.7	125.3	136.4	116.1	601.6	125.8	1303.3	116.9
麻栎	935	5.68	104.4	31.9	115.2	149.2	127.0	612.3	128.0	1456.6	130.6
辽东栎	797	6.01	110.5	38.1	137.5	162.7	138.5	613.2	124.8	1478.1	132.6

　　春柞蚕小蚕保苗率、收蚁结茧率和茧质等以辽东栎最优；秋柞蚕收
蚁结茧率和茧质则以麻栎、辽东栎较优（表 1.5-3）。

表 1.5-3　不同树种饲养柞蚕成绩比较(辽宁省蚕业科学研究所，1973)

树种	蚕期	小蚕保苗率(%)	病弱蚕率(%)	收蚁结茧率(%)	全龄经过(天)	全茧量(g)	茧层量(g)	茧层率(%)
辽东栎	春	90.0	11.05	69.47	52	7.77	0.55	7.08
	秋	78.5	0.0	53.50	39	10.40	1.20	11.50
麻栎	春	47.9	3.16	43.60	48	7.10	0.54	7.61
	秋	78.0	4.00	68.50	38	9.63	1.06	11.00
蒙古栎	春	66.8	8.90	52.11	52	7.44	0.54	7.26
	秋	93.5	3.00	41.00	41	9.07	1.05	11.60
槲	春	56.8	3.16	28.42	52	7.65	0.5	6.54
	秋	57.5	4.00	40.00	46	9.45	1.02	10.60
锐齿栎	春	80.5	6.32	53.20	52	7.35	0.52	7.08
	秋	91.0	4.00	61.00	43	10.35	1.07	10.30

　　柞树种类还影响柞蚕蛹营养物质的积累，取食辽东栎、麻栎的柞蚕蛹脂肪和粗蛋白含量最高(表 1.5-4)。但在辽宁省的种茧产地，原种茧重、茧层率、蛹体脂肪含量都是蒙古栎区优于麻栎区。

表 1.5-4　不同柞树种类对柞蚕蛹脂肪及蛋白质含量的影响

树种	雌		雄	
	脂肪(%)	粗蛋白(%)	脂肪(%)	粗蛋白(%)
麻栎	21.18	59.97	34.87	52.40
槲	18.84	59.78	28.47	53.43
辽东栎	21.70	61.31	32.98	51.25
蒙古栎	21.57	59.75	32.87	51.50

　　宫泽于 20 世纪 40 年代在辽宁省熊岳研究发现，柞蚕全龄食下量因柞树种类不同而有差异，百头蚕食下量以蒙古栎最多，其次是麻栎，槲食下量最少(表 1.5-5)。食下量的多少决定着蚕体营养物质的摄入量，也影响着柞蚕的生长发育。随着育种技术进步及品种生产性能的提高，目前生产用种的食下量春季在 40~50 g，秋季在 55~63 g。

表 1.5-5　柞蚕对不同树种柞叶的食卜量(鲜叶)(g/100 头)

龄期	麻栎		蒙古栎		槲	
	春	秋	春	秋	春	秋
1	9.900	11.738	10.020	12.728	8.064	13.014
2	31.314	51.744	36.418	57.040	41.258	47.712
3	84.000	89.900	84.000	86.400	75.000	106.200
4	408.000	411.400	400.000	506.000	247.000	309.900
5	2 136.500	2 861.500	2 384.200	4 265.000	2 056.000	—
合计	2 669.714	3 426.282	2 914.638	4 927.168	2 427.322	—

评定树种优劣除根据上述试验结果外，还要考虑它们的生物学特性。这些特性与柞蚕生产密切相关，如辽东栎、麻栎的分枝多而开展，萌芽力强，叶量多，担蚕量多，叶质好硬化迟，蚕喜食。蒙古栎分枝少，枝条直立，不开展，叶硬化早，蚕生长发育迟缓。而槲、槲栎则枝条少，担蚕量少，蚕体虚弱，保苗差等。

综上所述，柞蚕主产区辽宁省饲养柞蚕的树种优劣顺序为：

丝茧育：辽东栎＞麻栎＞蒙古栎＞栓皮栎＞槲＞槲栎

种茧育：辽东栎＞蒙古栎＞麻栎＞槲栎＞栓皮栎＞槲

从全国来看，麻栎为优良树种，槲栎最差；辽东栎、蒙古栎是东北地区的优良养蚕树种，但在辽西、山东则不如麻栎。栓皮栎在辽西适合作茧场用，但在河南、湖北、广西等地不仅适合收蚁用，而且还是大蚕期的优良饲料树种。

2. 不同树龄、叶位的柞叶与柞蚕生长发育的关系

柞树树龄不同，叶中营养物质的含量也不同，并且与养蚕效果关系密切。一般幼龄树水分和蛋白质含量比老树高，随树龄增进含水量和蛋白质逐渐减少，碳水化合物和脂肪类含量逐渐增加(表 1.5-6)。

表 1.5-6　不同树龄柞叶水分和蛋白质含量比较(山东省蚕业科学研究所，1966)

树龄	粗蛋白(%)	水分(%)
芽柞	14.40	56.40
老柞	9.80	54.4

树龄不同，叶质的软硬程度也有差异，直接影响蚕的取食、消化、吸收，从而影响蚕的生长发育。根据蚕生长发育特点，合理用叶，小蚕偏嫩，大蚕偏老，繁育种茧不宜用嫩柞。辽宁地区春用两年生枝叶、秋用有新梢嫩叶的 1～2 年生枝叶收蚁。山东、河南省等春旱地区，大蚕期用两年生牙枝老硬叶时，因营养差蚕体虚弱不齐，软化病蚕多，遗失蚕率高，尤以 4 龄时吃老硬叶，窜枝跑坡现象更为严重。采用梳枝、剪梢，创造人工夏梢等方法，是在纬度低、温度高、湿度低、叶质老硬快地区进行柞蚕生产的有效措施。近年来，辽宁西部、河北东部等干旱地区针对天气干旱、叶质老硬水分含量少等不利因素，采用嫩树养蚕抗旱的方法，在水资源短缺的条件下，基本实现了柞蚕生产高产稳产。科学用叶，合理使用树龄，充分利用柞叶中水分和蛋白质等，解决小蚕生长快和天旱叶老的矛盾是发展旱区柞蚕生产的关键。

同一株树，叶位不同，其叶质也不同，直接影响养蚕效果。选用适当叶位的柞叶养蚕，是防病增产的关键措施。研究表明，上位叶(柞墩 1/2 以上柞叶)5 月中旬以前比当时的下位叶含水量偏多；5 月中旬以后，则上位叶的含水率比下位叶低，下位叶的含氮量、粗蛋白含量比上位叶高，而上位叶单糖、粗脂肪含量高。5 龄起蚕定量口服柞蚕核型多角体病毒(0.01 mL 中含 10^5 个多角体)试验表明，取食下位叶的蚕发病率高(61.90%)，取食上位叶的发病率低(14.70%)；自然发病率也是食下位叶的高。不同叶位养蚕对蛹重和蛹脂肪含量也有影响，凡取食上位叶的蛹较重，粗脂肪含量高(表 1.5-7)。

表 1.5-7　蒙古栎不同叶位的化学成分与柞蚕蛹脂肪量的关系(李广泽，1977)

叶位		水分 (%)	单糖 (%)	粗蛋白氮(%)	粗蛋白 (%)	粗脂肪 (%)	蛹重 (g)	蛹体含水率(%)	蛹体粗脂肪(%)
春叶	上	54.80	4.63	2.14	13.39	9.30	6.42	73.00	25.12
	下	67.20	3.81	2.30	14.38	7.25	4.91	76.00	18.53
秋叶	上	61.25	6.59	1.12	6.98	—	5.80	72.64	23.18
	下	67.66	4.34	1.63	10.17	—	4.38	75.60	19.23

注：春叶：5 月 15 日采集；秋叶：8 月 22 日采集。

3. 适熟叶、适龄柞

柞蚕适熟叶是指适合不同蚕龄营养要求的叶。因蚕龄不同，适熟叶的标准差异较大。从物理性质上看，指叶的软硬、厚度适当，蚕喜食并易于消化吸收的柞叶；从化学性质上看，要具备各龄蚕生长发育所需的营养成分，这种理化性质都适合的柞叶就是各龄蚕的适熟叶。小蚕适熟叶标准为质地柔嫩，水分、蛋白质含量高，糖类含量充足；大蚕的适熟叶标准为质地不过于柔嫩，水分、蛋白质含量充足（种茧育）或丰富（丝茧育），糖类含量高。柞叶的成熟程度一般用碳水化合物和含氮化合物的比（C/N）来衡量，成熟柞叶 C/N 较高，嫩叶的 C/N 较低。

蚕龄不同对适熟叶的要求不一，小蚕应严格选用适熟叶，如 1 龄、2 龄蚕食叶质差的老硬叶，则蚕体虚弱，遗失蚕率高，以后即使食适熟叶也难恢复。决定适熟叶的主要因素是树龄。一般丝茧育的适龄柞标准见表 1.5-8。

表 1.5-8　丝茧育适龄柞标准

龄期	辽宁省		山东省		河南省	贵州省
	春	秋	春	秋		
1	2～3	1～2	2	1	2	2
2	2～3	1～2	2	1	2	2
3	2～3	1～2	2	1	2	2
4	2～3	2～3	2	1～2	1	1
5	3～4	3～4	1～2	1～2	1～2	1～2

注：1：1 年生；2：2 年生；3：3 年生；4：4 年生。

4. 不同生长时期的柞叶与养蚕的关系

不同生长时期的柞叶，其营养成分显著不同。春叶含水量多，糖类少，全氮量、粗蛋白氮含量高；秋叶含水量少，糖类、脂肪含量高，全氮量、粗蛋白含量少。从叶质成分看，春叶不如秋叶（表 1.5-9、表 1.5-10、表 1.5-11）。

表 1.5-9　麻栎春叶与秋叶成分比

生长期	水分（%）	干物重（%）	干物重（%）									
			粗蛋白氮	粗蛋白	粗脂肪	粗纤维	灰分	糖类	单宁	钙	镁	锰
春叶	58.42	41.58	2.62	16.38	5.97	22.83	4.46	50.26	8.74	1.50	0.57	0.06
秋叶	53.82	46.18	2.34	14.63	4.80	22.59	5.90	52.07	7.73	1.25	0.51	0.07

表 1.5-10　不同生长时期蒙古栎叶的含糖量（％）（辽宁省蚕业科学研究所）

日期	单糖	蔗糖
5 月 13 日	0.139 6	0.197 3
5 月 21 日	0.660 5	0.373 8
6 月 12 日	0.909 0	0.774 3
7 月 3 日	1.509 0	0.904 0

表 1.5-11　不同生长时期柞叶的含水率（％）（沈阳农业大学，1990）

树种	5 月 20 日	6 月 20 日	8 月 10 日	8 月 25 日
蒙古栎	69.56	60.81	52.66	52.01
麻栎	69.43	59.56	51.89	50.65
槲	74.52	59.90	54.88	53.34
辽东栎	69.54	60.97	52.97	52.20

柞叶的含糖量随柞叶成熟逐渐增加，含水量则逐渐减少。山东省蚕区柞叶含水量的变化更加明显，5 月 10 日柞叶含水率为 67.47％，6 月 13 日柞蚕成熟营茧时，柞叶含水率降到 50.90％。在干旱年份或干旱地区，柞叶含水量对柞蚕影响较大，尤其是春季饲养过晚，柞叶含水率低，叶质老硬，蚕生长发育缓慢，体质虚弱，结茧率低，茧质差。我国部分干旱地区春蚕常采用一年生柞树饲养大蚕，这与大蚕的食叶量相矛盾，如何解决这一矛盾还需加以深入研究。

5. 不同土壤、地势、气候条件下生长的柞叶与养蚕的关系

郑珍著《樗茧谱》记载："相地之法，泥为上，挟沙次之，红沙火石为下。砂石者，所生柞叶细而瘦，茧也如之。"可见土壤条件与柞树生长发育和蚕茧质量的关系极为密切。地势高的蚕场，通风好，温度低，湿度也低，虫害少，露水少，饲养柞蚕则蚕体瘦小，但不受高温闷热危害等。水肥条件好的蚕场，柞树生长旺盛，蚕生长发育良好。柞树是阳性喜光树种，在光照充足的条件下，光合作用效率高，柞叶营养丰富，养蚕效果好。

6. 柞树栽培管理与柞蚕生长发育的关系

根部柞叶硬化快，底叶污染重，易潜伏敌害，柞蚕发病率高；中干柞能增加产叶量，担蚕量高，新生枝叶含水率高，叶质硬化迟，通风透

光好，养蚕效果好，尤其是繁育种茧更应提倡用中干柞养蚕，提高蚕种质量。柞树的适当修剪也是提高柞叶质量和产量的重要手段之一。山东、河南等省为解决春季干旱、柞叶老硬，采取柞树修剪的方法，创造夏梢，获得了较好的效果。

1.5.3 添食营养物质对柞蚕生长发育的影响

1. 添水

在天气干旱时，添适量水有促进柞蚕生长发育并提高柞蚕茧质量和产量的作用（表 1.5-12、表 1.5-13）。添水应在早晨气温低时进行，并注意水的质量。

表 1.5-12 添水对柞蚕生长发育的影响（安德里亚诺娃，苏联克里木省）

处理	体重(g)					减蚕率(%)			全茧量(g)	茧层量(g)	茧层率(%)
	1 龄	2 龄	3 龄	4 龄	5 龄	1 龄	2 龄	3 龄			
添水区	0.05	0.22	0.99	3.99	11.80	6.20	18.70	3.40	5.07	0.33	6.5
对照区	0.03	0.14	0.49	3.70	10.22	52.30	25.20	3.70	4.24	0.29	6.8

表 1.5-13 添水对秋柞蚕茧质量和产量的影响（邓华山等，1978）

处理	供试蚕数（头）	产茧量（指数）	千克茧数（粒/kg）	全茧量（g）	茧层量（g）	茧层率（%）
添水区	5 495	131	142	7.24	0.757	10.45
对照区	5 530	100	156.2	6.75	0.648	9.67

2. 添食微量元素

苏联学者比尔基娜用 10^{-4} g·mL^{-1} 的 $MnSO_4$、$CuSO_4$、$ZnSO_4$ 添食柞蚕幼虫，可以加速柞蚕幼虫生长发育，缩短龄期，增加蚕体重和茧重（表 1.5-14）。克拉维奇（1956）在基辅大学用铜、锌、铁等盐溶液添食，也有缩短龄期、提高健蛹率的效果。

表 1.5-14　添食微量元素对柞蚕生长发育和茧质的影响

处理	经过(天)		各龄体重(g)					茧形(mm)		全茧量
	蚕期和蛹期	蚕期	1 龄	2 龄	3 龄	4 龄	5 龄末	长	宽	(g)
硫酸锰	37	30	0.006	0.070	0.352	1.240	20.5	46.1	24.2	8.20
硫酸铜	33	27	0.006	0.064	0.319	1.068	18.0	43.8	23.6	7.28
硫酸锌	37	30	0.006	0.065	0.309	1.027	18.7	43.4	23.5	7.30
CK	49	40	0.006	0.058	0.215	0.872	15.6	42.5	22.6	6.10

　　伍律(1964)以青 6 号为材料，用 10^{-3} mol·mL^{-1} 的微量元素盐溶液添食孵化 12 小时的蚁蚕(表 1.5-15)。由结果可以看出，添食微量元素不仅能提高柞蚕茧质量和产量(硼酸除外)，而且还提高了对软化病的抗病力，但对脓病的抗病力没有大的影响，只有硫酸锰、氯化钴处理区有降低发病率的作用。夫拉修科(1951)、申列门奇耶夫(1959)研究也认为，添食锰和钴能降低脓病的发病率。姜德富(1994)采用正交试验设计法，研究了秋柞蚕添食$(NH_4)_2MoO_4$最佳添食浓度，并证明添食该物质有增产效果。

表 1.5-15　微量元素对柞蚕生长发育及产量影响(伍律，1964)

处　理	脓病(%)	软化病(%)	孵化 270 小时百蚕体重(g)	收蚁结茧率(%)	全茧量(g)	蛹重(g)	茧层量(g)	茧层率(%)
硫酸锰	11.26	0.70	45.20	41.66	7.30	6.55	0.67	9.20
硫酸锌	15.27	4.16	46.80	38.00	7.56	6.77	0.71	9.40
氯化钴	13.51	3.37	46.56	41.00	6.90	6.16	0.66	9.50
硫酸铜	15.15	1.21	45.93	46.00	7.01	6.30	0.64	9.10
硼　酸	72.94	8.21	42.66	13.00	—	—	—	—
对　照	15.13	23.02	42.56	31.33	6.88	6.20	0.62	8.90

　　3. 添食抗生素及生理活性物质

　　克拉维奇(1956)采用 100 单位/cm^3 的青霉素和链霉素进行添食试验，结果能缩短龄期并提高健蛹率。吴振多等(1993)证明，添食"蚕得乐"具有促进生长发育、提高叶丝转化率的作用。辽宁省蚕业科学研究所(1974)研究证明，保幼激素类似物 ZR-15、ZR-619 对柞蚕有明显的增丝作用。陆雪芳等(1989)、奉利等(1006)在 8 龄起添食"金鹿 3 眠素"，成功地诱导出 3 眠蚕。

柞蚕饲养在野外，受自然环境条件的影响较大，收蚁结茧率较低。可根据具体情况，选用适当的添加物质添食，增强柞蚕的抗病能力，提高柞蚕茧产量和质量。

1.5.4　代用饲料

柞蚕除取食柞叶外，还取食多种植物。我国自古就有关于柞蚕代用饲料的记载。了解柞蚕的代用饲料，对于研究柞蚕的食性、生理及扩大饲料植物资源等具有重要意义。

1. 蒿柳 *Salix viminalis* Linn

杨柳科植物，喜湿度大的土壤，发芽比蒙古栎早 7 天左右，叶绿期较长，扦插繁殖成活率高、生长快，适合建小蚕专用保苗场。蒿柳叶营养成分含量高，如水分、蛋白质、淀粉等含量均高于柞叶，蒿柳养蚕全龄经过可缩短 3～6 天。蒿柳养蚕发育良好，但结茧率、茧丝质等略低于辽东栎养蚕成绩。用蒿柳养小蚕保苗率可提高 20%。我国东北地区蒿柳资源丰富，可利用其繁殖容易等特点，建立小蚕专用保苗场。

2. 桦木属 *Betula*

张嘉猷(1923)著的《实用柞蚕法》中记载白桦可以养蚕，"桦叶比柞叶略小，颇类杏叶，将柞蚕自幼放其上，能生活结茧。若将柞树上的蚕于 1 眠、2 眠后移放其上，则多病而死。"谢连涅科夫等研究认为，桦叶的全氮量和蛋白氮含量比柞树低。比尔基娜(1948)在莫斯科用毛桦、疣枝桦养蚕成功，收蚁结茧率与柞叶养蚕相似，但蚕体重、全茧量比柞叶区重，茧丝显著增长，茧色略淡，纤度略细，伸度稍差。先用桦叶养蚕，再改为柞叶发育正常；先用柞叶后用桦叶，则死亡率高。冯绳祖等(1966)用白桦 *Betula latyphylla* 饲养柞蚕 1～4 龄，5 龄起用辽东栎饲养，能正常生长发育及营茧化蛹。

3. 枫 *Liguidambar formosana* Hance

又名枫树，金缕梅科。黄国璋(1957—1958)在华南地区试验表明，枫是该地区柞蚕的优良代用饲料，春、夏、秋各时期全龄用枫养蚕，在生长发育及茧质等方面均优于麻栎饲育区。

4. 山荆子 *Malus baccata* Borkn

蔷薇科，叶的营养价值高于蒙古栎，养蚕效果较好(表 1.5-16)。

表 1.5-16　山荆子叶营养成分及养蚕效果

树种	日期	饲料主要成分(%)						蛹体主要成分		
		水分	单糖	双糖	粗蛋白氮	粗蛋白	粗脂肪	蛹重(g)	含水率(%)	粗脂肪(%)
山荆子	6 月 4 日	66.76	11.50	3.91	2.24	14.00	9.77	6.93	76	32.35
蒙古栎	6 月 15 日	54.80	4.61	0.543	2.14	13.39	9.30	6.43	73	25.12

冯绳祖(1963)研究认为,蔷薇科的东北杏 *Prunus mandshurica* 和榆叶梅 *Prunus triloba* 也可养蚕,均能正常生长发育并结茧。李子 *Prunus* spp. 也可短时间养蚕。

1.5.5　人工饲料

人工饲料(artificial diet)是根据柞蚕的食性及生理需要,选择适宜的天然物质或化学物质配制而成的饲料。从广义上讲,凡是经过加工制作的任何饲料都可称为人工饲料。

采用人工饲料饲养柞蚕,可以减少病虫害的危害,防止环境污染;1 龄蚕用人工饲料饲养对于北方地区解决霜害、低温冷害具有实用意义。此外,人工饲料对于研究柞蚕生理和病理等也具有重要意义。关于人工饲料的研究报道较少,国内外均有用人工饲料全龄育成功的试验,但畸形蛹和短翅蛾率较高,茧丝质不如柞叶饲育好。

1. 饲料组成

人工饲料按其组成成分的来源,可分为混合饲料、半合成饲料和合成饲料。即含有柞叶粉的人工饲料称混合饲料;不含有柞叶粉但含有其他天然物质的称半合成饲料;完全由氨基酸及其他化学物质组成的人工饲料称合成饲料。柞蚕人工饲料必须满足以下基本条件:满足蚕的营养要求(营养成分);有适当的物理性状(造型成分);有防腐性能(防腐成分);适合柞蚕的食性(含诱食因子、咬食因子、吞咽因子)。柞蚕人工饲料组成见表 1.5-17。

表 1.5-17　柞蚕人工饲料组成

成　分	吕鸿声(1979) 小蚕期	大蚕期	王蜀嘉(1983) 小蚕期	大蚕期	通口方吉 (1979)	中岛福雄 (1981)
柞叶粉(g)	5.0	—	6.0	5.0	—	5.0
脱脂大豆粉(g)	—	—	—	—	2.5	—
鲜大豆粉(g)	1.5	1.0	1.5	1.5	1.5	1.0
石油酵母(g)	—	—	—	—	0.3	—
玉米粉(g)	1.5	1.0	1.5	1.5	—	—
纤维素粉(g)	—	2.5	1.0	1.0	滤纸粉2.88	1.77
麦麸粉(g)	—	—	1.0	1.0	—	—
大豆油(mL)	—	—	0.01	0.01	—	—
蔗糖(g)	0.5	1.0	—	—	—	—
葡萄糖(g)	—	—	—	—	1.0	1.0
β-谷甾醇(mg)	—	100.0	—	—	20.0	—
尿素氯化物(mL)	—	—	—	—	20.0	—
无机盐混合物(g)	—	—	—	0.1	0.3	—
维生素 C(mg)	200.0	20.0	—	—	0.2	150.0
维生素混合物(g)	—	—	—	—	0.1	50.0
维生素 B 混合物(mg)	40.0	40.0	1.0 mL	1.0 mL	—	—
氯霉素(mg)	1.0	1.0	—	—	—	—
柠檬酸(mg)	50.0	50.0	—	—	0.15	—
丙酸(mg)	100.0	100.0	—	—	—	—
山梨酸(mg)	20.0	20.0	1.0 mL	1.0 mL	30.0	30.0
水(mL/10g 干物)	26.0	22.0	24.0	22.0	27.0	27.0
琼脂(g)	1.5	1.5	—	—	1.0	1.0
助长剂(mL)	—	—	0.016	0.016	—	—

2. 人工饲料的配制

人工饲料的配制包括对原料的选择、加工及调制。饲料的调制要注意各种原料的充分混合，同时不能影响饲料的营养价值。

(1)原料的选择与加工

①柞叶粉。柞叶的叶质因树种及采集时期而有变化，采集后的管理对饲料质量也有影响。通口方吉(1981)认为，不同树种的柞叶粉养蚕效果不同，以麻栎、蒙古栎最佳，辽东栎、槲栎较差。采集无污染、无病

斑的柞叶,在较低温度(50 ℃～60 ℃)下鼓风干燥,然后粉碎成粉末并过 60 目筛,分装于灭菌的容器内,保存在低温黑暗处,防止吸湿发霉。

②蛋白质。大豆粉的蛋白及氨基酸含量适合柞蚕生长发育的需要,可以直接作为人工饲料的原料。由于大豆中含有少量影响取食的脂溶性物质,因此多采用脱脂大豆粉为原料。日本多采用石油酵母蛋白为原料,该原料蛋白质含量在 50% 以上。

③碳水化合物。碳水化合物一般为蔗糖、葡萄糖、淀粉。纤维素的添加有利于蚕体吞咽和消化,有利于饲料成型。

④防腐剂。常用的防腐物质有山梨酸、丙酸等,也可加入抗生素类药物如氯霉素等。

⑤脂类。含柞叶粉的人工饲料一般不需要加入脂类,但必须添加甾醇类物质。各种植物油中营养价值较高的是大豆油。

⑥维生素。一般为市售的各种药品原料,如维生素 C、B 族维生素等。麦麸粉中含大量 B 族维生素,故常作为人工饲料的原料。

⑦无机盐类。市售的无机盐类按一定比例混合而成。

⑧成型剂。琼脂、淀粉是人工饲料中常用的成型剂。适量增加淀粉含量,少用或不用琼脂可降低成本。纤维素也有改善饲料物理性状的作用。

(2)饲料的调制

调制过程:原料称量→混合→加水→搅拌→蒸煮→冷却→储藏。

先将鲜柞叶在 50 ℃～60 ℃下鼓风烘干,粉碎成粉末并过 60 目筛后待用;大豆粉碎后在 120 ℃烘箱内烘烤 1～1.5 h,过 60 目筛后与柞叶粉以一定比例混合。微量的添加剂如山梨酸、氯霉素等,为使其均匀地混合到饲料中去,先溶于少量水中,并与一定量淀粉混合,使这些药物均匀的黏附于淀粉颗粒的表面。脂溶性的 β-谷甾醇可先用有机溶剂溶解,再加入到上述混合的原料中,待有机溶剂挥发后使用。最后加入无机盐类和维生素等物质,边搅拌边蒸煮,在 95 ℃下蒸煮 20 min 即可,或在 117 ℃下高压灭菌 40 min。蒸煮后的饲料冷却后,用聚乙烯保鲜膜包装后储藏于低温(10 ℃以下)条件下待用。

1.6　环境与滞育

滞育(diapause)是柞蚕等节肢动物在其系统发育过程中所形成的一

种生理遗传特性,在其生活年史中生长发育或生殖暂时中止的生理现象。滞育与休眠不同,休眠是由不利环境条件直接引起的,并可由适宜的环境条件来防止其发生,也可迅速使其解除。滞育则是由滞育以前一定发育阶段的环境条件所引起的,进入滞育以后,必须在严格的环境条件下才能解除。化性(voltinism)是柞蚕等昆虫在自然条件下一年中所发生的世代数的特性。影响柞蚕滞育与化性的因子有光照、温度、营养等。

柞蚕的滞育与化性是受品种的遗传基础及神经内分泌所决定的。环境条件则通过神经内分泌系统而产生影响,使柞蚕发生滞育和化性方面的变化。

1.6.1　光线

光不仅影响柞蚕的生长发育,而且还是决定柞蚕滞育和化性的主导因子,关于光与柞蚕滞育和化性的研究,田中义磨、顾青虹、苏伦安等进行了开创性工作。

在外界环境因子对柞蚕滞育的影响中,光起主导作用,柞蚕蛹的滞育主要受幼虫期特别是 4 龄、5 龄期的光照时间所支配,光照时间短,则引起柞蚕蛹滞育;光照时间长,柞蚕蛹不滞育。一昼夜光照时间 5~13 h 起短日照作用,15 h 以上的光照起长日照作用,14~14.5 h 的光照则起中间性作用。只有在中间性光照下,才能显示出其他环境因子的作用,常暗或常明近于中间作用,但常暗比常明趋向滞育。柞蚕属长日发育型,短日滞育型,滞育发生的临界光照(critical period)时间为 14 h,临界光照虫态为幼虫期的 4 龄、5 龄期,尤其是 5 龄期(表 1.6-1、表 1.6-2),如大蚕期光照不足,可依赖蛹期感光补充。若大蚕期已感受适当光照,则蛹期光照就无关紧要(田中义磨,1937;顾青虹,1940;贝洛夫,1949)。

表 1.6-1　光照时间与柞蚕蛹滞育的关系(贝洛夫,1947—1949)

试验区	光照时间(h)	滞育蛹率(%)
1	0.5	63.7 ±3.1
2	4.0	34.5 ±2.4
3	8.0	100.0

续表

试验区	光照时间(h)	滞育蛹率(%)
4	12.0	100.0
5	12.5	100.0
6	13.0	100.0
7	13.5	82.4±2.4
8	14.0	73.5±2.9
对照	自然光照(15.0)	21.0±0.7

表 1.6-2　光照时间与滞育蛹的关系(贝洛夫，1947—1949)

试验区	龄期					滞育蛹率
	1 龄	2 龄	3 龄	4 龄	5 龄	（%）
1	＋	8	8	8	＋	2.9±1.4
2	＋	8	8	＋	＋	0.0
3	12	12	12	12	12	99.1±0.5
4	＋	12	12	12	12	100.0
5	＋	＋	12	12	12	100.0
6	＋	＋	＋	12	12	100.0
7	＋	＋	＋	＋	12	79.4±1.7
对照	＋	＋	＋	＋	＋	2.1±0.7

注：＋ 表示长光照。

贝洛夫(1947—1949)研究认为，间断光照如同连续光照一样，即从 0～6 时黑暗，6～12 时光照，12～18 时黑暗，18～24 时光照，其总的光照时间是 12 h，产生的效果如同连续光照 18 h 一样(表 1.6-3)。

表 1.6-3　间断光照对柞蚕蛹滞育的影响(贝洛夫，1949)

处理	昼夜光照时间	滞育蛹率(%)
长光照区	6～24 时，连续光照 18 h	2.2±1.2
短光照区	6～12 时和 18～24 时，光照 12 h	2.7±1.3
对照区	约 13 h 光照	100.0

关于柞蚕感受光照强度的有效范围，贝洛夫认为是 5 米烛光，所以即使在人工遮阴或自然遮阴（稠密的森林）下饲养柞蚕，其结果仍同普通光照条件下饲养相同，即全部不滞育。同时，还观察到在长光照下饲养的幼虫，体节上都有分散的、烧瓶状的不含色素的体壁突起；在短光照下饲养的幼虫部分体壁突起伸长呈管状；在黑暗条件下饲养时，有 25％以上的体壁突起伸长呈管状并细而弯曲。然而，拉特开维奇在山谷底部饲养晚春柞蚕，由于斜坡上满生高大树木，饲养场地光照强度弱，滞育蛹率达 97％。刘仲明（1976）在山东省栖霞县春繁秋用种时，由于春季 5 龄期阴雨绵绵，光照时间短，滞育蛹率达 20％～30％，而且阴坡滞育蛹比阳坡多 10％以上。这些研究结果与柞蚕在中国一化性和二化性地区的实际表现相一致，如贵州、河南等省春蚕 5 龄期阴雨天多，光照不足，滞育蛹率较高；而东北及山东胶东地区春蚕 5 龄期阴雨天少，光照充足，柞蚕不滞育为二化性。

贝洛夫（1949）、田中义磨（1950）等用针刺及灼烧的方法，使柞蚕失去单眼。结果柞蚕并未失去光的感受能力，饲养在短光照下仍发生滞育，饲养在长光照下则不滞育。Williams（1963、1969）通过脑（brain）移植实验进一步证明柞蚕脑是感光器官，生活在短光照中的柞蚕滞育蛹，其脑间部神经分泌细胞（neurosecretory cell）中含有丰富的脑激素（prothoracicotropic hormone），因受短光照的影响没有释放出去，若把滞育蛹移入长光照下，则感受光照释放出脑激素，进而活化前胸腺（prothoracic gland），合成并分泌蜕皮激素（molting hormone），柞蚕蛹的滞育就解除了。Truman（1971）也认为脑是控制柞蚕蛹滞育与发育的中心，其控制机制不是通过神经系统，而是经由体液途径进行的。因此，柞蚕蛹滞育的感光器官是脑。引起柞蚕滞育光照反应的光波段为 395～500 nm（Williams，1965；Hayes，1971）。

另外，卵期光照对柞蚕蛹滞育也有影响。卵期光照的效果同大蚕期相反，长光照有利于滞育蛹发生，短光照趋向不滞育（田中义磨，1937；宫剑云等，1988，1990）（表 1.6-4）。

表 1.6-4　卵期光照对滞育蛹发生的影响(田中义磨，1937)

光照时间						健蛹数	滞育蛹数	滞育蛹率
卵	1 龄	2 龄	3 龄	4 龄	5 龄	（粒）	（粒）	（%）
中	中	中	中	中	中	21	15	71.4
长	中	中	中	中	中	21	16	76.2
短	中	中	中	中	中	21	9	42.9

注：长：长光照(16 h 明)；短：短光照(8 h 明)；中：中间光照。

田中义磨认为，大蚕期光照在 15 h 以上，则不论卵期光照如何都不滞育，光照在 13 h 以下，则全部滞育。因此，只有在中间光照条件下，才能表现出卵期的光照效果。卵期光照在 13～18 h 以内，光照时间越长，滞育蛹率越高；自然光暖卵，光照时间在 11 h 以内，基本不出现滞育蛹。

光照时间不仅决定柞蚕蛹是否进入滞育，而且通过长光照能够解除柞蚕蛹滞育，临界光照时间为 14 h。光线通过脑的颅顶板直接到达蛹脑。不同波长的光对滞育解除的效果不同，短光波(398～508 nm)具有明显的解除效果，其中又以波长 460 nm 效果最佳。长波光(580～640 nm)对解除滞育无效果。宫剑云(1982)认为，在温度为 21 ℃，相对湿度为 85% 的条件下暖卵，光照具有显著作用。若在 11 h 以内的短光照下，可以获得不滞育蛹；光照在 13～18 h 范围内，感光时间越长，滞育蛹越多。

1.6.2　温度

光照是影响柞蚕滞育与化性的主导因子，但这不是绝对的，当光照处于 14 h 中间状态时，温度就起作用。

田中义磨(1937)研究认为，柞蚕滞育与化性也受幼虫期温度的影响。小蚕高温趋向滞育；大蚕高温趋向不滞育。但这种倾向只有在中间光照条件下才能显现出来。若把光照控制在 14～15 h，小蚕低温22 ℃、大蚕高温 27 ℃，或小蚕高温、大蚕低温，则后者表现出高的滞育蛹率，全龄低温次之；光照为 15 h 起长光照作用(表 1.6-5)。

表 1.6-5　幼虫期温度高低对滞育的影响

饲育温度(℃)		全龄日长	滞育蛹率
1～3 龄	4～5 龄	(h)	(%)
22	22	14	62.9
22	27	14	9.8
27	22	14	90.0
27	27	14	33.1
22	22	15	0.0
22	27	15	0.0
27	22	15	3.4
27	27	15	0.0

贝洛夫(1947—1949)研究认为,柞蚕蛹的滞育除受光照影响外,还与 5 龄末期及前蛹期的温度条件有关,温度降低,使蛹体滞育更深。从春蚕化蛹到秋天温度降低以前,将柞蚕蛹保护在 14 ℃～15 ℃条件下,能促进蛹体进入滞育,并能使蛹体安全度过滞育期。喀尚契科夫(1949—1952)将柞蚕饲养在黑暗环境中,在 14 ℃恒温条件下,滞育蛹率为 100%;在 18 ℃恒温条件下,滞育蛹率为 80%;若在 30 ℃的高温中,则不出现滞育蛹。另外,Mansigh 和 Smallman(1977)研究了不同温度和光照下饲养柞蚕的滞育变化。温度为 24 ℃～26 ℃时,短光照可获得高的滞育蛹率(100%);而温度为 32 ℃,在短光照下仅获得 32%的滞育蛹率。但上述温度在长光照中却不出现滞育蛹。

1.6.3　营养

营养因子不仅影响柞蚕的生长发育,还与柞蚕蛹的滞育有密切关系。

索洛塔略夫(1938—1940)研究认为,柞蚕滞育蛹的产生决定于许多关联条件和遗传特性,但主要是幼虫期特殊物质代谢方向的结果,即必须在幼虫体内积累多量脂肪类物质,足够蛹蛾期的营养需要才能实现。幼虫取食富含糖类而蛋白质相对较少的成熟叶,有利于蚕体内蓄积大量脂类物质,创造产生滞育蛹的营养条件,因而能产生大量滞育蛹。如春柞蚕在晚春饲养,则滞育蛹率较高。达尼列夫斯基(1947)在列宁格勒用桦树叶进行延迟饲养实验,其结果支持了这一观点(表 1.6-6)。

表 1.6-6　收蚁时期与滞育蛹率的关系

项　目	5月9日	5月23日	6月14日	6月28日	7月20日
滞育蛹率(%)	0.0	0.0	11.7	88.4	100.0
蚕期温度(℃)	22.0	21.6	21.1	20.0	15.3
营茧期温度(℃)	19.0	21.7	19.2	18.8	12.9
全茧量(g)	6.4	6.6	6.0	5.9	5.5

苏伦安研究认为，柞蚕蛹滞育与幼虫期营养物质的积累多少有关。营养物质积累多，则蛹体滞育；反之，则不滞育。光照长短及强度影响柞蚕滞育是通过影响柞蚕取食时间而间接作用的，如光照时间长、光照强度大，则蚕取食量少。如气温高，则蚕体温也增高，超越取食适温范围，蚕也不取食。Mansigh(1972)研究认为，柞叶营养可能由于气候和树龄而产生差异，从而影响滞育；采用美国纽约的柞树叶可在夏季完成2～3个世代，而用加拿大安大略省的柞树叶只能完成1个世代。不同饲养时期对滞育蛹体内的碳水化合物含量影响较大，7月份营茧的柞蚕蛹碳水化合物含量明显高于8月份营茧的蛹，其抗旱能力也强(表1.6-7)。

表 1.6-7　不同收蚁日期对柞蚕蛹的碳水化合物含量影响(Mansigh，1972)

时期	含量(mg/活体克重)				
	葡萄糖	海藻糖	糖原	山梨醇	甘油
7月(蛹)	2.5	9.1	4.4	3.8	16.3
8月(蛹)	2.4	1.3	3.4	2.0	10.1

综上所述，柞蚕蛹的滞育不仅受品种的遗传基因支配，还受环境因子的影响，环境因子则通过脑神经内分泌系统而起作用。在环境因子中，多数学者认为大蚕期及前蛹期的光周期是主要因子，温度和营养因子只有在中间光照条件下才起作用。由于柞蚕的滞育对生产影响较大，还必须进行深入研究，掌握其变化机理，在生产中加以调节控制，最大限度地利用自然资源，实现柞蚕生产的优质高产。

第 2 章
柞蚕种的发生

2.1　细胞分裂与染色体

细胞(cell)的增殖是通过细胞分裂来实现的。柞蚕从受精卵开始到幼虫、蛹、成虫这样一个完整的生活史中，经过了多次连续而复杂的细胞分裂过程。

细胞分裂可分为无丝分裂、有丝分裂和减数分裂 3 种，由于无丝分裂是一种简单而原始的分裂形式，在真核生物中一般不常见，而且有关柞蚕生殖细胞有丝分裂的研究未见报道，故本书仅以同为鳞翅目昆虫的家蚕 *Bombyx mori* 为例介绍有丝分裂和减数分裂。

2.1.1　有丝分裂

有丝分裂(mitosis)是真核细胞中普遍而较为完善的一种分裂方式，它的特点主要在于分裂过程中核及染色体之间有规律的动态变化，其结果是遗传物质从母细胞均等地分给两个子细胞。有丝分裂是一个连续的动态变化过程，包括交替出现的间期和分裂期。

1. 间期(interphase)

细胞连续两次分裂之间的一段时期称为间期。在光学显微镜下观察，细胞核中的染色质呈分散状，看不见染色体，表面上看似乎是静止的，实际上间期核处于高度活跃的代谢状态，遗传物质(DNA)在此时复制加倍，组蛋白等在此时合成，细胞在间期生长，这都为子细胞的形成准备了必要的物质条件。

间期又可分为以下 3 个时期：

(1)G_1期(gap$_1$ phase)　G_1期也即合成前期或合成前期间隙期，为DNA的复制及蛋白质合成做准备，大分子如 mRNA，tRNA，rRNA及蛋白质在此时合成。

(2)S 期(synthesis phase)　也称 DNA 合成期或染色体复制期，DNA 含量加倍，染色质复制。

(3)G_2期(gap$_2$ phase)　G_2期为合成后期，完成分裂前的准备。

这 3 个时期的长短因物种、细胞种类及生理状态不同而有差异，一般 S 期较长且较稳定。

2. 分裂期

根据细胞核内变化的特征，可分为 4 个时期。

(1)前期(prophase)　核内染色质由间期时的分散状态集合成细长而卷曲的染色体，再经螺旋化而缩短变粗，形态数目逐渐清楚，呈现种的特征，每条染色体包含两条染色单体(chromatid)，核仁、核膜逐渐模糊，出现纺锤丝(spindle fiber)。

(2)中期(metaphase)　细胞内出现纺锤体(spindle)，染色体排列在赤道面上，从极面可清楚计数染色体。中国柞蚕 $2n=98$。

(3)后期(anaphase)　染色体的着丝点(centromere)分裂为二，染色单体分开形成两个子染色体，随着纺锤丝的牵引移向两极。

(4)末期(telophase)　子染色体到达两极，集结并解旋，重现核膜、核仁。接着细胞分裂形成 2 个子细胞，又进入间期。

有丝分裂所经历的时间，因物种和外界环境条件而不同，一般以前期较长(1～2 h)，中期与后期较短(约 5～30 min)。

经过有丝分裂，核内每条染色体准确地复制分裂为二，分配到两个子细胞中去，使子细胞与母细胞在遗传组成的数量与质量上完全一致，从而保证了性状发育和遗传的相对稳定性。

2.1.2　减数分裂

1. 减数分裂的概念与特点

减数分裂(meiosis)又称成熟分裂(maturation division)或还原分裂

(reduction division)，是指性母细胞成熟时，形成配子过程中所进行的一种特殊的有丝分裂形式，因为它使母细胞的染色体数目减半，故称减数分裂。其特点：

(1)经过 2 次连续的细胞分裂，而染色体只复制 1 次，结果形成的 4 个子细胞染色体数目(n)只有原来母细胞($2n$)的一半。

(2)同源染色体(homologous chromosomes)在细胞分裂前期配对(pairing)或联会(synapsis)。

(3)经过减数分裂的雌雄配子(n)受精结合后，又恢复到分裂前的染色体数目($2n$)，保证了一个物种染色体数目的恒定性。同时，通过同源非姊妹染色单体之间遗传物质的交换(crossing over)与重组(recombination)，又导致了变异的发生，所以减数分离在生物学上具有十分重要的意义。

2. 减数分裂过程

减数分裂实际上包括了 2 次细胞分裂，第 1 次为减数分裂(前减数)，第 2 次分裂为等数分裂，日本学者小林(1984)研究认为家蚕卵的减数分裂即为前减数。减数分裂的两次分裂称为减数第 1 分裂和减数第 2 分裂，均可划分为前、中、后、末 4 个时期，习惯以前期Ⅰ、中期Ⅰ和前期Ⅱ、中期Ⅱ等表示。

(1)减数第 1 分裂(MⅠ)

①前期Ⅰ(prophase Ⅰ)　最长、最复杂，可分为 5 个亚时期：

a. 细线期(leptotene)　染色质浓缩为细长如线的染色体，并相互重叠。

b. 偶线期(zygotene)　同源染色体进行配对，又称联会，$2n$ 个染色体经过联会成为 n 对染色体，联会的一对同源染色体称二价体(bivalent)。

根据电镜观察结果，在配对区域可看到由中央成分及两侧成分 3 部分组成的联会复合体(synaptonemal complex，SC)，它是同源染色体联结在一起的一种特殊结构。

c. 粗线期(pachytene)　同源染色体配对完毕，二价体缩短变粗，由于每一条染色体已经复制为二，每个二价体实际上已包含 4 条染色单体，每条染色体的两条染色单体互称为姊妹染色单体。

d. 双线期(diplotene)　染色体进一步缩短，二价体相互排斥而分离，并在不同部位呈现不同程度相互联结的交叉现象(chiasmata)，这是非姊妹染色单体之间发生交换的结果。

e. 终变期(diakinesis) 染色体变得更为粗短,交叉点向染色体末端移动,称为交叉端化(terminalization)。此时每个二价体分散在整个核内,可以区分并计数染色体。

②中期Ⅰ(mataphase Ⅰ) 二价体浓缩到最大限度,呈颗粒状,排列在赤道面上,此时也是鉴别染色体的适宜时期。

③后期Ⅰ(anaphase Ⅰ) 构成二价体的同源染色体互相分离向两极移动,实现了 $2n \rightarrow n$。但每条染色体的两个染色单体因共有一个着丝点而移向同一极。

④末期Ⅰ(telophase Ⅰ) 染色体到达两极,并解旋为染色质,核膜、核仁重新出现,形成 2 个子核,减数第 1 分裂结束。

(2)减数第 2 分裂(M Ⅱ)

减数第 2 分裂与有丝分裂极相似,也分为 4 个时期:

①前期Ⅱ(prophase Ⅱ) 染色体呈细线状,并由两条染色单体构成。

②中期Ⅱ(mataphase Ⅱ) 染色体缩短变粗,排列在赤道面上。不过此时染色体已由二价体变为单价体,家蚕为 28 条染色体,中国柞蚕为 49 条染色体。

③后期Ⅱ(anaphase Ⅱ) 姊妹染色单体相互分开移向两极。

④末期Ⅱ(telophase Ⅱ) 两组染色单体到达两极,并解旋而形成 2 个子核。随之形成 4 个子细胞,从而完成减数分裂的全过程(图 2.1-1)。

在两次减数分裂中,第 1 次是同源染色体先配对后分开,第 2 次是姊妹染色体单体的分开。通过两次分裂,形成 4 个子细胞,染色体数目只有原来性母细胞的一半。它们再经过一系列生长和分化,便形成配子,雌的形成卵细胞,成熟后变成卵;雄的形成精细胞,成熟后变成精子。

细线期　　偶线期—粗线期　　双线期

双线期—终线期　　第一中期　　第一后期

第一末期　　间期—第二前期　　第二中期

第二后期　　第二末期　　四分细胞(四分子)

图 2.1-1　减数分裂过程中染色体行为(茅野，1980)

3. 减数分裂的雌雄差异

蚕类染色体在减数分裂过程中，雌雄间存在着明显差异：(1)雌雄蚕减数分裂各时期的早晚有明显的差异；(2)雌雄蚕减数分裂前期染色体形态有差别，特别是在双线期染色体形态差异最大，雌雄双线期两条同源染色体是平行排列，不发生交叉现象。而在雄蚕的双线期，两条配对的同源染色体，往往出现交叉现象。随着减数分裂的进程，雌雄的两条同源染色体仍然平行排列，但雄蚕的两条同源染色体的交叉末端化而形成环状，这与实验遗传学上雌蚕不生交换型为安全连锁，而雄蚕可生交换型的遗传现象是一致的。

2.1.3 染色体

1. 染色体的形态与数目

每种生物的染色体都有其固有的形态和数目，经过众多学者的研究，证明蚕类染色体为弥漫性着丝点，染色体在有丝分裂中期为短杆状或颗粒状，在成熟分裂中期成为颗粒状。柞蚕属细胞遗传学研究的报道很少，随着种间杂交的研究才逐渐开展起来，它为进化和分类研究奠定了基础。

中国柞蚕染色体数，$n=49$，$2n=98$，即体细胞染色体为 98 条，性细胞为 49 条；同属的天蚕染色体数为 $n=31$，$2n=62$；印度柞蚕的染色体数则为 $n=31$，$2n=62$；琥珀蚕 *A. assamensis* 的染色体数为 $n=15$，$2n=30$。柞蚕染色体较短，难以分辨着丝点，关于柞蚕染色体组型和核型研究的报道较少。其他一些蚕类的染色体数目，家蚕 $2n=56$，蓖麻蚕 *Philosamia cynthia ricini* 雌 $2n=27$，雄 $2n=28$。野桑蚕 *Bombyx mandorina Moore* 染色体数目因地理差异而有所不同，中国野桑蚕为 $n=28$(Actaypob，1959；曾锦标等，1987；蒋同庆、向仲怀，1979)，日本野桑蚕为 $n=27$(川口，1928)。

2. 染色体的组型

染色体组型分析是蚕类遗传学研究中一项重要基础工作，因为生物的染色体组型，不仅反映了该种生物的细胞学特征，而且对基因定位、遗传工程及育种等均有十分重要的意义。

由于蚕类染色体数目多，形态小，又为弥漫性着丝粒，即无长短臂比等参数作指标，加之中期染色体几乎呈颗粒状，染色体鉴别相当困难，故在相当长的时间内，蚕类染色体组的研究进展缓慢。

村上及今井(1974)首次提出家蚕染色体为弥漫性着丝粒的观点；Rasmussen(1976)通过研究鉴别出最长和次长染色体；Traut(1976)利用染色粒鉴别出 28 个二价体中的 6 条；蒋同庆等(1985)在此基础上，鉴别出了 9 个二价体；向仲怀等(1989)利用尿素-Giemsa (GUG)法，作出了双线期染色体 G-带模式图，并鉴别出了全部(28 条)二价染色体。川副(1987)研究了家蚕、野桑蚕早期胚有丝分裂中期染色体的 G-带图谱；马昆、施立明(1988)、王运湘(1991)从亚显微水平研究了家蚕联会复合体(synaptonemal complex)，并绘出了家蚕 SC 组型模式图，目前柞蚕属已有 10 个种或杂交种的染色体数目已经被确定(表 2.1-1)。

表 2.1-1　柞蚕属染色体数

种名	分布地区	染色体数	作者
A. assamensis	印度东北部	15	Deodikai 等
A. roylei	喜马拉雅山西部	30	Jolly 等 1970
	东部	31、32、34	（未发表）
		30	Jolly 等 1970
A. polyphemus	美国	30	Cook 1910
A. mylitta	印度东部和中部	31	Jolly 等 1973
	越南南部	31	（未发表）
A. frithii	印度南部	31	Jolly 等 1973
		32	（未发表）
A. sivalica	印度西北部	31	（未发表）
A. yamamai	日本	31	川口 1934
A. pernyi	中国	49	川口 1934
A. prolei	印度东北部	32、42	Jolly 等 1970
(A. pernyi×A. roylei) F₂		44/48	Jolly 等 1970
		49	（未发表）

2.1.4　柞蚕的种间杂交

种间杂交，特别是可育的种间杂交，在昆虫中是极为罕见的，仅在果蝇的野生群体中有过报道。柞蚕第一例可育的种间杂交是 Jolly 等（1969）报道的，以后又进行了许多实验研究（表 2.1-2）。

表 2.1-2　柞蚕属的种间杂交（正反交）

杂交形式	结果	参考资料
A. perny× A. roylei	能育	Jolly 等 1969
A. roylei× A. pernyi	能育	Jolly 等 1969
A. mylitta× A. sivalica	能育	Jolly 等 1979
A. sivalica × A. mylitta	能育	Jolly 等 1979
A. mylitta × A. frithii	F₁不孕	Jolly 等 1973
A. frithii × A. mylitta	F₁不孕	Jolly 等 1973

续表

杂交形式	结 果	参考资料
A. yamamai × *A. pernyi*	F₁不孕	Kawaguchi 1934
A. pernyi × *A. yamamai*	F₁不孕	Kawaguchi 1934
A. pernyi × *A. mylitta*	不孕	Jolly 等 1969
A. mylitta × *A. pernyi*	不孕	Jolly 等 1969
A. mylitta × *A. roylei*	不孕	Jolly 等 1969
A. roylei × *A. mylitta*	不孕	Jolly 等 1969
A. mylitta × *A. assamensis*	不孕	Jolly 等 1969
A. assamensis × *A. mylitta*		

上述实验为在染色体水平上说明柞蚕种间亲缘关系奠定了基础。两对完全可育的种间杂交为 *A. pernyi* × *A. roylei*、*A. roylei* × *A. pernyi*；*A. mylitta* × *A. sivalica*、*A. sivalica* × *A. mylitta*。*A. pernyi* 和 *A. roylei* 染色体数相差较大，但在染色体水平上它们是同源的，其 F₁ 的染色体数为 $n=30$，F₂为 $n=32$、42、44、48，用 *A. pernyi* 回交其染色体结构为 34、42、46、49，表明两个种的染色体完全同源。用 *A. roylei* 的另一个类型（$n=31$）进行同样实验，细胞学证明 F₁ $n=31$，其中 18 个是 3 价体，13 个是 2 价体，其后代都是可育的。另外，*A. mylitta* 和 *A. sivalica* 的种间也是完全可育的，染色体有规则的配对联会证明它们是同源的，并且亲缘关系很近。同样 *A. mylitta* × *A. frithii* 和 *A. yamamai* × *A. pernyi* 的部分可育，也证明它们之间的亲缘关系。

Lorkovic(1949)认为，鳞翅目昆虫发生断裂的染色体能够保留下来，并作为独立的染色体起作用，因而可以有一系列不同的染色体数。根据这一观点，具有最少染色体数的 *A. assamensis*，应该是柞蚕的原始类型。而其他的种都是在进化的过程中起源于它(Jolly, 1980)。通过染色体的断裂而形成新种，在其他昆虫如鳞翅目、毛翅目、直翅目中也有报道(White, 1957)。

柞蚕属染色体存在多型现象。如喜马拉雅山西部的洛丽柞蚕 *A. roylei*，其染色体数 $n=30$，而东北部的同一个种，其染色体数却有 $n=31$、$n=32$、$n=34$ 几个不同的群体。生活在这一地区的另一些种，如 *A. frithii* 也有两个类型，即 $n=31$、$n=32$。在 *A. pernyi* × *A. roylei*

种间杂交子 2 代以及后代中，染色休数的变异特别明显，有 $n=32$、$n=42$、$n=44$、$n=48$ 等，而且所有后代都可育。这一点充分证明染色体的畸变能够产生新的类型，最后形成一个独立的种(Jolly，1980)。

2.2　柞蚕生殖细胞的发生

生殖细胞的形成(gametogenesis)包括位于雌虫体内的卵子形成(oögenesis)和雄虫体内的精子形成(spermatogenesis)。

2.2.1　精子的发生

柞蚕的精巢(testis)位于第 5 腹节背面，精巢为肾脏型，凹面向背中线，内分 4 个小室，称为精室，各精室底部为基室。2 龄幼虫的基室尚未形成，3 龄时基室的四壁才形成，4 龄幼虫的基室出现空隙，5 龄时基室发展成漏斗状。各基室底部相通，形成一个共通腔并在凹面与生殖导管相连。

精子(sperm)的发生及成熟过程可分为繁殖、生长、成熟三个时期。精子细胞必须经过变态而形成精子。精子的形成过程都是在精室内进行的。

每个精室的顶端有一个大形星状的端细胞(apical cell)，其作用是摄取营养物质，供给生殖细胞养分。周围有密集而且呈放射状分布的原始生殖细胞。蚁蚕的原始生殖细胞数很少，随着细胞分裂而随龄期逐渐增加，然后由端细胞放出的细胞质突起将一个个精原细胞(spermatogonium)围起来，这些精原细胞继续分裂增殖并逐渐离开端细胞而形成许多生精囊。在生精囊内一个精原细胞经过 6 次分裂，理论上，精母细胞数为 $2^6=64$，精子细胞数为 $2^8=256$，但因在发育途中有一些细胞退化消失，故实际细胞数比理论细胞数少。

林华森(1974)研究表明，2 龄幼虫的精室基部已可辨认出初期精原细胞；3 龄幼虫的精原细胞数显著增多，并能够看清生精囊及第一精原细胞；4 龄时，基部精母细胞的染色质已凝集成簇并集于核的一端而处于分裂前期，其他部位的原始生殖细胞、精原细胞仍继续增殖；5 龄时，初级精母细胞移向生精囊内缘，因吸收营养而体积显著增大，核也相应增大。

柞蚕精细胞成熟分裂发生在 5 龄。春蚕始于 5 龄第 5 天，秋蚕始于

5 龄第 10 天，因个体不同而有早晚。第 1 次成熟分裂中期，核膜消失，染色体排列于赤道板上，染色体数 $n=49$，所以是减数分裂。第 2 次成熟分裂期，在染色体周围生成核膜，不久即开始第 2 成熟分裂，中期赤道板上染色体数仍为 49 个，所以是等数分裂。成熟分裂的结果，由一个精母细胞(spermatocyte)生成 4 个精子细胞(spermatid)。

二化性秋柞蚕的精细胞的发育与春柞蚕不同，除 5 龄期的发育延缓外，在 5 龄期还发生精母细胞退化，在越冬前也没有精子形成。2 龄时就可发现，但一般都出现在精原细胞阶段。5 龄时，大多发生在精母细胞。首先细胞收缩、核萎缩、染色体凝聚成团移向细胞的边缘；其次，细胞质开始消溶并消失；最后，生精囊消失。精母细胞退化多发生在减数分裂前，偶尔也有在减数分裂中期或等数分裂之前。

柞蚕成熟分裂的精子细胞向囊的一端靠拢，并向另一端延伸而逐渐演变为细长的精子束。秋柞蚕的精子细胞，则未见变态。可见滞育世代的成熟分裂和精子细胞变态都延迟到蛹期，因此冬春季种茧保护，特别是"二化一放"秋柞蚕的种茧保护，要防止不利于成熟分裂和精子细胞变态的条件。

柞蚕雄蛾睾丸内有很多串珠状尚未完全转变成精子的精细胞，说明精子开始形成时不是从一端拉伸而成，而是先拉成串珠状，再继续拉伸形成发丝状成熟精子。而雄蛾贮精囊内的精子，完全是成熟的发丝状精子(束)，由于未活化的原因，没有发现蠕动的精子。不同柞蚕蛾精珠内精子形成的时间长短不同，精子的活跃程度明显不同。经交配后拆对的柞蚕雌蛾交配囊内的精子形态由于交配时间、拆对时间及环境条件等因素的影响，精子的松散状态及活跃程度有明显差异。

鳞翅目昆虫精液中含有核精子与无核精子。有核精子在活化前通常集结成束状，有核精子能使卵受精，而无核精子不能使卵受精，然而无核精子在受精过程中起着必不可少的作用，通过其活跃的运动能力促进有核精子与卵子的结合，两者在受精过程中缺一不可。柞蚕蛾精珠内及柞蚕雌蛾交配囊中均发现有运动能力的无核精子(张波等，2009)。

2.2.2 卵的发生

柞蚕蚁蚕卵巢(ovary)分为 4 个室，披以共同被膜，外观与睾丸相似。卵室随龄期增进而逐渐伸长，3 龄已开始形成卵巢管(ovariole)。卵巢管顶端有端细胞，其下有许多卵原细胞(oogonium)盛行分裂增殖，卵巢管下端为营养部。

柞蚕卵的发生及染色体的行为与精子发生平行。卵发育成熟的过程，也可分为繁殖、生长、成熟 3 个时期。

1. 繁殖期

柞蚕的卵原细胞在 2 龄、3 龄时，连续进行有丝分裂而增殖数量。

2. 生长期

增殖的卵原细胞先后进行 3 次分裂，1 个卵原细胞分裂成 8 个细胞，8 个细胞渐向卵管下部的营养区移动；4 龄后，8 个细胞中的 1 个，成为初级卵母细胞（primary oocyte），其他 7 个为滋养细胞（trophocyte）。细胞群周围包以上皮细胞。上皮细胞以后增殖分化成卵泡（滤泡）细胞（follicle cell）。卵泡包围初级卵母细胞和滋养细胞。故使每个卵巢管形成许多小室——卵室（egg chamber），在小室之间有桥带连接。最初滋养细胞和卵母细胞同样生长，蛹期滋养细胞不但停止生长，且把它的养分以至细胞质逐渐供给卵细胞，由卵原细胞分裂生成初级卵母细胞，即进入生长期。柞蚕卵发生的主要特点是经过漫长的生长期，初级卵母细胞在这时积累营养物质。蛹期卵母细胞急剧发育，根据形态及多糖类的分布，可把卵巢管内卵的发育分为 9 个时期（梁素香，1965）。

（1）球状期　早春出库的柞蚕茧，在 18 ℃的中间温度经过 2 天，然后在 24 ℃、相对湿度为 80% 的条件下暖茧。暖茧的第 3 天，蛹体的脂肪体呈网状，卵巢管内密排着许多小室，每室直径约 0.24 mm。7 个滋养细胞占卵室的大部分，并且核巨大。卵室外面被覆一层柱状的卵泡细胞，以此包住滋养细胞和卵母细胞。

（2）杯状期　暖茧 7 天后，脂肪体呈豆腐块状，卵巢管伸长，卵室体积增大并呈椭圆形，大小为 0.46 mm×0.39 mm，滋养细胞外面的包卵细胞开始变薄，但卵母细胞外面的包卵细胞增厚而呈柱状，相邻 2 个卵室之间的包卵细胞演变成较厚的卵泡间组织（桥组织），将每个卵室分隔开来。此时，包卵细胞又在滋养细胞和卵母细胞的交界处开始陷入形成卵胞组织，陷入的包卵细胞形状不规则，而且排列稀松。此时卵母细胞伸出乳头状突起插入滋养细胞内，滋养细胞核呈巨大裂片状。卵母细胞呈杯状形，约占卵室的 2/5，其细胞核呈圆形，核内有染色质和核仁。

（3）半球状期　卵室继续增大，仍呈椭圆形，大小为 0.75 mm×0.57 mm。滋养细胞外只有一层排列疏松的包卵细胞膜。卵母细胞外排列着一层整齐的柱形包卵细胞，细胞核椭圆形，滋养细胞核似变形虫。这时卵母细胞呈半球形，体积占卵室的 1/2。卵母细胞内出现卵黄颗粒，卵黄颗粒产生多糖类物质。

(4)滋养细胞开始退化期　此时卵室大小约 1.0 mm×0.67 mm。滋养细胞上的包卵细胞仅留线条状痕迹，而卵母细胞外的包卵细胞排列成栅栏状，核椭圆形。卵母细胞乳头状突起发达并插入滋养细胞，卵母细胞核(胚胞)内染色质和核仁已十分清楚。滋养细胞内营养物质如潮流状向卵母细胞中移动。

(5)滋养细胞退化期　暖茧 12 天，卵已有 1.34 mm×1.19 mm。包卵细胞开始萎缩，由栅栏状变为界限不清的方形细胞。滋养细胞只占卵室的极少部分。卵核(胚胞)在前端一侧，卵黄粒增多并凝聚成条块状。多糖物质在卵黄粒的中间。

(6)包卵被膜完成期　卵约 1.98 mm×1.66 mm。包卵被膜细胞发达，完全包围卵室，卵内多糖减少。

(7)卵壳分泌期　暖茧 15 天后，卵管中的卵开始下降，但排列疏松。卵约 2.15 mm×1.84 mm 。包卵细胞开始分泌卵壳物质。胚胞浮在卵的级区前端。

(8)调整期　卵约为 2.32 mm×1.88 mm，卵壳形成。胚胞(核)破裂，染色质聚在极区的一隅呈团块状。卵膜锯齿状，精孔部位凹陷明显，多糖物质散在卵周围及极区内缘的两边。

(9)卵球形成期　暖茧第 18 天，卵巢管发育成熟，形成成熟卵球。

3. 成熟期

卵的成熟发生 2 次特有的成熟分裂，第 1 次是使染色体数目减半的减数分裂，结果形成 1 个次级卵母细胞和 1 个体积很小的第 1 极体；次级卵母细胞又发生 1 次染色体等数分裂，形成 1 个卵和 1 个第 2 极体。暖茧 18 天后，即将羽化成蛾。卵约为 2.4 mm×1.95 mm。卵向卵管下移，卵壳形成完毕。卵黄成为蛋白质和糖类的复合体。

近于输卵管的初级卵母细胞，在极体出现第 1 次成熟分裂；羽化时渐次出现至末梢部之卵，大多数卵以第 1 次成熟分裂中期的状态终止，以待精子入卵。受精时，停留在第 1 次成熟分裂中期的卵核立即继续向前发展而由中期进入后期。

2.3　受　精

2.3.1　精子进入卵的过程

雌蛾与雄蛾交配后，由雄蛾的交配器在交配囊(bursa copulatrix)形成精荚。射入交配囊中的精子，因受精囊附属腺分泌物的引诱，靠囊壁肌肉的蠕动和精子自身的运动从精荚中逸出，经精子导管而至前庭部分，再经螺旋形导管而进入受精囊(spermatotheca)中，等待进入卵中。产卵时，由于受精囊囊壁肌肉的收缩及精子自身的运动，精子又从受精囊中出来经螺旋导管到达前庭部。这时，卵以钝端向下沿输卵管降下，到达前庭后因经孔一端的外形与前庭内腔相吻合，卵在此处暂时停留，卵的精孔区恰好对着螺旋导管的开口处，精子便从精孔进入卵内。

1. 精孔

精孔(受精孔、卵孔)开口于卵较钝一端的精孔区。每粒卵约有7～9个受精孔(梁素香，1965)，也有认为柞蚕卵有8～12个受精孔(崔之怀等，1991)，夏邦颖(1979)认为，最多有11个。精孔是卵形成过程中卵母细胞与滋养细胞联络的通道，也是精子入卵的孔道。

2. 精孔管

每一精孔都有向卵内延伸的管状物，称精孔管。精孔管一般为8～9条(夏邦颖，1979；胡萃等，1991)，呈辐射状排列，远端开口扩大，平均管长为22 μm。当精子进入精孔管后，精孔管立即关闭，故每1个卵可接受7～9个精子。一般进入2～3个精子，所以柞蚕属多精子受精的昆虫。

柞蚕蛾产出卵后，精子从精孔区的精孔进入卵内，精子激动了成熟的卵球，精卵结合发育为合子。

2.3.2　精子对成熟卵球的激动作用

(1)产卵5～15 min，精子以精孔管穿入卵黄膜(质膜)时激起卵产生"受精膜"。随后，向卵周质表层扩张；同时，卵核由第1次成熟分裂的中期进入后期，染色体移到纺锤体的两端，在其中间出现一排有染色性的遗传物质。

(2)产卵60～90 min，卵核进入第2次成熟分裂的中期，中排染色质积聚成团。在漏斗区(极区)散布着较多的"核外染色质"。

(3)产卵 90～120 min，卵核第 2 次成熟分裂结束，形成 3 个极体和 1 个雌性原核，原核内迁。3 个极体也都停留在漏斗区的一侧。

2.3.3 精子入卵后的演变

(1)精子入卵后 30～60 min，可以看到多精子入卵，精子立即被卵细胞质包裹着。

(2)精子入卵 60～90 min，精子头部开始浓缩，并出现中心体。

(3)精子入卵 100 min，精核囊化为雄性原核，中心体分裂成对。

2.3.4 两性原核合并和卵裂

(1)产卵 90～120 min，比雌性原核较大的雄性原核与成对的中心体向雌性原核靠拢。

(2)产卵 150 min，两性原核融合成合子。自结合之后，逾数精子渐渐解体，但出现一根纤细的尾鞭，后来消失在漏斗区的卵黄部分。

(3)产卵 180 min，受精后的合子(2n)开始分裂，合子的细胞外无膜，这是一种细胞的雏形，纺锤体的两端显示发达的中心体。此时的受精膜已消失，卵球的表层经精子激动后产生的"分泌物"堆积在这里。

柞蚕卵受精以后，合子不断分裂，散到卵周围形成胚盘，胚盘的一处发育成胚带，胚胎的形成从此开始了。

2.4 胚胎发生

2.4.1 卵裂及胚胎形成

卵受精后，合子核通过有丝分裂形成很多分裂核分散在卵黄内。随后大部分分裂核移向卵的周边，以各分裂核为细胞核与周缘细胞质发生细胞膜，在卵黄膜下形成一个连续性单细胞层的胚盘，少部分分散在卵黄内的分裂核在胚盘形成后以自身形成卵黄细胞(消化细胞)，卵黄细胞不仅对胚胎有营养作用，而且还能吞噬退化的细胞，卵黄细胞到胚胎发育后期消失。胚盘形成后，在精孔一侧的细胞层发达增厚，形成长椭圆形的胚带，胚带以外的胚盘细胞逐渐变薄。胚带形成后，从胚带的周边开始向卵的内方陷入，连接胚带的原胚盘向胚带外方形成突起，出现两层薄膜叠褶状的羊膜褶，羊膜褶向胚带中央相向伸长，最后相互接合，褶缘（中隔）消失，形成分离的内外两层薄膜，外层紧贴卵黄膜下的为浆膜，内层包被在胚带腹面的为羊膜。至此，胚带与浆膜完全分离，成为独立的胚胎。羊膜与胚胎之间为羊膜腔，羊膜液起保护胚胎作用。

2.4.2　胚层分化

刚独立的胚胎为单层细胞，以后胚胎伸长，两端膨大，同时由于背面中线细胞的分化增殖，致使腹面中央出现原沟，随着原沟两侧细胞的对向增殖，原沟逐渐深陷，最后左右接合形成两层细胞。靠羊膜的一层是外胚层，远离羊膜的内层为中胚层，中胚层细胞继续向两端增殖，排列成念珠状细胞群，进而形成完整的中胚层。

2.4.3　胚胎发育

中胚层形成的同时，胚体开始分节。胚体表面出现横沟，将胚体分为 18 个胚节，第 1 节为头叶，特大；第 2、3、4 节为口节；第 5、6、7节为胸节；其余 11 节为腹节，其中最后 1 节为尾节。胚节形成后，头叶内凹成口陷，尾叶内凹成肛陷，将来口陷形成前肠，肛陷形成后肠。不久口陷和肛陷之间出现一些内胚层细胞，两端的内胚层细胞群相向生长，形成"U"形管，逐渐会合发育成中肠。与此同时各胚节外胚层出现小囊状突起，以后形成各种附器。在头叶顶部的两个突起形成上唇，两侧的突起形成触角。口节腹面的两侧突起依次形成上颚、下颚和下唇，以后逐渐与头叶合并成头部。胸节 3 对突起为胸足，腹节的第 3～6 节突起发育成腹足，尾节突起发育成臀足，其余的腹节突起渐渐退化。胚胎发育后期形成体壁。

第 3 章
柞蚕种质资源的研究与利用

种质资源(germplasm resources)是可供遗传育种研究利用的一切材料的总称，又称遗传资源(genetic resources)、基因资源(gene resources)。中国柞蚕种质资源十分丰富，在世界野蚕资源中占有极其重要的地位，凡是具有某一特殊生物学特性或经济学性状的群体，都称为种质资源或遗传资源。柞蚕种质资源是柞蚕遗传育种的物质基础，通过挖掘、收集、保存，能够为新品种选育提供新素材。

3.1 柞蚕种质资源研究

我国柞蚕种质资源研究已经取得了一些重要进展，主要包括种质资源的分子生物学、种质资源的种类、分布和保存等方面的研究。

3.1.1 柞蚕种质资源的种类与分布

柞蚕种起源于我国山东省鲁中南地区，经过长期的自然选择和人工选择，逐步形成了具有独特的生物学特性和经济学性状，并适应当地生态条件和饲养条件的柞蚕品种。在自然条件中，温度、光照、饲料等对柞蚕种的分化与分布起了重要作用。

1. 柞蚕种质资源的种类

柞蚕种质资源按照幼虫体色分类，大体可分为黄蚕血统、青黄蚕血统、蓝蚕血统、红蚕血统、白蚕血统、绿色血统等。其中青黄蚕血统可分为青绿色和青黄色两类。黄蚕血统可分为淡黄色和杏黄色两类。白蚕血统可分为黄银白、灰银白和白色 3 类。蓝蚕血统则分为靛蓝、水蓝等类型。柞蚕育种常以幼虫体色作为选择标记进行选择，这成为柞蚕育种有别于家蚕育种的特点之一。

按照化性分类，可将柞蚕种质资源分为一化性和二化性。在山东，一化性柞蚕种群分为一化黄和一化青两种类型。二化性品种幼虫体色多为青黄色、青绿色、黄色；一化性品种幼虫体色多为黄色。

2. 柞蚕种质资源的分布

淡黄体色的柞蚕品种多分布于贵州、四川等省，杏黄体色品种多分布于安徽、河南、山东等省，青黄蚕血统的品种主要分布于东北和华北地区。蓝蚕和白蚕血统品种，适应范围较窄，蓝蚕血统品种仅分布于山东省胶东地区，白蚕血统品种只分布于辽宁东部鸭绿江沿岸地区。

以北纬 35°线为界，北纬 35°线以南地区主要分布一化性品种，北纬 35°线以北地区主要分布二化性品种，北纬 35°～36°的地区属柞蚕种化性不稳定地区，即一化、二化的过渡区域。

3.1.2 柞蚕种质资源保存

柞蚕种质资源保存及繁育简称品种保育，其目的就是科学地保持柞蚕品种特征特性、防止其混杂和退化。品种保育的重点在于幼虫期的饲养和制种期的蛾期选择。

1. 幼虫期饲养保育

目前已研究并建立了单蛾区育和卵量混合育两种保育方式，单蛾区育通常每个品种饲养 15 个蛾区，卵量混合育春蚕每区饲育 3 g 种卵，秋蚕每区 4 g 种卵，每个品种饲育约 15 个区。在柞蚕品种保育实践中，常常交替使用，这样既有利于保持和巩固品种的特征特性，又可减少近亲交配产生的不利影响。

品种保育中的饲养技术，除了需符合一般柞蚕种饲养的常规技术要求以外，还需重点满足所保育品种特殊经济性状对饲养条件的要求，同时进行幼虫期的选择。蛾区育时，以蛾区选择为主，个体选择为辅；卵量混合育时，则实施个体选择。对于品种的诸多数量性状，应采取"卡两头、留中间"的选择方式。小蚕期以群体选择为主，大蚕期以个体选择为主。

2. 品种保育中的选配与选择

制种期间的蛾期选择在品种保育中尤为重要，需要熟悉和掌握品种蛾期特征特性和遗传规律进行正确的蛾区交配及选择，既避免由于过度近亲交配造成的衰退，又防止不当杂交造成的混杂。通常将保育品种参照亲缘关系，分两个大区，采用异区交配。当品种出现混杂时，则采用必要而适度的近亲交配，以恢复品种的特征特性。

柞蚕品种在保育中一旦出现种性衰退现象，还需要采用复壮措施。常用的有同品种不同饲料饲育后交配、同品种异地交配等方法。后者应用较多，效果也较好。

3.1.3　柞蚕种质资源的研究

种质资源研究是对保存的品种资源进行生物学特征特性、经济学特性、抗病性及遗传规律等方面的研究。

1. 生物学特征特性的描述和记载

对保存的品种资源进行特征特性的描述和记载是有效利用种质资源的基础和前提。需要描述的生物学特征特性主要有：化性、眠性、体形、幼虫及成虫体色、茧形、茧色、龄期经过、单蛾产卵量、百粒卵重量等，可结合保育进行观察和记载，并应用照片对 4 个虫态拍照保存。

2. 经济性状调查

经济性状反映该品种的经济价值，是该品种利用的重要依据。需要调查的主要经济性状包括发育经过、幼虫生命率、虫蛹统一生命率、死笼率、全茧量、茧层量、茧层率、茧丝长、纤度、净度、解舒率、强伸力等。

仝振祥等(2009)用主成分分析法对 16 个柞蚕种质资源进行了研究，从 16 个柞蚕主要经济性状提取出 4 个主成分，即产量因子、茧丝效率因子、生命力因子和纤维量因子，其所表达的信息量占信息总量的83.068％。基于 16 个柞蚕种质资源的 4 个主成分分值进行的聚类分析，将供试的 16 个品种分为 4 个类群，类群内各品种的性状相似。

3. 品种的抗性鉴定

抗性鉴定包括抗逆性和抗病性鉴定，通常采用诱发鉴定方法，即人工创造所需的不良环境，使品种暴露出遗传本质差异，达到筛选鉴定的目的。如设置极端高温或低温来鉴定品种对温度的适应性；添食病原微生物如柞蚕 NPV 病毒、柞蚕链球菌等进行抗病性研究。

4. 遗传分析

通过品种间的杂交试验，了解并鉴定品种性状的遗传表现，并进行基因定位等研究，为柞蚕育种提供科学依据。

3.2　柞蚕种质资源的利用

柞蚕种质资源主要是用于遗传规律研究及新品种选育，作为系统选育和杂交育种的亲本材料。目前，生产中应用的品种其原始亲本都是利用当地农家品种选育的。如山东的客岭种和艾山种、辽宁的青黄种、河南的鲁山种、贵州的湄潭种等。人们利用这些农家种种质资源，不断地进行科学的选择和培育，创造性地培育出经济性状优良而且有地域适应性的各类实用新品种和基础品种。

20 世纪 50 年代，辽宁省蚕业科学研究所选用农家青黄种，经系统分离、选择整理，育成青黄 1 号和青 6 号新品种，成为全省柞蚕生产的主要品种，应用时间长达 30 多年；河南以农家鲁山种为材料，育成了鲁松、33、39 新品种，至今仍在应用；贵州以湄潭种为原始材料，育成了 101 等品种。

20 世纪 80 年代以后，各地又采用多种育种手段，利用这些品种资源培育出数十个具有突出经济价值的新品种。具代表性的新品种有河南省的多丝量品种豫 6 号、豫 7 号；山东省的多丝量品种方山黄 1 号、方山黄 2 号、鲁黄 379；辽宁省的白茧品种白茧 1 号，抗病品种抗病 2 号、抗大、H8701、辽双 1 号，高饲料效率品种 8821、8822；黑龙江省和吉林省的大型茧品种选大 1 号、选大 2 号、特大 1 号、高新 1 号等；内蒙古扎兰 1 号等。此外，在一化性地区，还培育出了二化性新品种，在典型的二化性地区，培育出了一化性新品种吉青、早秋 214 等。这些经济性状新颖、技术指标先进、生产性能优良的柞蚕新品种目前正在柞蚕种市场推广应用，同时，又为中国柞蚕品种资源库充实了一批宝贵的遗传资源。

3.3　柞蚕基因组与功能基因组研究

家蚕基因组和功能基因组研究计划的实施对生命科学基础研究领域产生了巨大影响，并将在其产业领域产生更为深远的影响（向仲怀等，

2003)。

柞蚕是我国特有的泌丝昆虫资源。当前和今后相当长的一段时期内，利用生物技术手段提高柞蚕的产量、品质以及开发高附加值柞蚕生物新产品是柞蚕产业发展的重要课题，而柞蚕基因组与功能基因组研究则是柞蚕生物技术的重要研究内容，是柞蚕种质资源的改良、利用以及进行转基因育种的基础。

3.3.1 柞蚕线粒体基因组研究

线粒体 DNA(mtDNA)属母系遗传，进化速率较核基因快且基因组结构相对简单，已作为理想的分子标记应用于昆虫群体遗传学及分子系统学等研究。

目前，已有 11 种泌丝昆虫线粒体基因组完成测序并递交到 GenBank 公 共 数 据 库 （http：//www. ncbi. nlm. nih. gov/sites/entrez）（表 3.1-1)。已测序的泌丝昆虫线粒体 mtDNA 的大小为 15 372～15 928 bp，包括 13 个蛋白编码基因(protein coding gene)、12S 和 16S rRNA、22 个 tRNA 及 1 个控制区。Liu *et al*(2008)完成了柞蚕品种豫早 1 号的线粒体基因组全序列的测定和分析。柞蚕线粒体基因组全长 15 566 bp，基因组成与顺序与已知的鳞翅目昆虫线粒体基因组一致：13 个蛋白编码基因、22 个 tRNA 基因、2 个 rRNA 基因和 1 个主要的非编码区(图 3.3-1)，这个主要的非编码区因其极高的 AT 含量在昆虫上也称为 A＋T 富集区。

表 3.1-1　GenBank 中泌丝昆虫线粒体全基因组序列信息

科	属	种	线粒体基因组(bp)	登录号
蚕蛾科 Bombycidae	*Bombyx*	*B. mori*(C-18)	15 656	AB070264
		B. mori(Aojuku)	15 635	AB083339
		B. mori(Xiafang)	15 664	AY048187
		B. mori(Backokjam)	15 643	AF149768
		Japanese *B. mandarina*	15 928	NC_003395
		Chinese(Ankang)*B. mandarina*	15 682	AY301620
		Chinese(Qingzhou)*B. mandarina*	15 717	FJ384796
大蚕蛾科 Saturniidae	*Antheraea*	*A. pernyi*	15 566	NC_004622
		A. yamamai	15 338	NC_012739
	Saturnia	*S. boisduvalii*	15 360	EF622227
	Eriogyna	*E. pyretorum*	15 327	FJ685653

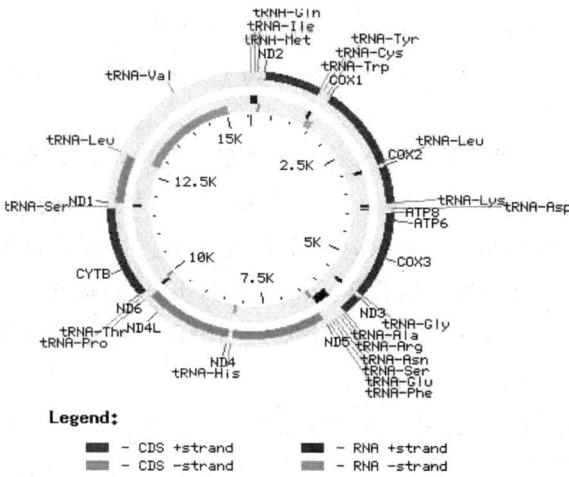

图 3.3-1　柞蚕线粒体基因组

与其他的鳞翅目昆虫一样，柞蚕的 tRNA^{Met} 基因也发生了转位，变成了 tRNA^{Met}-tRNA^{Ile}-tRNA^{Gln} 的顺序。这一排列顺序与果蝇 *Drosophila melanogaster* Meigen 的（tRNA^{Ile}-tRNA^{Gln}-tRNA^{Met}）不同，而果蝇的排列顺序是目前假设的昆虫祖先型排列。

柞蚕线粒体基因组主链的碱基组成严重地偏向于 A（39.22%）和 T（40.94%），二者合计占到整个基因组的 80.16%。柞蚕 A＋T 富集区全长 552 bp，其 AT 含量高达 90.40%。序列分析表明，柞蚕 A＋T 富集区可以划分为 3 个部分（图 3.3-2）。第 1 部分共 53 bp，位于 srRNA 基因与中间的重复区域之间，其中包含一个 19 bp 的多聚 A（poly-A）。在所有已知的鳞翅目昆虫线粒体基因组中，该多聚 A 是高度保守的。第 2 部分包括 6 个重复单元序列，该重复单元包含一个约 20 bp 的核心

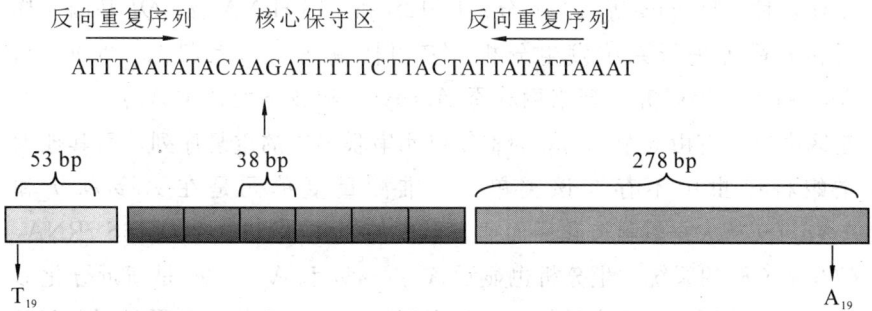

图 3.3-2　柞蚕 A＋T 富集区示意图

保守区，两侧均有 9 bp 的精确反向重复序列相连。第 3 部分共 278 bp，介于中间的重复区域与 tRNA^{Met}基因之间，包括一个高度保守的多聚 T（poly-T）。

基因重叠与间隔是 mtDNA 普遍存在的现象，柞蚕有 18 个基因间隔区，每个长度为 1～56 bp，共 202 bp；4 个基因重叠区，共 19 bp。合目大蚕蛾 *Saturnia boisduvalii* 有 16 个基因间隔区，每个长度为 1～53 bp，共 194 bp；基因重叠区 6 个，共 41 bp。而蚕蛾科的家蚕 *Bombyx mori*（夏芳）mtDNA 存在 20 个基因间隔区，每个长度为 1～66 bp，共 371 bp；另有 5 个基因重叠区，共 20 bp。

关于大蚕蛾科昆虫的系统研究也有一些报道，刘彦群等(2008)测定柞蚕野生型和放养型(豫早 1 号)的线粒体 12S rRNA 基因组的部分序列(427 bp)，表明野生型与放养型 12S rRNA 基因片段序列完全一致。对柞蚕属、樗蚕属、蚕蛾属 9 种泌丝昆虫的 12S rRNA 分析表明，3 个属都是单系起源，以 12S rRNA 构建的 UPGMA 树表明琥珀蚕 *A. assama* 是柞蚕属的较原始类型，而 NJ、ME 和 MP 树均支持波洛丽柞蚕是较原始的类型。朱绪伟等(2008)测定了采自我国云南省曲靖市的野生柞蚕(云南野柞蚕，*A. pernyi wild*)线粒体细胞色素酶 C 亚基 I 基因 5'端的部分片段(658 bp, GenBank：EU532613)，并利用该 DNA 条形编码探讨其分类学地位。基于 Kimura-2-Parameter 计算的 4 个放养型柞蚕品种之间的平均遗传距离仅 0.003，而云南野柞蚕与放养型柞蚕之间的遗传距离为 0.016，小于已确定分类学地位的放养型柞蚕与分布于印度的洛丽柞蚕 *A. rolyii* 之间的遗传距离(0.028)，但与家蚕 *B. mori* 同其祖先中国野桑蚕 *B. mandarina* China 之间的遗传距离相近(0.015)。NJ 树中云南野柞蚕与放养型柞蚕也最先聚在一起，从分子水平证实其仍属于柞蚕种。Hwang 等(1999)分别用 12S 和 16S rRNA 及 *COI* 基因对柞蚕和天蚕等进行系统发生分析，表明柞蚕属为单系起源。2006 年，Arunkumar 等研究发现洛丽柞蚕 *A. roylei* 和波洛丽柞蚕 *A. proylei* 控制区中也含有由 6 个 38 bp 的重复单元串联组成的重复序列，而其他大蚕蛾科昆虫中不存在该类单元。推测重复单元是在 *A. pernyi* 和 *A. roylei* 从大蚕蛾科分化后才插入形成的。并且通过 12S、16S rRNA、*COI* 和 *CR* 的系统发生分析也显示 *A. pernyi* 和 *A. roylei* 是新近分化形成的种。然而上述研究结果与基于表型性状和染色体组型及转录间区 1 (internal transcribed spacer DNA1)序列的琥珀蚕是柞蚕属较原始类型的结果不完全一致；又由于 *A. proylei* 是 *A. pernyi* 和 *A. roylei* 的杂交固定种，因此上述研究结果还有待于进一步探讨。柞蚕是重要的经济昆虫，了解其起源及进化关系，可以充分发掘和利用其近缘种丰富的基因资源，为品种改良和遗传育种奠定基础。

3.3.2　柞蚕功能基因组研究

自 20 世纪 90 年代起，国内外学者即开始关注柞蚕的功能基因研究，至今已取得一些进展。

1. 柞蚕 cDNA 文库的构建与 EST 测序

全长 cDNA 文库已广泛用于鉴定和发现物种基因，并作为全长基因克隆的资源，是功能基因组研究不可缺少的工具。对于近期内尚不能进行全基因组测序的柞蚕来说，构建全长 cDNA 文库则是高效、大规模获得基因全序列信息的一条有效途径，Kim 等(2005)利用构建的柞蚕幼虫 cDNA 文库克隆了柞蚕表皮蛋白基因等。

为了获得柞蚕基因的全长序列信息，我们以柞蚕蛹为材料，利用 RNA 转录 5'末端转换(switching mechanism at 5' end of RNA transcript，SMART)技术构建了柞蚕蛹的全长 cDNA 文库(夏润玺等，2009)。该文库的容量为 5×10^5 个独立克隆，插入片段长 800～2 500 bp，且 90% 的插入片段大于 1 kb。随机挑取 288 个克隆进行表达序列标签(EST)测序，有效序列为 250 条，根据 EST 测序结果计算文库重组率达 95%。经序列拼接得到 175 个 unigenes，通过序列比对发现其中 97 个 unigenes 与 GenBank 中的已知基因高度同源，且有 88 条全长序列，基因的完整性比率达 90%。该文库符合构建基因文库的质量要求，为柞蚕功能基因的克隆和研究奠定了基础。

2009 年，我们完成了 1 500 个 EST 测定，其中有效 EST 共 1 349 个，并得到了 300 多个柞蚕基因的全长 cDNA 序列。

2. 目前已克隆的柞蚕功能基因

截至 2010 年 10 月，在 GenBank 数据库 (http：//www.nlm.nih.gov/)中登录的柞蚕部分功能基因的全长 cDNA 序列有 56 个。这些基因包括能量相关蛋白基因、免疫相关基因、神经肽类基因、昼夜节律相关基因、气味结合蛋白基因、表皮蛋白基因、代谢相关酶类基因等(表 3.1-2)。

表 3. 1-2　GenBank 中登录的柞蚕部分功能基因全长 cDNA 序列

登录号	基因	作者	国家	公开
EF683091	卵黄原蛋白 vitellogenin	刘朝良	中国	2007
DQ353869	溶菌酶 lysozyme	范琦	中国	2006
AY445658	滞育激素 DH	徐卫华	中国	2006
AF333998	隐花色素 cryptochrome	Reppert	美国	2007
EF117812	隐花色素 2 cryptochrome 2	Reppert	美国	2007
AY526608	生物钟昼夜节律 vrille	Reppert	美国	2004
AY526606	日周期节律 double-time	Reppert	美国	2004
AY330487	时钟伴侣 BMAL	Reppert	美国	2003
AY330486	时钟 clock	Reppert	美国	2003
AF132032	时间 timeless	Reppert	美国	2003
AF182284	周期蛋白 period clock protein	Reppert	美国	1999
U62535	促前胸腺激素 prothoracicotropic hormone	Reppert	美国	1996
U12769	时钟蛋白 period clock protein	Reppert	美国	1994
AY960680	攻击素 basic attacin	Hirai	美国	2004
DQ372910	乙酰基转移酶 arylalkylamine N-acetyltransferase	Tsugehara	日本	2007
AB201279	几丁质酶 chitinase	Daimon	日本	2005
AB086068	RNA 聚合酶 II RP II -beta	Shimizu	日本	2004
AB086067	RNA 聚合酶 II	Shimizu	日本	2004
AB073299	Anceropsin	Shimizu	日本	2003
AB022011	雌特异脂肪蛋白 female-specific fat body protein	Kajiura	日本	1999
Y10970	气味结合蛋白 1 odorant binding protein 1	Krieger	德国	2005
AJ555486	嗅觉受体基因 2 chemosensory receptor 2	Krieger	德国	2003
AJ277265	信息素结合蛋白 3 pheromone binding protein 3	Krieger	德国	2000
X96860	信息素结合蛋白 2 pheromone binding protein 2	Krieger	德国	1991
X96773	信息素结合蛋白 1 pheromone binding protein 1	Krieger	德国	1990

续表

登录号	基因	作者	国家	公开
X96772	气味结合蛋白 2 odorant binding protein 2	Krieger	德国	1990
FN556592	嗅觉感受器 olfactory receptor 1	Krieger	德国	2009
AY438330	表皮蛋白 14 cuticle protein 14	Kim	韩国	2005
AY438329	表皮蛋白 16.4 cuticle protein 16.4	Kim	韩国	2005
AY278025	芳香基储存蛋白 arylphorin precursor	Kim	韩国	2003
AY461438	多巴胺脱羧酶 dopa-decarboxylase	Chang	韩国	2003
AF083334	丝素 fibroin	Yukuhiro	日本	2000
EU541491	核糖体蛋白 L8 ribosomal protein L8	李文利	中国	2008
EU541490	谷胱甘肽酶 glutathione S-transferase theta	李文利	中国	2008
GU945199	核糖体蛋白 S3a ribosomal protein S3a	刘朝良	中国	2010
GU945198	热激蛋白 70 heat shock protein 70	刘朝良	中国	2010
GU235993	核糖体蛋白 L26 ribosomal protein L26	刘朝良	中国	2010
GU235994	热激蛋白 90 heat shock protein 90	刘朝良	中国	2010
GU205081	细胞色素 P450 cytochrome P450	刘朝良	中国	2009
HM011050	类溶茧酶 cocoonase-like protein	范琦	中国	2010
GU338052	谷胱甘肽酶 glutathione S-transferase sigma	范琦	中国	2010
EU557313	类肽聚糖识别蛋白 peptidoglycan recognition protein-like	范琦	中国	2008
EU557312	抗菌肽 lebocin-like protein	范琦	中国	2008
EU557310	抗菌肽 gloverin-like protein	范琦	中国	2008
EU557309	抗菌肽 gallerimycin-like protein	范琦	中国	2008
EU557308	抗菌肽 attacin-like protein	范琦	中国	2008
EU557305	抗菌肽 cecropin-like protein	范琦	中国	2008
FJ788509	腺苷酸转移酶 adenine nucleotide translocase	刘彦群	中国	2009
FJ744151	KK-42 结合蛋白 KK-42-binding protein	刘彦群	中国	2010
FJ788508	延伸因子 elongation factor 1 alpha	刘彦群	中国	2010

登录号	基因	作者	国家	公开
HM182104	肌球蛋白轻链 2 myosin light chain 2	刘彦群	中国	2010
GU289926	烯醇化酶Ⅰ enolase Ⅰ	刘彦群	中国	2010
HM755879	烯醇化酶Ⅱ enolase Ⅱ	刘彦群	中国	2010
GU073312	溶血磷脂酶 lysophospholipase	刘彦群	中国	2010
GU073316	肌动蛋白 actin	刘彦群	中国	2010

(1)储存或能量相关蛋白基因

卵黄原蛋白(vitellogenin, Vg)是雌特异性蛋白,在 5 龄起于雌蚕脂肪体中大量合成后被分泌到血淋巴中,发育的卵母细胞选择性地摄取后转变为卵黄磷蛋白,作为胚胎发育的营养来源。柞蚕卵黄原蛋白基因的编码区长 5 337 bp,编码 1 778 个氨基酸。合成的柞蚕卵黄原蛋白只有 1 个亚基,分子量 201.6 kD。氨基酸序列的 N 端有 15 个氨基酸的信号肽,与同属的天蚕同源性达到 100%,与家蚕的同源性为 75%。有 4 个糖基化位点分布于多聚丝氨酸区域下游。氨基酸序列的 C 末端区域里的 DGQR、GICC 功能部位及其后的半胱氨酸都完好地保存。SDS-PAGE 和 Western blot 分析表明,一个约 85 kD 的重组蛋白成功得到表达,而且表达量并不随 IPTG 诱导浓度的大小而改变。ELISA 分析表明,用重组蛋白免疫兔制备的抗体效价达到 1∶7 800(Zhu B J,2010)。如果能利用 Vg 基因的启动子,在柞蚕培养细胞及虫体中表达外源蛋白,把柞蚕作为生物反应器来开发生产医用药物和有用蛋白,将对提高柞蚕业附加值具有重要意义。

另有研究表明,柞蚕雌特异脂肪蛋白(female-specific fat body protein)和芳香基储存蛋白(arylphorin)与家蚕对应蛋白的同源性或相似性分别是 27% 和 69%。

(2)免疫相关基因

①抗菌肽(cecropin):柞蚕抗菌肽是一类碱性小分子多肽,具有热稳定性、诱导源的非专一性和广谱的杀菌、抑制病毒和抗癌的作用。克隆得到的柞蚕抗菌肽部分片段(DQ519400)与家蚕抗菌肽(BAA34260;全长 66 个氨基酸)在氨基酸序列上有 97% 的同源性(Hirai M,2004)。

②攻击素(attacin):昆虫产生的抗菌蛋白中的一个重要成分,最早从惜古比天蚕 Hyaophora cecropia 中分离出来,在昆虫受到外界微生物感染后,由脂肪体高丰度表达,并分泌至体内血淋巴中。柞蚕攻击素

基因 cDNA 序列全长 912 bp，编码 233 个氨基酸，预测蛋白质分子量为 25 kD，等电点为 7.54。第 1～17 位氨基酸为信号肽序列，第 47～112 位氨基酸之间为攻击素-N 功能区，第 113～233 位氨基酸之间为攻击素-C 功能区。与蓖麻蚕 *Philosamia cynthia ricini* 的 A 型攻击素和惜古比天蚕的 Basic 型攻击素的同源性分别达到 88％和 87％，与家蚕攻击素的同源性为 64％。

③溶菌酶(lysozyme)：溶菌酶是一种糖苷水解酶，能够与细菌细胞壁结合，作用于 N-乙酰氨基葡萄糖和 N-乙酰胞壁酸之间的 β-1，4 键，对革兰氏阳性细菌有很强的杀伤力。柞蚕溶菌酶基因的编码区为 420 bp，编码 140 个氨基酸，其中前 20 个氨基酸为信号肽序列，成熟肽部分为 120 个氨基酸；预测分子量为 13 986，等电点(PI)为 8.46。含有天冬酰胺(N)51-谷氨酸(E)52-丝氨酸(S)53[Asn51-Glu52-Ser53] 氨基酸序列。与家蚕溶菌酶的同源性为 68％。已有研究人员在酵母中对柞蚕溶菌酶基因进行了表达并制备了表达产物。

④柞蚕 *Hemolin* 基因

瑞典斯德哥尔摩大学 Li 等克隆了柞蚕的 *Hemolin* 基因，该基因编码的蛋白质属于免疫球蛋白超家族成员，具有多种免疫功能。将柞蚕 Hemolin 蛋白的氨基酸序列与其他 Hemolin 蛋白进行比较发现几个保守位点，其中有一个根据 3D 结构模型在亲缘关系相近的神经胶质蛋白中没有出现的磷酸化位点。在免疫球蛋白的 1 区和 3 区的 C′-C″ 环结构中还发现了 2 个保守的 KDG 序列，这种结构能够产生在脊椎动物的免疫球蛋白 L2 区普遍存在的 γ 转角。

(3)神经肽类基因

神经肽是由神经系统合成、储存并释放的多肽类活性物质，大部分是由寡肽(2～10 个氨基酸通过肽键形成的直链肽)或小的蛋白质分子所构成。此类激素主要有滞育激素(diapause hormone，DH)、性信息素合成激活肽(pheromone biosynthesis activating neuropeptide，PBAN)、促前胸腺激素(prothoracicotropic hormone，PTTH)、羽化激素(eclosion hormone，EH)、利尿激素(diuretic hormone，DH)与抗利尿激素(antidiuretic hormone，ADH)、促咽侧体激素(allatotropin，AT)等。柞蚕上已经克隆的此类基因有 *DH-PBAN* 和 *PTTH*。

家蚕滞育激素由咽下神经节(suboesophageal ganglion，SG)的神经分泌细胞分泌，是控制家蚕胚胎滞育的激素。昆虫性外激素的生物合成受到性信息素合成激活肽的调控，是由食道下神经节产生，经由心侧体释放入血淋巴的神经肽，调节性信息素的生物合成，破坏此神经肽可以影响正常的雌雄交配。柞蚕 *DH-PBAN* 基因 cDNA 全长为 795 bp，编码的蛋白前体为 196 个氨基酸，与家蚕的同源性为 68%。已有研究表明，非滞育蛹中后期 SG 的 *DH-PBAN* mRNA 含量显著高于滞育蛹；在 SG、胸神经节（thoracic ganglia，TG）和腹神经节（abdominal ganglion，AG）均能检测到阳性细胞，但在脑中未能看到明显的阳性分泌细胞。利用竞争性 ELISA 分析，柞蚕非滞育蛹血淋巴中的 PBAN 类似肽的含量显著比滞育性蛹高，非滞育蛹在预蛹期和蛹中期各有一个 PBAN 神经肽含量高峰。滞育与非滞育个体之间 DH 类似肽的表达差异暗示这些神经肽可能对柞蚕生长发育具有促进作用，柞蚕 DH 对其蛹滞育可能也具有解除作用（Wei Z J，2008）。

促前胸腺激素是昆虫脑所分泌的一种多肽，促进前胸腺合成与释放昆虫生长、蜕皮、变态所必需的蜕皮激素。柞蚕促前胸腺激素基因 cDNA 全长 666 bp，编码 221 个氨基酸，与天蚕、蓖麻蚕和家蚕的同源性分别是 98%、70% 和 50%。与天蚕只有 3 个氨基酸的差异，分别是第 21、22、81 位的 E(Q)、A(S) 和 S(Ⅰ)（Sauman Ⅰ，1996）。

(4)昼夜节律相关基因

柞蚕的生命活动过程有昼夜节律性，是遗传决定的细胞自主性现象，受到复杂的控制和调节。柞蚕上所克隆的此类基因已经达到 11 个（Reppert S M，1994）。在这 11 个与昼夜节律相关的基因中，有 5 个基因在家蚕上均没有检索到同源或类似基因；其余的 6 个基因中，与家蚕对应基因氨基酸序列的相似性最高的达到 94%，最低的仅 36%。

隐花色素是一种光吸收蛋白，能够帮助果蝇和小鼠内部生物钟或周期节律的同步化。在柞蚕体内，同时含有两类隐花素——与果蝇相似的隐花色素 CRY1 和与小鼠相似的隐花色素 CRY2。CRY1 能吸收光线设定内部生物钟，而 CRY2 能够维持生物钟的运转（Yuan Q，2007）。

(5)气味结合蛋白

昆虫触角气味结合蛋白（odorant binding protein，OBP）是一类亲水性的酸性蛋白，在触角感器血淋巴液中浓度很高，在昆虫识别外界气味物质中起着重要的作用。主要分为 4 种，即性信息素结合蛋白 PBP（pheromone binding protein，PBP）、普通气味结合蛋白 1（general odorant binding protein，GOBP1）、普通气味结合蛋白 2（GOBP2）和气味结合蛋白类似蛋白。PRP 主要存在于雄蛾触角中，与昆虫感受性外激素有关。GOBP1 和 GOBP2 在雌雄蛾触角中有相同的表达，在昆虫感受普通气味物质过程中起重要作用。气味结合蛋白类似蛋白与 OBP 有明显的同源性，但其生理功能仍不清楚。

柞蚕上已经克隆的基因包括性信息素结合蛋白、气味结合蛋白 1、气味结合蛋白 2、触角气味结合蛋白(antennal binding protein X)。此外，还有脑视蛋白和嗅觉受体基因。

从柞蚕触角中克隆的信息素结合蛋白基因共有 3 种，分别命名为信息素结合蛋白1～3。柞蚕信息素结合蛋白 1 基因编码 163 个氨基酸，前面的 21 个氨基酸为信号肽序列，成熟的信息素结合蛋白有 142 个氨基酸，推测的结果与其他昆虫的类似，而与脊椎动物的气味结合蛋白无相似性。柞蚕信息素结合蛋白 2 和 3 的基因均编码 164 个氨基酸，前面的 22 个氨基酸为信号肽序列，成熟的结合蛋白也是 142 个氨基酸。柞蚕信息素结合蛋白1～3 与家蚕信息素结合蛋白(CAA64443)的氨基酸同源性分别是 58%、59%、52%。柞蚕信息素结合蛋白 1 与 2 之间的同源性为 77%，1 与 3 之间为 46%，2 与 3 之间为 48%(Krieger J，1991)。柞蚕气味结合蛋白 1 基因编码 167 个氨基酸，与家蚕的气味结合蛋白 1(CAA64444)基因的同源性高达 73%(Raming K，1990；Krieger J，1991；Maida R，2000)；而编码 160 个氨基酸的气味结合蛋白 2 基因与家蚕的对应基因(CAA64445)有 77% 的同源性。触角结合蛋白基因与家蚕的对应基因(CAA64446)也有 61% 的同源性。

(6)表皮蛋白基因

昆虫的表皮蛋白是多种蛋白的混合体，包括水溶性蛋白和非水溶性蛋白。水溶性蛋白是表皮的基质和营养库，使昆虫体壁能承受体液的压力而伸展。内表皮中主要成分是几丁质和蛋白质，两者以共价键结合形成一种稳定的络合物糖蛋白。外表皮中可溶性的节肢弹性蛋白鞣化为坚硬而不溶的骨蛋白。上表皮中则含有壳脂蛋白，具有抑菌、杀菌作用。

至今，柞蚕上克隆的表皮蛋白基因有表皮蛋白 14 和表皮蛋白 16.4。表皮蛋白 14 编码 128 个氨基酸，与家蚕的表皮蛋白基因(BAA81902)的氨基酸序列的相似性为 39%(Kim B Y，2005)。

(7)代谢相关酶类基因

柞蚕上已经克隆和研究的主要代谢酶类基因有几丁质酶、谷胱甘肽硫转移酶、多巴胺脱羧酶、乙酰基转移酶、酪蛋白激酶、二硫键异构酶、RNA 聚合酶Ⅱ等。

几丁质酶存在于蜕皮液、毒腺及中肠中。昆虫生长发育过程中需周期性地蜕去旧表皮和连续或周期性地换掉围食膜，并重新合成新表皮或围食膜，这主要由几丁质酶来完成，水解产物进一步水解可重新用于合成新的角质层即体壁。几丁质酶和溶菌酶在催化区中具有非常保守的相似结构，它们可能来源于共同的祖先。柞蚕几丁质酶基因编码 555 个氨基酸，与家蚕几丁质酶基因的同源性达 88%。

①谷胱甘肽硫转移酶(glutathione S-transferase，GST)是一类主要的解毒酶，能够催化还原性谷胱甘肽和亲电子类化合物结合，保护 DNA 及蛋白质免受损伤。徐淑荣(2009)根据家蚕谷胱甘肽硫转移酶-theta 基因(*GSTT*)序列设计引物，获得了 651 bp 的柞蚕 *GSTT* 基因 cDNA 序列，该基因编码的蛋白(编码 216 个氨基酸)与家蚕 *GSTT* 基因编码的蛋白的同源性为 89%。实时定量 PCR 检测表明，柞蚕 *GSTT* 基因的 mRNA 表达量在 5 龄第 4 日达到最高，后期逐渐下降，推测其主要作用是帮助柞蚕排除体内过多的氨基酸，达到解毒的目的。

②腺苷酸转移酶(adenine nucleotide translocase，ANT)是线粒体内膜上的转运蛋白家族成员。李玉萍等(2009)从构建的柞蚕蛹全长 cDNA 文库中获得了柞蚕腺苷酸转移酶基因(*ApANT*)的 cDNA 序列。生物信息学分析表明，*ApANT* 的 cDNA 全长 1 282 bp，含有 1 个 903 bp 的开放阅读框序列，编码 300 个氨基酸。*ApANT* 与烟草天蛾(*Manduca sexta*)等鳞翅目昆虫的 ANT 基因在核苷酸和氨基酸序列水平分别具有 80% 和 90% 以上的同源性，说明 ANT 蛋白在这些昆虫中是高度保守的；与其他已知鳞翅目昆虫的 ANT 蛋白一样，ApANT 蛋白含有 3 个线粒体穿膜结构域，并且这 3 个保守结构域之间也显示出较高的相似性。

③超氧化物歧化酶(SOD)是蚕体内的重要保护性酶类。姚立虎等(2009)采用 RT-PCR 方法克隆获得了柞蚕铜锌超氧化物歧化酶(Cu/Zn-SOD)基因的 ORF 序列，该序列共编码 154 个氨基酸，具有 Cu/ZnSOD 的保守性结构特征。与家蚕、美国白蛾、野桑蚕以及果蝇 SOD 基因的同源性分别是 81.5%、81.7%、81.5%、66.7%。利用紫外线对柞蚕蛹进行不同时间照射处理后，发现蛹脂肪体内 Cu/ZnSOD 的表达存在差异，其中照射 5 min 后基因表达量增加，10 min 达最大，15 min 时呈下降趋势。

④溶血磷脂酶基因

溶血磷脂酶(LysoPLA)是水解溶血磷脂质的脂肪酸酯的酶，在柞蚕的生命过程中具有非常重要的作用。已从构建的柞蚕蛹全长 cDNA 文库中，分离出了柞蚕溶血磷脂酶基因的全长 cDNA 序列。该基因全长 1 151 bp，包含 1 个 663 bp 的开放阅读框，编码 220 个氨基酸。推测的柞蚕溶血磷脂酶的氨基酸序列与 *Heliconius reato* 和家蚕 *Bombyx mori* 的 LysoPLA 分别显示 89% 和 82% 的同源性；但是，与其他生物如赤拟谷盗 *Tribolium castaneum*、果蝇 *Drosophila melanogaster*、人 *Homo sapiens*、小家鼠 *Mus musculus* 仅有 66%、62%、50%、47% 的同源性。进化分析表明，鳞翅目昆虫(包括柞蚕)的溶血磷脂酶很可能是溶血磷脂酶家族的一个新成员。半定量 RT-PCR 分析表明，柞蚕溶血磷脂酶基因在 4 个发育阶段和所有的组织器官中均有表达，以在马氏管中的表达量最高(刘彦群等，2010)。

另外，多巴胺脱羧酶、RNA 聚合酶Ⅱ、酪蛋白激酶、乙酰基转移酶、二硫键异构酶与家蚕相对应的基因在氨基酸序列水平上分别有 99%、94%、89%、80% 和 80% 的同源性。

(8)丝素基因

李文利(2003)利用 PCR 方法从柞蚕基因组中分离出丝素基因 5'端与 3'端部分片段。其中 5'端片段长度为 1 330 bp，它的 5'端上游由 CAAT box、TATA 盒、primtranscript 所组成。用 RLM-RACE 方法确定了柞蚕丝素基因转录起始位点的第一个碱基位于 ATG 上游-27 碱基处。从序列中可以看出：若转录起始点第一个核苷酸标为＋1，则 TATA 盒位于－25 处；CAAT 盒位于－70 处。通过对启动子区域的删除分析，确定了该启动子的核心区域在 ATG 上游约 260 bp 范围内。克隆的丝素基因 3'端片段为 1 400 bp，它包括 13 个多聚丙氨酸结构域和由 100 bp 组成的 3'端非编码序列(UTR)。

以克隆的柞蚕丝素基因 5'和 3'端片段作为同源重组序列，组建成柞蚕丝素基因转移表达载体 pFG-1 和 pFG-2，将绿色荧光蛋白基因插入到该载体的相应位点。通过对 5 种昆虫细胞进行转染实验表明，在其中的樗蚕细胞、草地贪夜蛾细胞系中绿色荧光蛋白得到表达。

(9)柞蚕核糖体蛋白基因 *S3a*

核糖体蛋白在蛋白质的生物合成、细胞的代谢与凋亡、机体免疫、信号转导等方面具有重要作用。

朱保建等（2010）利用 RT-PCR 方法克隆了柞蚕核糖体蛋白基因 $S3a$ 的开放阅读框（ORF），ORF 序列全长 795 bp，编码 264 个氨基酸。序列比对表明，柞蚕 S3a 蛋白与其他 10 个物种 S3a 蛋白的相似性介于 72%～99%之间。

（10）柞蚕延伸因子 1-α

利用构建的柞蚕蛹全长 cDNA 文库，克隆了具有 5'和 3'非编码区并包含 polyA 结构的柞蚕延伸因子 1-α 基因。该基因的 cDNA 全长 1 743 bp，含有一个 1 392 bp 的开放阅读框，编码 463 个氨基酸残基。蛋白的理论分子质量 5 014 kD，等电点 8.96。

该基因所编码蛋白与柑橘凤蝶 *Papilio xuthus*、粉纹夜蛾 *Trichoplusia ni* 和家蚕 *Bombyx mori* 的延伸因子 1-α 的序列相似度均高达 97%（夏润玺等，2009）。

（11）肌动蛋白基因 *actin*

肌动蛋白基因（*actin*）是在进行基因表达研究时最常用的内参基因之一。从构建的柞蚕蛹全长 cDNA 文库中获得了柞蚕的一个肌动蛋白基因 cDNA 序列，同时获得了两个 5'非翻译区（5' untranslated region，UTR）具有明显差异的 cDNA 克隆，但具有一致的开放阅读框。分离的佐餐肌动蛋白基因的开放阅读框为 1 131 bp，编码 376 个氨基酸。推测的氨基酸序列包含有典型的肌动蛋白的结构特征。序列比对和进化分析表明，该基因是一个细胞质基因，并且与天蚕的肌动蛋白基因具有较近的亲缘关系。柞蚕肌动蛋白基因与家蚕的肌动蛋白 A4 基因具有最高的序列相似性。RT-PCR 分析表明，该基因以组成型的方式在 4 个发育阶段和所有的组织器官中表达。该基因的分离为柞蚕功能基因的表达分析提供了一个合适的内参基因（武松等，2010）。

（12）柞蚕 KK-42 结合蛋白基因

KK-42 是一种咪唑类化合物，已知具有抗保幼激素和抗蜕皮酮的作用，可以加快昆虫（如柞蚕、天蚕、家蚕）幼虫的生长发育，尤其是能解除天蚕的卵（预 1 龄幼虫）滞育和棉铃虫的蛹滞育。KK-42 结合蛋白最初是从天蚕的滞育卵中分离出来的，已表明天蚕 KK-42 结合蛋白与其滞育的人工解除有关。

现已从所测定的柞蚕 EST 中，鉴定了柞蚕 KK-42 结合蛋白基因。该基因全长 1 795 bp，包含一个长 1 509 bp 的可读框（编码 502 个氨基酸），预测的分子量为 57 kD、等电点为 6.4。生物信息学分析发现

KK-42结合蛋白具有可能的脂肪酶活性区域(李玉萍等，2009)。

在所测定的 1 349 个有效 EST 中，柞蚕 KK-42 结合蛋白基因的 EST 数量高达 46 个，是表达量最高的基因。我们据此推测，在柞蚕的蛹滞育解除过程中，KK-42 结合蛋白起着重要的作用。半定量 RT-PCR 分析表明，柞蚕 KK-42 结合蛋白基因在 4 个发育阶段(卵、幼虫、蛹、蛾)均有表达。同时，发现该基因的表达具有组织器官特异性：在脑、丝腺、马氏管和精巢中不表达，在体壁中的表达丰度相对较高，这些结果表明该蛋白是一个调控蛋白。

在 GenBank 数据库中的 Blast 搜索表明，目前仅有柞蚕(ACT53735)和天蚕(BAC66969)的 KK-42 结合蛋白基因被分离出来，二者在氨基酸序列水平上的同源性高达 95％。对 GenBank 数据库的搜索还发现，在氨基酸序列水平上，该蛋白与鳞翅目家蚕(BAA02091)、大蜡螟(AAB09081)、谷斑螟(AAC62229)的卵特异蛋白(egg-specific protein)，以及双翅目果蝇(EDW10082)、伊蚊(EAT35491)、库蚊(EDS36638)、按蚊(EAA08216)、鞘翅目赤拟谷盗(XP＿973063)、膜翅目金小蜂(XP＿001603469)等昆虫的脂肪酶(lipase)仅仅表现出41％～47％的相似性。这一结果表明，KK-42 结合蛋白是一种新型的蛋白。该蛋白的功能鉴定对于深入理解 KK-42 的分子作用机制具有重要的意义。

(13)柞蚕的长寿基因

柞蚕长寿基因的全长 cDNA 为 1 733bp，推测其编码一个含有 346 个氨基酸的蛋白质，该蛋白质与果蝇长寿基因产物的序列相似性达 85％。RT-PCR 分析结果表明，长寿基因在柞蚕卵、幼虫、蛹和成虫 4 个发育阶段和所检测的组织器官血淋巴、中肠、丝腺、马氏管、精巢、卵巢、脑、肌肉、脂肪体和体壁中均有表达。柞蚕长寿基因 mRNA 转录水平在温度刺激时没有发生显著上调或下调，表明柞蚕长寿基因与温度胁迫不相关。通过对数据库的检索，发现长寿基因的同源物在各种真核生物包括真菌、植物、无脊椎动物和脊椎动物中均有分布，而且它们之间在氨基酸序列上有 50％～93％的一致性，表明长寿基因在真核生物的进化过程中高度保守。基于长寿基因及同源物氨基酸序列所进行的进化分析可以将已知的真菌、植物、无脊椎动物和脊椎动物分开(Li，2010)。

3.3.3 转基因柞蚕研究

转基因技术是指利用分子生物学技术和基因工程技术，将外源目的基因（或特定的 DNA 片段）导入目的细胞或生物个体，使之在细胞或生物个体内稳定表达或遗传，并出现原生物体所不具有的性状或产物。转基因育种则指从供体生物体分离目的基因，经构建适合的载体后，通过转基因技术将其载入目标个体，经过筛选获得稳定表达的个体后形成的育种素材或品种资源。利用转基因育种技术进行转基因育种研究，可以利用其他昆虫的基因资源改造柞蚕品种资源，获得丝质优良或抗逆性强的新品种等。目前昆虫转基因育种中使用的方法主要有显微注射基因导入法、精子介导法、基因枪法、电转移法等。

将转基因技术应用于家蚕育种领域的研究已有报道。日本学者 Deodikar GB 等（1977）利用转基因技术将原始的黄血基因导入突变体家蚕体内。我国学者李振刚等（1997）将天蚕丝质基因成功转移到家蚕基因中获得突变体。2008 年日本农业生物资源研究所与群马县蚕丝技术中心等培育出能吐带绿色荧光和粉红色荧光的蚕丝；并且还培育出一种能吐细纤度丝的转基因蚕，该丝可用于制造人造血管等。我国西南大学 2008 年 12 月宣布，成功开发出一种将绿色荧光蛋白基因转入家蚕基因组中，并在家蚕丝腺中高量表达的转基因新型有色茧家蚕品种。有关柞蚕转基因育种方面的研究报道较少。

李文利等（2003）将构建的柞蚕丝素基因转移载体，采用精子介导的方法进行了转基因柞蚕研究。通过 PCR 检测发现有 11.09％的蛾区表现为阳性，在其 5 龄幼虫期检测的阳性率为 3.27％。

将 PCR 检测阳性的幼虫经过进一步的 Southern blot、Northern blot 和 Western blot 检测，结果发现，在部分幼虫中绿色荧光蛋白基因（GFI）已经整合到柞蚕染色体上并在丝腺内得到表达。

3.3.4 柞蚕蛋白质组学研究

蛋白质组学（proteomics）是蛋白质及其动态变化规律的科学，它是在蛋白质水平定量、动态、整体地研究生物体，并由此获得生命过程、细胞生理和生化过程以及调控网络的相关信息，目前已成为后基因组时代生命科学领域有效的研究手段。SDS-PAGE 及双向电泳（two-dimensional polyacrylaminde gel electrophoresis，2D-PAGE）是目前蛋白质组学研究和鉴定差异表达蛋白的主要技术。

柞蚕 5 龄幼虫大量合成和分泌丝素蛋白，后部丝腺的亚细胞结构和新陈代谢也发生了很大的变化。徐淑荣等（2008）采用 IPG 固化胶条进行双向电泳，得到了分辨率较高的 5 龄 1 天和 4 天柞蚕丝腺蛋白双向电泳图谱，每张图谱检测到约 350 个蛋白点。利用 Imagemaster 软件进行比对分析，选取了 23 个在 5 龄 4 天特异表达或表达量上调 2 倍以上的蛋白进行 MALDI/TOF/MS 鉴定，得到了 7 个已知蛋白，这些蛋白在转录、翻译和细胞新陈代谢中起着重要的作用。对其中的 2 个蛋白基因（谷胱甘肽硫转移酶和核糖体蛋白 LS）进行了克隆。另外，通过实时定量 PCR 对这 2 个蛋白进行了 RNA 转录水平分析，发现 RNA 表达水平和蛋白表达水平相一致。

柞蚕卵无滞育期，从产卵受精开始发育成胚胎形成蚁蚕，经历了从胚胎的初步发育、器官的出现再到个体的形成等一系列有规律的变化，这些变化是在基因的调控下进行的。我们采用 SDS-PAGE 和 2D-PAGE 对柞蚕胚胎期蛋白质组学进行了研究，SDS-PAGE 电泳结果显示，柞蚕胚胎发育中的蛋白质共分离到相对明显的 32 条泳带，其中蛋白质含量丰富的分子量约为 70 kD、60 kD、30 kD 的蛋白带，随着胚胎的发育蛋白含量逐渐减少，到蚁蚕阶段，分子量约为 70 kD、60 kD 的蛋白带消失；而分子量约为 40 kD、15 kD 的蛋白带随着胚胎发育含量逐渐增加。2D-PAGE 研究表明，胚胎发育 12 h 的蛋白点为 370 个，发育后期如 300 h 的蛋白点达到了 422 个，说明随胚胎发育蛋白点数逐渐增多。胚胎发育 132 h 及 276 h 的蛋白点与胚胎发育早期 36 h 的匹配率分别为 52％和 28％；蚁蚕总蛋白 2D-PAGE 图谱与胚胎期相比存在较大差异。总体趋势是胚胎发育前期，蛋白质种类相对较少且变化不大；到胚胎发育的后期，蛋白质种类变化剧烈，偏酸性蛋白质增加，蛋白点匹配率下降。开展柞蚕胚胎发育蛋白质学研究，能为今后进一步从分子水平阐明柞蚕胚胎发育过程中基因顺序表达模式奠定基础。

柞蚕蛹的滞育受幼虫期光周期影响，也受基因的调控，借助于分辨率高的蛋白质组学方法建立双向电泳技术体系研究柞蚕滞育蛹及非滞育蛹血淋巴蛋白质的变化情况，能够为阐明柞蚕蛹滞育过程中蛋白质变化规律，进一步研究滞育过程中基因调控机理提供参考。对雄性柞蚕滞育蛹和非滞育蛹的蛋白质采用 SDS-PAGE 电泳结果表明，利用 SDS-PAGE 电泳滞育期与非滞育期蛋白均能够分出约 25 条清晰的蛋白质谱带，分子量范围从 12 kD 到 100 kD 均有蛋白条带分布，二者蛋白质谱带差异不大；2D-PAGE 结果显示，雄性滞育蛹蛋白质样品中检测到总蛋白斑点数 400 个，非滞育蛹蛋白质样品中检测到总蛋白质斑点数 619 个，非滞育蛹蛋白质斑点明显增多，二者蛋白质点匹配率为 37%，匹配率较低，实验结果表明滞育蛹解除滞育前后蛋白种类变化剧烈，且差异性较大。

第 4 章
柞蚕遗传育种

　　柞蚕新品种选育是提高柞蚕茧产量、质量及柞蚕业经济效益的主要途径之一，利用现有柞蚕种质资源，培育适合生产需要的新品种或培育基础性品种，对于柞蚕业的可持续发展具有重要意义。

4.1　柞蚕育种研究进展

　　在柞蚕发展史上，很长时期没有明确的柞蚕品种称谓。到了近代，也仅以化性、产地与幼虫体色来区别柞蚕种群并予以命名。如山东省的客岭种、胶州种，河南省的鲁山种、贵州省的湄潭种，辽宁省暖阳种，还有各地的青黄种、青皮种、靛蓝种、银白种、小黄皮等。这些由农家通过混合选择培育的品种，通常纯度较低，但有较强的地域适应性，在自然条件下，容易延续种群，同时，也成为我国柞蚕品种改良、选育新品种的物质基础。

　　1. 利用农家种选育阶段

　　20 世纪 50～60 年代，柞蚕育种工作者广泛收集农家柞蚕种，经系统整理、分离和选择，育成了青黄 1 号、青 6 号、克青、宽青、黄安东、豫早 1 号、河 41、33、39、101、125、128、小黄皮等数十个性状优良的柞蚕新品种。它们除保留了原农家种对当地自然条件较强的适应性外，综合性状与生产性能都有明显改进和提高，所以取代了以往一直沿用的农家种。其中，青黄 1 号和青 6 号作为主要应用品种，在中国北方主蚕区延续约 30 年之久。

2. 柞蚕育种技术进步

20 世纪 60～70 年代，随着科学技术的进步，我国的柞蚕育种研究也有了长足的进步与发展。育种方法从单一的混合选种，发展到系统分离育种、杂交育种、抗病育种和诱变育种。柞蚕品种主要经济性状与遗传学性状的检测与鉴定技术，也由以往的形态观察鉴定或经验判断，发展到运用现代生物技术进行辅助选择，有效地提高了育种效率，使柞蚕育种研究保持了国际领先水平。

通过杂交育种手段，辽宁省先后育成了柞蚕新品种三里丝、柞早 1 号、抗病 2 号、多丝 2 号、沈黄 1 号、辽双 1 号；贵州省育成了 78-3、79-4 等丰产品种；河南省育成了白一化、豫 6 号、豫 7 号 等新品种；吉林省育成了小黄皮等；山东省育成了杏黄、781、789、鲁杂 2 号等新品种；内蒙古自治区育成了扎兰 1 号、扎兰 2 号、扎兰 3 号和青绿。

20 世纪 90 年代，辽宁省采用系统选育方法育成了柞蚕白茧新品种——白茧 1 号，以后又育成抗病新品种 H8701；吉林省育成了选大 1 号。这些新品种目前已逐步取代了传统品种，正广泛应用于中国北方蚕区。

采用氮分子激光照射诱变方法，辽宁省育成了新品种多丝 3 号，用 CO_2 激光照射诱变，山东省育成了 C_{66}、789 和烟 6 新品种。

在育种方法改进的同时，柞蚕育种目标也发生了变化。由单纯追求高产量到追求多方面经济性状的改进与提高，又发展到提高资源利用效率育种目标上。先后在二化性蚕区育出了一化性品种，在一化性蚕区育出了二化性品种，选育出了一批多丝量品种、白茧品种、抗病毒病和细菌病品种及高饲料效率新品种。

柞蚕杂种优势利用的研究进展也比较快，到 20 世纪末，辽宁省、吉林省、山东省、河南省等主要柞蚕区已选育出几十对杂交种，包括 2 元、3 元和 4 元杂交种。目前，杂交种在柞蚕生产中的普及率已超过 50%。主要应用的杂交种有"大三元"、辽双 1 号、选大 1 号×沈黄 1 号、丰杂 1 号、丰杂 2 号、丰杂 3 号。

进入 20 世纪 90 年代以来，我国的柞蚕新品种选育研究发生了巨大的变化，选育出了一批性状先进、品种实用化程度高的新品种。从育成的新品种数量、新品种的增产效果或者新品种所具有的特殊经济性状

(饲料效率、抗病力、一化性品种的化率等)上看,均达到了前期未有的水平。在选育新品种的同时,除了注重品种的主要生产性能的提高,还进行了大量的基础理论研究,为柞蚕育种研究奠定了理论基础。

目前广泛应用的品种有抗大、9906、8821、沈黄 1 号、选大 1 号、特大 1 号、高新 1 号、龙蚕 1 号、选大 2 号等。

4.2　柞蚕育种任务与目标

1. 柞蚕育种任务

柞蚕育种的基本任务是根据遗传学原理,创造和选育出具有优良经济性状的新品种,以满足生产发展的需要。以现有种质资源为基础,以提高柞蚕种质量与柞蚕场资源的利用水平为目标,依据柞蚕主要性状的遗传规律,研究和改良现有柞蚕品种种性,充分发挥其生产潜力,采用新的科学技术创造出多种类型育种材料,从而培育出柞蚕新品种,实现柞蚕茧生产高产、优质和高效。

2. 柞蚕育种目标

确立柞蚕育种目标(aims of silkworm breeding)需要立足于现有柞蚕品种的生产实际、柞蚕茧市场的需求,要有针对性和科学的预见性。需要考虑养蚕、制种、缫丝、织绸以及柞蚕综合利用等方面发展要求,使育种目标多元化,满足不同用途的需要。环境条件、饲料品质、养蚕技术、病虫害防治技术等都会直接或间接地影响品种优良性状的发挥,因此,确立育种目标应综合考虑柞蚕品种水平及柞蚕生产发展水平,制定的育种目标要科学、合理,既具有前瞻性,又要具有可操作性。

柞蚕育种总的目标是高产、稳产、优质、配合力好、饲料效率高。要求生物学和经济学性状有较高的一致性,新品种体质强健、抗病性和抗逆性强、饲料效率高,对当地生态条件有良好的适应性,龄期经过适中、茧丝量多、丝质优。同时,还要求亲本品种具有良好的杂交性能。

在柞蚕育种实践中,要求新品种主要经济性状应超过当地推广的优良品种,对于次要性状,通常只要求维持现有水平,使各性状间达到比较稳定的平衡,使选育的新品种既具备某种突出的优良特征特性,又具有良好的生产实用性能。

4.3 柞蚕部分性状遗传

关于柞蚕遗传学的研究报道较少。人们结合育种和生产实践，陆续开展了柞蚕形态、数量性状、化性以及饲料效率等方面的遗传学研究，并在分子水平上探讨了柞蚕现有品种亲缘关系。

4.3.1 柞蚕形态性状遗传

柞蚕形态性状遗传学研究报道较少，而遗传学研究又是柞蚕育种的理论基础，需要进一步开展这方面研究。本书仅介绍柞蚕幼虫刚毛形态与幼虫体色的遗传规律。

1. 幼虫刚毛形态性状遗传

日本学者针塚(1947)研究认为，家蚕蚁蚕刚毛形态受控于隐性基因，隐性纯合子具有致死作用。刘治国等(1992)进行了柞蚕幼虫刚毛形态性状遗传学研究，以正常型品种小杏黄和突变型短刚毛品种 204 为试验材料，制成小杏黄×204 F_1、F_2 及 F_1 与双亲回交种 B_1。结果表明，204×小杏黄，正反交均表现短刚毛，F_2 代短刚毛和长刚毛的比例为 13：3；204 与 F_1 回交，表现型为短刚毛；小杏黄与 F_1 回交，表现型有短刚毛和长刚毛 2 种，其比例为 1：1(表 4.3-1)。

表 4.3-1　柞蚕幼虫刚毛性状杂交试验

杂交方式	幼虫(头数)		
	短刚毛	长刚毛	合计
P_1 204	780		780
P_2 小杏黄		780	780
204×小杏黄　F_1	368		368
小杏黄×204　F_1	273		273
204×小杏黄　F_2	597	144	741
小杏黄×204　F_2	203	47	250
204×(204・小杏黄)B_1	463		463
(204・小杏黄)×204　B_1	801		801
小杏黄×(204・小杏黄)B_1	359	343	702
(204・小杏黄)×小杏黄 B_1	376	362	738

设长刚毛(Long Brsitle)基因符号为 Lb，长刚毛抑制(Inhibitor of Long Brsitle)基因符号为 $I\text{-}Lb$；短刚毛基因型为 $I\text{-}Lb\ I\text{-}Lb/+^{Lb}+^{Lb}$，长刚毛基因型为 $+^{I\text{-}Lb}+^{I\text{-}Lb}LbLb$，则

$$P \qquad I\text{-}Lb I\text{-}Lb +^{Lb}+^{Lb} \qquad \times \qquad +^{I\text{-}Lb}+^{I\text{-}Lb}LbLb$$

（短刚毛）　　↓　　（长刚毛）

$$F_1 \qquad\qquad I\text{-}Lb+^{I\text{-}Lb}Lb+^{Lb}$$

（短刚毛）

↓

$$F_2$$

$I\text{-}Lb I\text{-}Lb\ LbLb\ 1$　$I\text{-}Lb I\text{-}Lb+^{Lb}+^{Lb}\ 1$　$+^{I\text{-}Lb}+^{I\text{-}Lb}\ Lb+^{Lb}\ 1$　$+^{I\text{-}Lb}+^{I\text{-}Lb}LbLb\ 1$

$I\text{-}Lb I\text{-}Lb LbLb+^{Lb}\ 2$　$I\text{-}Lb+^{Lb}+^{Lb}+^{Lb}\ 2$　　　　　　　　$+^{I\text{-}Lb}+^{I\text{-}Lb}\ Lb+^{Lb}\ 2$

$I\text{-}Lb+^{I\text{-}Lb}\ LbLb\ 2$

$I\text{-}Lb+^{I\text{-}Lb}\ Lb+^{Lb}\ 4$

短刚毛	短刚毛	短刚毛	长刚毛
9	3	1	3
	13		: 3

F_1 与两亲本回交：

F_1　　　　　　　　　　　　　　　　F_1

$I\text{-}Lb +^{I\text{-}Lb}Lb+^{Lb}\times+^{I\text{-}Lb}+^{I\text{-}Lb}LbLb$　　$I\text{-}Lb +^{I\text{-}Lb}Lb +^{Lb}\times I\text{-}Lb I\text{-}Lb +^{Lb}+^{Lb}$

（短刚毛）　↓　（长刚毛）　　　　（短刚毛）　↓　（短刚毛）

B_1

$I\text{-}Lb +^{I\text{-}Lb} LbLb$（短刚毛）1　　$I\text{-}Lb I\text{-}Lb\ Lb +^{Lb}$ （短刚毛）

$I\text{-}Lb +^{I\text{-}Lb} Lb +^{Lb}$（短刚毛）1　　$I\text{-}Lb I\text{-}Lb +^{Lb}+^{Lb}$ （短刚毛）

$+^{I\text{-}Lb}+^{I\text{-}Lb} LbLb$（长刚毛）1　　$I\text{-}Lb +^{I\text{-}Lb} Lb +^{Lb}$ （短刚毛）

$+^{I\text{-}Lb}+^{I\text{-}Lb} Lb +^{Lb}$（长刚毛）1　　$I\text{-}Lb +^{I\text{-}Lb}+^{Lb}+^{Lb}$ （短刚毛）

短刚毛：长刚毛＝1：1

柞蚕幼虫刚毛性状受 2 对主基因支配，刚毛的基础基因为 Lb，表现型为长刚毛，其等位基因为 $+^{Lb}$、表现型为短刚毛；另 1 对基因为 $I\text{-}Lb$、$+^{I\text{-}Lb}$。$I\text{-}Lb$ 对 Lb 基因有抑制作用，当显性基因 Lb 和抑制基因 $I\text{-}Lb$ 同时存在时，Lb 基因作用受到抑制，表现为短刚毛；$I\text{-}Lb$ 基因不存在时，Lb 基因表现为长刚毛。

柞蚕短刚毛类型蚕的生命力一般稍低于正常型刚毛蚕，此点与家蚕

蚁蚕短刚毛不同，家蚕蚁蚕短刚毛纯合体生活力弱，常常成为发育不蜕皮或半蜕皮蚕而死亡；成虫生殖器官发育不健全而不能生殖。推测柞蚕短刚毛蚕是中性突变，在柞蚕育种中可作为标记性状。

2. 幼虫体色遗传

柞蚕品种有记载之时，即有青黄、黄两种不同体色。经人工选择育成了不同体色的柞蚕品种。柞蚕幼虫的体色有青、青黄、红、黄、蓝、白等多种颜色。柞蚕幼虫体色，不仅仅是一种标记性状，而且与体质及代谢密切相关。幼虫体色不同，对温度等环境条件的适应能力也不同。黄蚕品种的幼虫对太阳光谱中偏热光有较强的反射作用，在低纬度高温条件下，有利于维持蚕体温度；青黄蚕品种对太阳光谱中的偏热光有较强的吸收作用，有利于在较低温度条件下吸收热量以提高蚕体温度，以适应高纬度秋季低温。因此，黄蚕品种多分布于气温较高的地区，而青黄蚕品种多分布于高纬度地区。同一体色的不同品种组配的杂交种优势不明显，增产幅度较小；不同体色的品种间组配的杂交种优势表现明显，增产效果好。

罗玉功(1993)采用柞蚕幼虫绿色血统和黄色血统品种进行杂交试验，供试材料表现为不完全显性遗传特征。沈阳农业大学柞蚕研究所(2006)进一步以青黄蚕血统品种选大 1 号与黄蚕血统品种沈黄 1 号为材料研究表明，正反交 F_1 代群体幼虫体色为黄绿色，性状不分离；F_2 代幼虫体色有 3 种表现型，即青黄色、淡青黄色和黄色，比例为 $1:2:1$；F_1 代正反交与父母本的回交后代体色只有 2 种，即 F_1 代体色和回交亲本的体色，表明柞蚕幼虫青黄体色和黄体色杂交 F_1 代的性状为双亲中间型，F_2 及回交后代表现型与基因型一致，即属不完全显性遗传。

刘治国、任兆光等(1991)通过对 $802\times$ 小白蚕 F_1、F_2、鲁红 $\times$ 小白蚕 F_1、F_2、(小白蚕·802)$\times$ 小白蚕 B_1、(小白蚕·802)$\times802$ B_1、(鲁红 $\times$ 小白蚕)分离的红蚕的 F_2、(小白蚕 $\times$ 鲁红)分离的黄蚕的 F_2 及(鲁红 $\times$ 小白蚕)分离的黄蚕的 F_2、鲁红系列的 11 对组合研究，查明了 $802\times$ 小白蚕 F_1 正反交均为淡绿色；F_2 有 3 种表现型，即黄绿色、淡绿色和白色，比例 $1:2:1$；(802·小白蚕)$\times$ 小白蚕 B_1，表现型 2 种，即淡绿色和白色，比例 $1:1$；(802·小白蚕)$\times802$ B_1，表现型有 2 种，即黄绿色和淡绿色，比例 $1:1$(表 4.3-2)。

表 4. 3-2　802×小白蚕幼虫体色杂交试验结果

杂交方式	饲养时期	幼虫体色		
		黄绿色	淡绿色	白色
802×小白蚕　F_1	春		745	
小白蚕×802　F_1	春		442	
802×小白蚕　F_1	秋		404	
小白蚕×802　F_1	秋		333	
802×小白蚕　F_2	秋	34	70	36
小白蚕×802　F_2	秋	63	142	68
(小白蚕 · 802)×小白蚕　B_1	春		84	78
(小白蚕 · 802)×802　B_1	春	87	83	

根据表 4.3-2 结果，设 802 幼虫体色基因型为 GG，小白蚕的基因型为 gg，则

P　　　　　GG　　　×　　　　gg
　　　　（黄绿色）　↓　　（白色）

F_1　　　　　　　Gg
　　　　　　　（淡绿色）

　　　　　　　　　↓

F_2　　　GG　　　　Gg　　　　gg
　　（黄绿色）1　：（淡绿色）2　：（白色）1

F_1 与双亲回交则

　　Gg　　×　　GG　　　　Gg　　×　　gg
（淡绿色）　　（黄绿色）　　（淡绿色）　　（白色）

　　　　　↓　　　　　　　　　　↓

B_1

　　GG（黄绿色）1　　　　　　Gg（淡绿色）1
　　Gg（淡绿色）1　　　　　　gg（白色）　1

鲁红×小白蚕正反交 F_1 表现型有 2 种，即红色、黄色，比例 1∶1；鲁红×小白蚕正反交分离的红蚕的 F_2 代，表现型有 4 种，即红色、黄色、浅绿色和白色，比例 18∶9∶9∶12；鲁红×小白蚕正反交分离的黄蚕的 F_2 代，表现型有 3 种，即黄色、黄绿色和白色，比例 9∶3∶4

（表 4.3-3）。

表 4.3-3　鲁红×小白蚕幼虫体色杂交试验结果

杂交方式	幼虫体色				
	红色	黄色	黄绿色	白色	合计
鲁红×小白蚕　F_1	238	276			514
小白蚕×鲁红　F_1	206	197			403
鲁红×小白蚕(红)F_2	101	43	44	66	254
小白蚕×鲁红(红)F_2	86	39	35	47	207
鲁红×小白蚕(黄)F_2		106	39	57	202
小白蚕×鲁红(黄)F_2		107	30	48	185

设红色基因为 R，白色基因为 g。鲁红的基因型为 $RrYYGG$，小白蚕的基因型为 $rryygg$，则：

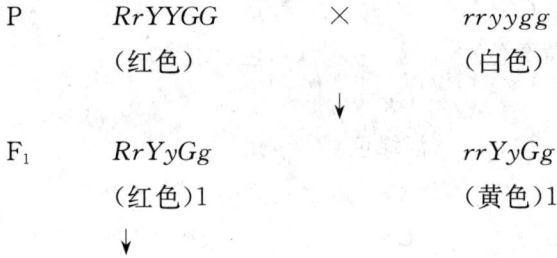

$$P \qquad RrYYGG \qquad\qquad\times\qquad\qquad rryygg$$
$$（红色） \qquad\qquad\qquad\qquad （白色）$$
$$\downarrow$$
$$F_1 \qquad RrYyGg \qquad\qquad\qquad rrYyGg$$
$$（红色）1 \qquad\qquad\qquad （黄色）1$$
$$\downarrow$$

F_1 红蚕（$RrYyGg$）自交：

$R\_Y\_G\_$	$rrY\_G\_$	$R\_yyG\_$	$rryyG\_$	R_Y_gg	R_yygg	rrY_gg	$rryygg$
27	9	9	3	9	3	3	1

其致死个体基因型及各种存活个体基因型：

$RRY\_G\_$	$rrY\_G\_$	$RRyyG\_$	$rryyG\_$	$RRYYgg$	$RRyygg$	rrY_gg	$rryygg$
9(死)	9	3(死)	3	3(死)	1(死)	3	1

$RrY\_G\_$		$RryyG\_$		RrY_gg		$Rryygg$	
18		6		6		2	

红色　　　黄色　　　黄绿色　黄绿色　　　白色　白色　白色　白色

$$18 \quad:\quad 9 \quad:\quad 9 \quad:\quad 12$$

F_1 黄色（$rrY\_G\_$）自交则：

$rrY\_G\_$	$rryyG\_$	rrY_gg	$rryygg$
9	3	3	1

黄色　　　黄绿色　　　白色　白色

$$9 \quad:\quad 3 \quad:\quad 4$$

推测 G 为幼虫体色基本色泽基因，表型为黄绿色，缺少 G 基因时，即当等位隐性基因 g 存在时，表型为白色；Y、G 共存时，表型为黄色；R、Y、G 共存时，表型为红色。另外，红体色基因 R 为纯合子时致死，致死作用表现在卵期。

鲁红（红）×鲁红（红）F_1 有两种表现型，即红色、黄色，比例数 2：1；鲁红（黄）×鲁红（黄）F_1，表型为黄色；鲁红（红）×鲁红（黄）F_1 代，表型为红色、黄色两种，比例为 1：1；鲁红红蚕 F_2 代，表型为红色、黄色，比例为 2：1；鲁红（红）×鲁红（红）分离的黄蚕的 F_2 代均为黄色；鲁红（红）×鲁红（黄）F_1 分离的黄蚕的 F_2 代，均为黄色；鲁红（红）×鲁红（红）及鲁红（红）×鲁红（黄）的 F_1 代分离的红蚕与鲁红（黄）杂交，后代均有 2 种表现型，即红色、黄色，比例数 1：1；[鲁红（红）×鲁红（红)]F_1（黄）与杂交鲁红（黄）和[鲁红（红）×鲁红（黄)]F_1（黄）回交鲁红（黄），后代均为黄色（表 4.3-4）。

表 4.3-4　鲁红幼虫体色分离试验

交配型式	幼虫体色	
	红色	黄色
鲁红（红）×鲁红（红）F_1	1305	649
鲁红（黄）×鲁红（黄）F_1	350	419
鲁红（红）×鲁红（黄）F_1		341
鲁红（红）×鲁红（红）F_1（红）F_2	544	269
鲁红（红）×鲁红（红）F_1（黄）F_2		365
鲁红（红）×鲁红（黄）F_1（红）F_2	298	167
鲁红（红）×鲁红（黄）F_1（黄）F_2		248
[鲁红（红）×鲁红（红)]F_1（红）×鲁红（黄）B_1	350	341
[鲁红（红）×鲁红（红)]F_1（黄）×鲁红（黄）B_1		251
[鲁红（红）×鲁红（黄)]F_1（红）×鲁红（黄）B_1	301	320
[鲁红（红）×鲁红（黄)]F_1（黄）×鲁红（黄）B_1		264

鲁红品种杂交试验基因分析如下：

P   *RrYYGG*   ×   *RrYYGG*

（红色）   （红色）

↓

F₁   *RrYYGG* *RRYYGG* *rrYYGG*

（红色）   （死）   （黄色）

2   :   1   :   1

F₁的黄蚕和红蚕杂交及黄蚕自交则

rrYYGG × *RrYYGG*   *rrYYGG* × *rrYYGG*

（黄色）   （红色）   （黄色） （黄色）

↓   ↓

RrYYGG   *rrYYGG*   *rrYYGG* *rrYYGG*

（红色）   （黄色）   （黄色） （黄色）

1   :   1

F₁红蚕（*RrYYGG*）自交则

RRYYGG   *RrYYGG*   *rrYYGG*

（死）   （红色）   （黄色）

1   :   2   :   1

F₁的红蚕和黄蚕杂交则

RrYYGG × *rrYYGG*

（红色） ↓ （黄色）

RrYYGG   *rrYYGG*

（红色）   （黄色）

1   :   1

上述基因型分析从杂交试验中出现死卵、2龄起蚕体色分离比例中得到证实，鲁红（红）×鲁红（红）有18％死卵，鲁红（黄）×鲁红（黄）F₁代无死卵；鲁红（红）×鲁红（黄）F₁代也无死卵。说明红蚕为杂合子（*RrYYGG*），纯合子（*RRYYGG*）为致死，死卵与蚁蚕期死蚕合计约占25％（表4.3-5）。

表 4.3-5　柞蚕鲁红×小白蚕卵的孵化率

杂交方式	总卵数（粒）	死卵数（粒）	孵化率（%）
鲁红（红）×鲁红（红）F₁	4428	767	82.6
鲁红（黄）×鲁红（黄）F₁	1339	11	99.2
鲁红（红）×鲁红（黄）F₁	542	2	99.6
鲁红（红）×小白蚕 F₁	1252	0	100.0
［鲁红（红）×小白蚕］F₂（红）	4025	847	78.9

鲁红（红）×青 6 号 F_1 代，表现型为红色和黄色 2 种，比例 1:1；［鲁红（红）×青 6 号］F_1（红）的 F_2 代，有红色、黄色、黄绿色 3 种表现型，比例 2:1:1；［鲁红（红）×青 6 号］F_1（黄）的 F_2 代，有黄色、黄绿色 2 种表现型，比例 3:1；［鲁红（红）×青 6 号］F_1（红）×青 6 号的 B_1 代，有红色、黄色、黄绿色 3 种表现型，比例 1:1:2；［鲁红（红）×青 6 号］F_1（黄）×青 6 号的 B_1 代，有黄色、黄绿色 2 种表现型，比例为 1:1（表 4.3-6）。

表 4.3-6　柞蚕鲁红×青 6 号杂交幼虫体色分离结果

杂交方式	幼虫体色（头）		
	红色	黄色	黄绿色
鲁红（红）×青 6 号 F₁	558	557	
［鲁红（红）×青 6 号］F₁（红）F₂	216	109	104
［鲁红（红）×青 6 号］F₁（黄）F₂		277	90
［鲁红（红）×青 6 号］F₁（红）×青 6 号 B₁	106	103	214
［鲁红（红）×青 6 号］F₁（黄）×青 6 号 B₁		219	217

其理论解释如下：

设鲁红（红）的基因型为 $RrYYGG$、青 6 号的基因型为 $rryyGG$，则

P 　　$RrYYGG$　　　×　　　$rryyGG$

　　　（红色）　　　↓　　　（黄绿色）

F_1　　$RrYyGG$　　　　　　$rrYyGG$

　　　（红色）　　　　　　　（黄色）

　　　　1　　　　　　　　　1

F_2

　　R_Y_GG　　rrY_GG　　R_yyGG　　$rryyGG$　　$rrYyGG$

其致死个体基因型及各种存活个体基因型分别为:

$RRYYGG$ 1 $rrYYGG$ 1 $RRyyGG$ 1 $rrYYGG$ 1 $rrYyGG$ 2 $rryyGG$

(死)   (死)   3(黄色) ： (黄绿色)1

$RRYyGG$ 2 $rrYyGG$ 2 $RryyGG$ 2

(死)

$RrYYGG$ 2

$RrYyGG$ 4

  红色   黄色   黄绿色   黄绿色

   6 ： 3 ： 2 ： 1

红色：黄色：黄绿色存活个体之比为 2：1：1

F_1 的红色个体与青 6 号的回交后代(BC_1)则:

     $RrYyGG$ × $rryyGG$

    (红色)   (黄绿色)

B_1 $RrYyGG$ $rrYyGG$ $RryyGG$ $rryyGG$

    (红色)   (黄色)   (黄绿色)(黄绿色)

       1 ： 1 ： 2

F_1 黄色个体与青 6 号的回交后代(BC_1)则:

     $rrYyGG$ × $rryyGG$

    (黄色)   (黄绿色)

B_1 $rrYyGg$ $rryyGG$

    (黄色)   (黄绿色)

       1   ：   1

　　在柞蚕育种中还发现,青黄蚕系统中幼虫头壳颜色有黑色和黄褐色
2 种,将黄褐头色和黑头色杂交,正反交 F_1 均为黄褐头色;同蛾区交配
繁育的 F_2 代,幼虫头色黄褐色和黑色的比例 3：1,推测柞蚕幼虫头色
受 1 对主基因控制。

　　柞蚕的体色是其体壁中色素的反映,常会因一些因素的影响而发生
变化。关于昆虫体色分化的机理有几种不同观点:(1)寄主专化论,即
昆虫体色与寄主植物密切相关。(2)环境因素控制论,环境因素尤其是
温度可以改变昆虫的体色。(3)基因控制论,1941 年 Waddington 研究
了果蝇的体色基因。1957 年田正中将桃蚜分为绿色型和红色型,认为
体色是由遗传基因控制的。随着分子生物学技术的发展,有越来越多的
研究支持这一观点。目前已有大量控制果蝇体色的基因被识别,与体色
变化密切相关的色素沉着的遗传和进化机制已经查清。如蝗虫 *Tetrixun*

dulate 显示了体色类型的遗传编码多态性。

一些研究者从染色体水平对昆虫体色分化进行了研究。如棉蚜有 $2n=8$ 条染色体，其中有 3 对较长染色体和 1 对较短染色体。原国辉根据染色体长度和 C-带带型分析棉蚜体细胞中期染色体时发现存在 3 种核型：正常核型(NK)和 2 种易位型(T_1-2，T_1-3)，其中正常核型是棉田苗期绿色型的优势种群。熊延坤等分析了大蜡螟 *Galleria mellonella* 幼虫不同颜色品系的普通遗传学，表明大蜡螟幼虫的体色遗传是常染色体遗传，且符合复等位基因遗传规律，深黄色基因(AA)对灰黑色基因(BB)和灰色基因(CC)为显性，深黄色基因(AA)对白黄色基因(DD)、灰黑色基因(BB)对白黄色基因(DD)和灰色基因(CC)、灰色基因(CC)对白黄色基因(DD)为不完全显性；基因型为 AD、BD、CD 的个体，其表现型为黄色；基因型为 AA、BC 的个体，其表现型为深黄色。Takada 用红、绿两色的桃蚜进行杂交试验表明，二者受 1 对等位基因支配，红对绿为显性。某些蚜虫体色分化具有遗传多态现象，由遗传基础不同的复等位基因决定了蚜虫种群中具有不同的颜色性状表现。Ueno 等在研究瓢甲 *Harmonia axyridis* 时发现其体色多态性受等位基因的单一位点控制，这一位点的等位基因极大影响了数量性状的选择结果。代方银等采用体色正常型和已知黄色标志基因 *lem*(3-0.0)、*Sel*(24-0.0) 和 *Xan*(27-0.0)与家蚕泗洪 15 杂交，结果泗洪 15 黄色对正常型为显性，遗传基因与日本的显性黄色(*Xan*)基因座位相同(27-0.0)，并命名为中国显性黄体色。Erik 等通过对长约 858 bp 的 mtDNA 基因(包括 16S rRNA 的一部分和 12S rRNA 的一部分)的分析，研究了北美沙漠蝗 *S. emarginata*(L.)幼虫和成虫体色与寄主植物之间的关系，发现 8 个种群的蝗虫中依赖密度的体色与基因变异相一致，首次证实了一些昆虫与资源关联的分歧——它们在改变寄主专化性时在资源利用和体征上存在临时变异。

分子标记技术在昆虫体色分化研究中得到了越来越多的应用。龚鹏等用 3 个微卫星序列为引物分析了棉蚜 DNA 多态性，结果表明棉蚜自然种群是由体色不变的生物型和体色可变的生物型组成的混合种群，若其干母为黄色，其后代始终为黄色；干母为绿色，其后代有绿色和黄色 2 种体色；黄色小型蚜(伏蚜)来源于混合类群，但主要来自绿色干母多代选择分化的黄色后代，也有小部分可能来自干母黄色的体色不变型。原国辉等用 RAPD 技术研究了棉蚜在不同寄主间的体色分化，聚类分析结果表明，棉花上的黄色型蚜单独聚为一类，其他的种群聚为一类。郑哲民等对暗褐蝈螽 *Gampsocleis ryukuensis* Yamasaki、优雅蝈螽 *G. chinensis*（Redtenbatcher）、中华草螽 *Conccephalus chinensis*（Redtenbatcher）不同体色表现型和邦内姬螽 *Metrioptera bonneti*（Bolivar）前胸背板颜色不同的个体变化进行了 RAPD 分析，结果表明，由基因组 DNA 某一片段控制的体色表现型差异采用 RAPD 技术能够准确检出，其中邦内姬螽前胸背板颜色差异用 RAPD 技术未能检出，说明该种昆虫的局部体色差异属变异性非稳定性状。目前，人们对昆虫体色分化的机理还存在一定的争议，对柞蚕体色分化的研究主要集中在品种间杂交体色的遗传规律方面，关于其体色分化及其分子生物学方面的研究较少，我们进行柞蚕分子系统学研究的聚类分析结果表明，柞蚕品种的亲缘关系没有按照幼虫体色聚类，而是按照产地聚在一起。今后应进一步加强柞蚕体色遗传规律、分化机理及基因定位等研究，为柞蚕体色遗传标记育种研究奠定基础。

4.3.2 柞蚕数量性状遗传

生物性状可分为质量性状和数量性状。质量性状的变异没有连续性，一般由主基因控制，数量性状的变异具有连续性，一般由微效多基因控制。柞蚕许多重要经济性状，如产卵量、全茧量、茧层量、茧层率、丝长、丝量等都是数量性状，这些性状也是育种工作的主要选择对象。

1. 柞蚕数量性状遗传力

遗传力（heritability）也称遗传率，即生物群体表现型变异中遗传变异所占的比率。生物性状的变异一般用方差来度量，因此遗传力又可表述为遗传方差在表现型方差中所占的比率。是遗传与环境相对重要性的数量指标。Robinson（1949）将遗传力定义为加性遗传方差占总方差的百分率。柞蚕数量性状变异可分为遗传变异和非遗传变异，前者可在柞蚕育种和良种繁育中加以利用，后者则在柞蚕放养中被利用。

假定生物群体内各个体的性状表现总是有差异的，这种差异通常用方差来表示。分别用表型方差（V_P）、遗传方差（V_G）、环境方差（V_E）来表示表型变异、遗传变异和环境变异程度。则 3 者间存在如下关系：

$$V_P = V_G + V_E \tag{4.3-1}$$

广义遗传力是遗传方差在总表型方差中所占的比例。

$$h_b^2 = \frac{V_G}{V_P} = \frac{V_G}{V_G + V_E} \tag{4.3-2}$$

$$h_b^2 = \frac{\text{遗传方差}}{\text{总方差}} \times 100\% = \frac{V_G}{V_G + V_E} \times 100\% \tag{4.3-3}$$

式中 V_G 包括基因加性方差(V_A)(遗传变量的可固定部分)和非加性方差(显性方差 V_D 及上位性方差 V_I)。

基因加性方差是指同一座位上等位基因间和不同座位上的非等位基因间的累加作用引起的变异量,基因加性效应能够真实遗传。显性方差是指同一座位上等位基因间相互作用引起的变异量,显性效应在基因纯合状态时要消失,所以对基因显性效应所引发变异的选择是无效的。上位性方差是指非等位基因间的相互作用引起的变异量。显性方差和上位方差又统称为非加性遗传方差。

如果只计算基因加性方差占总表型方差的比例,即狭义遗传力。计算公式:

$$h_N^2 = \frac{\text{加性方差}}{\text{总方差}} \times 100\% \tag{4.3-4}$$

$$h_N^2 = \frac{V_A}{V_G + V_E} \times 100\% = \frac{V_A}{V_A + V_D + V_I + V_E} \times 100\% \tag{4.3-5}$$

遗传率是衡量遗传因素和环境条件对所研究的性状的表型总变异所起作用的相对重要性的数值。遗传力又称为遗传决定度(degree of genetic determination)。

假如某性状的遗传率为 70%,表示在后代的总变异(总方差)中,70% 是由基因型的差异造成的,另外 30% 是由环境条件的影响所造成的。若 $h_b^2 = 20\%$,说明环境条件对该性状的影响占 80%,而遗传因素所起的作用很小。假如在这样的群体中进行选择,则效果较差。遗传率大的性状,选择效果就好;遗传力小的性状,选择效果就小。

加性方差和基因有关,而和基因型无关。显性方差、上位性方差直接与基因型有关,亲代传递给子代的是基因,而不是基因型,基因在上下代之间是连续的、不变的,而基因型在上下代之间是不连续的、变化的。由基因的加性效应所引起的遗传变异是可以通过选择在后代中被固定下来的,而显性效应、上位性效应引起的变异将会在下一代因基因的重新组合而消失,是不能被固定的。

理论上,在同一个试验中 h_N^2 一定小于 h_b^2。狭义遗传力才真正表示以表现型值作为选择指标的可靠性程度。因此,狭义遗传力又称为育种值方差。

2. 遗传力的估算方法

(1)广义遗传力的估算

广义遗传力的估算方法有多种，本书介绍利用基因型一致的不分离世代的群体方差作为环境方差来估算广义遗传力。用纯种亲本 P_1 和 P_2 及其杂种一代的表型方差作为环境方差的估值。由于不分离世代 P_1、P_2、F_1 的基因型是一致的，基因型方差理论上为零。假定基因型不受环境影响，则表现型方差都是由环境影响而引起，即等于环境方差。杂种第 1 代，基因型发生分离，就 1 对基因而言，1/4 个体为 P_2 亲本基因型，1/2 个体为 F_1 代的基因型。F_2 代的表现型方差，既包含基因型方差，也包含环境方差。环境方差的大小，可用不分离世代 P_1、P_2、F_1 表型方差的加权平均值，作为 F_2 环境方差的估值，即

$$V_E = \frac{1}{4}V_{P_{1+}} + \frac{1}{2}V_{F_1} + \frac{1}{4}V_{P_2} \qquad (4.3\text{-}6)$$

根据定义，广义遗传力是基因型方差在表型方差中所占的比率，对 F_2 代来说就是：

$$h_b^2(\%) = \frac{V_G}{V_P} \times 100 = \frac{V_{F_2} - V_E}{V_{F_2}} \times 100 \qquad (4.3\text{-}7)$$

用这种方法来估算柞蚕数量性状的广义遗传力，需将 P_1、P_2、F_1、F_2 同环境饲养，调查各世代某项性状的个体间差异，再算得各自的方差，进而求得广义遗传力。

2003 年我们在同一条件下饲养沈黄 1 号（P_1）、选大 1 号（P_2）、[(沈黄 1 号×选大 1 号)F_1]、[(沈黄 1 号×选大 1 号)F_2]，营茧后各世代抽取 40 粒茧调查蛹体重并计算方差。蛹体重方差为 $V_{P_1} = 586$、$V_{P_2} = 9\,056$、$V_{F_1} = 7\,264$、$V_{F_2} = 11\,245$。按上述方法计算，蛹体重的广义遗传力为：

$$h_b^2(\%) = \frac{V_{F_2} - (\frac{1}{4}V_{P_1} + \frac{1}{2}V_{F_1} + \frac{1}{4}V_{P_2})}{V_{F_2}} \times 100 \qquad (4.3\text{-}8)$$

$$= \frac{11\,245 - (\frac{1}{4} \times 586 + \frac{1}{2} \times 7\,264 + \frac{1}{4} \times 9\,056)}{11\,245} \times 100$$

$$= 46.27\%$$

当然，作为不分离世代的 P_1、P_2、F_1，其中任何世代的表型方差，

都可单独用来作为 F_0 代环境方差的估值。但由于亲本 P_1、P_2 与杂交种 F_1、F_2 对环境条件的反应实际上总是有差异的，只用亲本品种来估算 F_2 的环境方差，往往造成较大误差，而以用 P_1、P_2 及 F_1 表型方差的加权平均值或用 F_1 的表型方差作为环境方差的估值较为可靠。

（2）狭义遗传力的估算方法

①同胞分析法。同胞分析法估算狭义遗传力，用的是一种巢式设计的方差分析方法。假设有 S 头雄蛾，每头雄蛾各与 d 头雌蛾交配，子代各调查 k 个个体，把所得资料进行方差分析，在这些子代中，既有同父同母的全同胞关系，又有同父异母的半同胞关系（表 4.3-7）。

表 4.3-7　方差分析

变因	自由度（DF）	平方和（SS）	均方（MS）	期望均方（EMS）
雄亲间	$S-1$	SS_s	$MS_s=\dfrac{SS_s}{df_s}$	$\sigma_w^2+k\sigma_d^2+d\sigma_s^2$
雄亲内雌亲间	$S(d-1)$	SS_d	$MS_d=\dfrac{SS_d}{df_d}$	$\sigma_w^2+k\sigma_d^2$
全同胞间	$Sd(k-1)$	SS_w	$MS_w=\dfrac{SS_w}{df_w}$	σ_w^2

表 4.3-7 中，平方和的计算方法如下：

雄亲间平方和（SS_s）是半同胞家系间的平方和，它是雄蛾组（各父系）校正数之和（$\sum C_s$）与总校正数（C）的差数。

$$SS_s=\frac{1}{dk}\sum_i(\sum_{jk}X_{ijk})^2-\frac{1}{sdk}(\sum_{ijk}X_{ijk})^2 \qquad (4.3\text{-}9)$$

雄亲内雌亲间的平方和（SS_d）是与同一雄蛾交配的不同雌亲间的平方和，它是雌蛾组（各母系）校正之和（$\sum C_d$）与雄蛾组校正数之和的差数。

$$SS_d=\frac{1}{k}\sum_{ij}(\sum_k X_{ijk})^2-\frac{1}{dk}\sum_i(\sum_{jk}X_{ijk})^2 \qquad (4.3\text{-}10)$$

同父同母全同胞家系间的平方和由个体间总平方和减去雌蛾组校正数之和获得。

$$SS_w=\sum_{ijk}X_{ijk}^2-\frac{1}{k}\sum_{ij}(\sum_k X_{ijk})^2 \qquad (4.3\text{-}11)$$

以上各式中，X_{ijk} 表示 i 号雄蛾与 j 号雌蛾交配所产生的 k 号子代。

表 4.3-7 中，σ_w^2 是同父同母全同胞间的方差组分；σ_d^2 是母系间的方

差组分，即与同一雄亲交配的不同雌亲子代间共有的方差组分；σ_s^2 是父系间的方差组分，即不同雄亲子代平均数间的方差组分。因此在这个分析中，既包含了全同胞家系，又包含了半同胞家系。全同胞间的方差就是其均方 MS_w，半同胞和半同胞家系间的方差可根据其期望均方分解计算。

$$\sigma_d^2 = (MS_d - MS_w)/k \tag{4.3-12}$$

$$\sigma_s^2 = (MS_s - MS_d)/dk \tag{4.3-13}$$

根据表 4.3-7 的分析，可从 3 个方面估计遗传力。

从雄亲估计：$h_s^2 = \dfrac{V_A}{V_P} = \dfrac{4\sigma_s^2}{\sigma_w^2 + \sigma_d^2 + \sigma_s^2}$ $\qquad$ (4.3-14)

从雌亲估计：$h_d^2 = \dfrac{V_G}{V_P} = \dfrac{4\sigma_d^2}{\sigma_w^2 + \sigma_d^2 + \sigma_s^2}$ $\qquad$ (4.3-15)

从两亲估计：$h_{ds}^2 = \dfrac{V_G}{V_P} = \dfrac{2(\sigma_d^2 + \sigma_s^2)}{\sigma_w^2 + \sigma_d^2 + \sigma_s^2}$ $\qquad$ (4.3-16)

用这种方法估计遗传力，只有从雄亲估算的才是狭义遗传力，从雌亲及两亲估计，因为其遗传方差内包含有显性效应、环境效应等非加性基因效应，因此是广义遗传力。

现以日本学者土屋等估计家蚕茧层量遗传力资料为例介绍计算方法：

品种：中 115 号雄蛾 S_1 与昭和雌蛾 D_1、D_2、D_3 重复交配获得 3 个蛾区，用中 115 雄蛾 S_2 交昭和雌蛾 D_4、D_5、D_6 再获得 3 个蛾区，再以中 115 雄蛾 S_3 交昭和雌蛾 D_7、D_8、D_9 得 3 个蛾区，共计 9 个蛾区。从每蛾区随机取样茧 20 粒，测定茧层量，作多层分类方差分析（表 4.3-8）。

表 4.3-8　昭和×中 115 实验结果

X_i (♂)	X_{ij} (♀)	X_{ijk}（F_1）（cg）
S_1^{2035}	D_1^{703}	35 38 35 37 40 34 32 31 36 34 34 37 34 30 35 33 35 35 42 36
	D_2^{694}	29 32 37 38 33 36 39 36 31 34 38 39 35 36 35 31 33 38 34
	D_3^{638}	32 37 34 35 33 33 31 33 29 30 30 30 30 28 28 34 34 33 33 33

X_i ($\male$)	X_{ij} ($\female$)	$X_{ijk}(\mathrm{F_1})(\mathrm{cg})$
S_2^{1924}	D_4^{657}	35　33　32　29　35　38　34　34　37　30　36　28　33　36　31　30　36　32　29　29
	D_5^{646}	32　35　34　32　34　32　31　29　33　33　30　34　31　32　36　30　33　30　36　29
	D_6^{621}	28　31　33　30　36　33　33　33　31　28　31　32　35　30　29　30　32　26　28　32
S_3^{1909}	D_7^{668}	32　33　33　34　35　34　32　33　33　32　36　29　32　37　31　35　35　34　34　34
	D_8^{607}	27　29　31　29　28　37　34　30　27　29　28　34　27　32　31　32　30　31　30　31
	D_9^{634}	31　31　33　31　32　34　34　29　32　33　32　36　32　32　35　35　29　30　29　29

注：D 角上的数字为 $\mathrm{F_1}$ 茧层量的累计值；S 角上的数字为 D 角上数字的累计值。

先计算各项平方和：

$$SS_s = \frac{1}{dk}\sum_i\left(\sum_{jk}X_{ijk}\right)^2 - \frac{1}{sdk}\left(\sum_{ijk}X_{ijk}\right)^2 \qquad (4.3\text{-}17)$$

$$= 191\,455 - 191\,297 = 158$$

$$SS_d = \frac{1}{k}\sum_{ij}\left(\sum_k X_{ijk}\right)^2 - \frac{1}{dk}\sum_i\left(\sum_{jk}X_{ijk}\right)^2 \qquad (4.3\text{-}18)$$

$$= 191\,706 - 191\,455 = 251$$

$$SS_w = \sum_{ijk}X_{ijk}^2 - \frac{1}{k}\sum_{ij}\left(\sum_k X_{ijk}\right)^2 \qquad (4.3\text{-}19)$$

$$= 192\,722 - 191\,706 = 1\,066$$

列出方差分析表（表 4.3-9）。

表 4.3-9　方差分析

变因	自由度	平方和	均方
雄亲间	$df_s = 3-1 = 2$	$SS_s = 158$	$MS_s = 79.0$
雄亲内雌亲间	$df_d = 3\times(3-1) = 6$	$SS_d = 251$	$MS_d = 41.8$
全同胞间	$df_w = 3\times3\times(20-1) = 171$	$SS_w = 1066$	$MS_w = 6.2$

根据前述计算式得：

$$\sigma_w^2 = MS_w = 6.2 \qquad (4.3\text{-}20)$$

$$\sigma_d^2 = \frac{MS_d - MS_w}{K} = \frac{41.8 - 6.2}{20} = 1.78 \qquad (4.3\text{-}21)$$

$$\sigma_s^2 = \frac{MS_s - MS_d}{dk} = \frac{79.0 - 41.8}{60} = 0.62 \qquad (4.3\text{-}22)$$

$$h_s^2 = \frac{4\sigma_s^2}{\sigma_w^2 + \sigma_d^2 + \sigma_s^2} = \frac{4 \times 0.62}{8.6} = 0.29 \qquad (4.3\text{-}23)$$

$$h_d^2 = \frac{4\sigma_d^2}{\sigma_w^2 + \sigma_d^2 + \sigma_s^2} = \frac{4 \times 1.78}{8.6} = 0.83 \qquad (4.3\text{-}24)$$

$$h_{ds}^2 = \frac{2(\sigma_d^2 + \sigma_s^2)}{\sigma_w^2 + \sigma_d^2 + \sigma_s^2} = \frac{2 \times (1.78 + 0.62)}{8.6} = 0.56 \qquad (4.3\text{-}25)$$

②亲子回归法。用子代平均值对亲代的回归来估算遗传力，有 2 种方法：一是子代均值对中亲值的回归，用于两亲都能表现的性状，且两亲都为已知的情况；二是子代均值对一亲的回归，用于只在某一性别才能表现的性状，如产卵数等，也用于异花授粉植物或动物中只有一方亲本为已知，另一亲本为随机的情况。

亲子回归协方差所估计的遗传成分及回归系数与遗传力的关系见表 4.3-10。

表 4.3-10　亲子回归协方差及 b 与 h_N^2 的关系

亲属关系	协方差	b 与 h_N^2 的关系
子女与一亲	$\frac{1}{2}V_D$	$b_{O \cdot P} = \frac{1}{2}h_N^2$
子女与中亲	$\frac{1}{2}V_D$	$b_{O \cdot P} = h_N^2$

表 4.3-10 表明，子代平均值与一方亲本或中亲值的协方差均估计了 1/2 的加性遗传方差，但算得的回归系数前者为遗传力的 1/2，后者即为遗传力。设 O 为子代性状平均值，P_1 和 P_2 为亲代的性状表型值，$\bar{P}$ 为中亲值，则亲子协方差为：

$$COV_{O \cdot \bar{P}} = COV_{O \cdot \frac{1}{2}(P_1 + P_2)} = \frac{1}{2}COV_{O \cdot P_1} + \frac{1}{2}COV_{O \cdot P_2} \quad (4.3\text{-}26)$$

假定 P_1 和 P_2 的变异相同，则

$$COV_{O \cdot P_1} = COV_{O \cdot P_2} \qquad (4.3\text{-}27)$$

于是，

$$COV_{O \cdot \bar{P}} = COV_{O \cdot P_1} = COV_{O \cdot P_2} = \frac{1}{2}V_D \qquad (4.3\text{-}28)$$

由于协方差 $COV_{O \cdot \bar{P}}$ 需除以中亲值方差 $V_{\bar{D}}$ 才能得到子代平均值对

中亲值的回归系数，所以还须求出中亲值的方差 $V_{\bar{P}}$。假设 P_1 和 P_2 不相关，则

$$V_{\bar{P}} = V_{\frac{1}{2}P_1} + V_{\frac{1}{2}P_2} = \frac{1}{4}V_{P_1} + \frac{1}{4}V_{P_2} \qquad (4.3\text{-}29)$$

现假定

$$V_{P_1} = V_{P_2} = V_{P_1}（表型方差） \qquad (4.3\text{-}30)$$

则

$$V_{\bar{P}} = \frac{1}{2}V_P \qquad (4.3\text{-}31)$$

所以，子代平均值对中亲值的回归系数：

$$b_{O\cdot\bar{P}} = \frac{COV_{O\cdot\bar{P}}}{V_{\bar{P}}} = \frac{\frac{1}{2}V_D}{\frac{1}{2}V_{\bar{P}}} = h_N^2 \qquad (4.3\text{-}32)$$

当某项性状值表现于某一性别，或者双亲中只有一方为已知，可以用子代平均值对一亲的回归来估算遗传力。根据表 4.3-10，子代与一亲的协方差为

$$COV_{O\cdot P} = \frac{1}{2}V_D \qquad (4.3\text{-}33)$$

所以子代平均值对一亲的回归系数：

$$b_{O\cdot P} = \frac{COV_{O\cdot P}}{V_P} = \frac{1}{2}V_D/V_P = \frac{1}{2}h_N^2 \qquad (4.3\text{-}34)$$

即

$$h_N^2 = 2b_{O\cdot P} \qquad (4.3\text{-}35)$$

用子代对一亲的回归估算遗传力，以子代对雄亲的回归较为可靠，子代对雌亲的回归，由于母体效应，有时会给出过高的估计。用这个方法估算遗传力时，应尽可能减少亲子两个世代的环境方差，选用叶质相同的饲料、海拔高度和坡向一致的柞蚕场，减小亲代和子代的环境差异，估计的遗传力则更精确。选用亲子回归法估算遗传力的主要优点是遗传力不受亲代选择因素的影响，因为协方差缩减的程度与亲代方差缩减的程度相同，因此回归直线的斜率并不发生变化。

现以沈黄 1 号茧层量试验数据说明具体计算方法，从 F_2 群体中取雌茧 10 粒，测定茧层量(X)，羽化后与雄蛾随机交配产卵，F_3 单蛾饲育，结茧后测定每蛾区的茧层量平均值(Y)(表 4.3-11)。

表 4.3-11　亲子回归法估计遗传力

X(g)	Y(g)	XY	X^2
1.34	1.30	1.74	1.80
1.32	1.31	1.73	1.74
1.35	1.24	1.67	1.82
1.24	1.22	1.51	1.54
1.36	1.32	1.80	1.85
1.31	1.28	1.68	1.72
1.35	1.20	1.62	1.82
1.25	1.22	1.53	1.56
1.35	1.25	1.69	1.82
1.29	1.26	1.63	1.66
$\sum X = 13.16$	$\sum Y = 12.60$	$\sum XY = 16.59$	$\sum X^2 = 17.34$

$$COV_{O \cdot P} = \frac{1}{n-1}\left[\sum XY - \frac{\sum X \sum Y}{n}\right] \tag{4.3-36}$$

$$= \frac{1}{10-1} \times \left(16.59 - \frac{13.16 \times 12.60}{10}\right)$$

$$= 0.000\ 9$$

$$V_P = \frac{1}{n-1}\left[\sum X^2 - \frac{(\sum X)^2}{n}\right] \tag{4.3-37}$$

$$= \frac{1}{10-1} \times \left(17.34 - \frac{13.16^2}{10}\right)$$

$$= 0.002\ 4$$

$$b_{O \cdot P} = \frac{COV_{O \cdot P}}{V_P} = \frac{0.000\ 9}{0.002\ 4} = 0.38 \tag{4.3-38}$$

$$h_N^2 = 2b_{O \cdot P} = 2 \times 0.38 = 0.76 \tag{4.3-39}$$

③亲子相关法。用亲子回归法估算遗传力，由于上下代处于不同的环境，若某个世代遭遇到异常环境，便会使这个世代的变异增大，从而使前后世代的变异不等。理论上，上下世代间的回归系数不会大于1，但实际上有时会出现大于1的情况。这是由于亲子世代在尺度上的差异产生了基因型与环境的互作效应。为了消除这种互作效应的影响，Frey

(1957)提出了标准单位遗传力的概念，即将亲子世代的原始数据各用其自身的标准差除之，再计算回归系数。在统计学上可以证明，这种原始数据标准化后的回归系数即为原始数据的相关系数。证明如下：

设 X 为亲代性状值，Y 为子代性状值，则

$$COV_{X \cdot Y} = \sum (X - \bar{X})(Y - \bar{Y})/N \qquad (4.3\text{-}40)$$

$$V_X = \sum (X - \bar{X})^2/N \qquad (4.3\text{-}41)$$

若以 $COV'_{X \cdot Y}$、V'_X 和 b' 分别表示 X、Y 各除以自身标准差后的协方差、方差和回归系数，则

$$COV'_{X \cdot Y} = \sum \left(\frac{X - \bar{X}}{\sigma_X}\right)\left(\frac{Y - \bar{Y}}{\sigma_Y}\right)/N \qquad (4.3\text{-}42)$$

$$= \frac{1}{\sigma_X \sigma_Y} \sum (X - \bar{X})(Y - \bar{Y})/N$$

$$= \frac{COV_{X \cdot Y}}{\sigma_X \sigma_Y} = \gamma_{X \cdot Y}$$

$$V'_X = \sum \left(\frac{X - \bar{X}}{\sigma_X}\right)^2/N \qquad (4.3\text{-}43)$$

$$= \frac{1}{\sigma_X^2} \sum (X - \bar{X})^2/N$$

$$= \frac{\sigma_X^2}{\sigma_X^2} = 1$$

所以
$$b' = \frac{COV'_{X \cdot Y}}{V'_X} = \frac{COV'_{X \cdot Y}}{1} = \gamma_{X \cdot Y} \qquad (4.3\text{-}44)$$

与回归法一样，子代平均值与一亲的相关系数为遗传力的 $1/2$，与中亲值的相关系数即为遗传力。亲子相关法估算遗传率的优点是排除了回归法可能出现的遗传力估值大于 1 的不可信值；缺点是它只矫正了尺度扩大或缩小的基因型与环境的互作效应，而未考虑显性和上位性效应所引起的上下代的相关，当显性存在时，此法估得的遗传力偏高。

④回交法。利用一个 F_2 代和两个回交 1 代的资料估算狭义遗传力。用数学方法消除环境方差和显性方差，从遗传方差中分离出加性方差，从而求得狭义遗传力。先制一代杂交种 F_1，再制得 F_2 及 F_1 与 2 个亲本的回交（B_1 和 B_2）。在同样条件下饲养 F_2 及 B_1、B_2，调查各交配方式群体的目的性状，求得方差。F_2 的方差组成为：

$$V_{F_2} = \frac{1}{2}D + \frac{1}{4}H + E \qquad (1) \qquad (4.3\text{-}45)$$

F_2 分别与两个亲本回交的方差是 V_{B_1} 和 V_{B_2}，它们的方差之和为：

$$V_{B_1} + V_{B_2} = \frac{1}{2}D + \frac{1}{2}H + 2E \qquad (2) \qquad (4.3\text{-}46)$$

解由(1)、(2)两式组成的方程组：

$$\frac{1}{2}D = 2V_{F_2} - (V_{B_1} + V_{B_2}) \qquad (4.3\text{-}47)$$

根据(1)式 F_2 的方差组成和狭义遗传力的定义，求得狭义遗传力：

$$h_N^2 = \frac{\frac{1}{2}D}{\frac{1}{2}D + \frac{1}{4}H + E} = \frac{2V_{F_2} - (V_{B_1} + V_{B_2})}{V_{F_2}} \qquad (4.3\text{-}48)$$

回交法估价遗传力的优点是它消除了显性方差，遗传力估值不会因显性效应而扩大，也不需要估计环境方差。该方法适用于雌雄异体交配而繁育子代数较多的动物。用此法求蚕的某些性状的遗传力较为可靠。为使估算结果更加准确，可以在回交时做正反回交。如果上述(2)式中 V_{B_1} 和 V_{B_2} 是以 F_1 雌体回交雄体的话，那么用 F_1 雄体回交一亲的雌体得 V'_{B_1}，用 F_1 雄体回交另一雌亲为 V'_{B_2}。求遗传力公式如下：

$$h_N^2 = \frac{2V_{F_2} - \frac{1}{2}(V_{B_1} + V_{B_2} + V'_{B_1} + V'_{B_2})}{V_{F_2}} \qquad (4.3\text{-}49)$$

现以浙江省农业科学院蚕桑研究所蚕种室在家蚕上的研究资料为例（表 4.3-12），介绍狭义遗传力计算方法：

表 4.3-12　家蚕 F_2、B_1、B_2 的全茧量和茧层量方差

东 34×杭 15	全茧量方差	茧丝量方差
F_2♀	473	2234
B_1♀	258	845
B_2♀	580	2305

全茧量样本为 100 粒茧，茧丝量样本为 60 粒茧。

$$h_N^2 = \frac{2V_{F_2} - (V_{B_1} + V_{B_2})}{V_{F_2}} \times 100\% \qquad (4.3\text{-}50)$$

雌体全茧量遗传力：$h_N^2 = \dfrac{2 \times 473 - (258 + 580)}{473} \times 100\% = 22.8\%$

$$(4.3\text{-}51)$$

雌体茧丝量遗传力：$h_N^2 = \dfrac{2 \times 2\ 234 - (845 + 2\ 305)}{2\ 234} \times 100\% = 58.9\%$

$$(4.3\text{-}52)$$

4.3.3　遗传力在育种上的应用

1. 柞蚕茧质性状的遗传力

一般来说，遗传率高的性状，容易选择，遗传率低的性状，选择的效果较小。遗传率高的性状，在杂种的早期世代选择，收效较好。而遗传率较低的性状，则应在杂种后期世代选择才能收到较好的效果。

赵桂珍等（1994）测定了柞蚕茧几个数量性状的遗传力（表 4.3-13）。

表 4.3-13　柞蚕茧部分性状的遗传力

项目	全 茧 量（g）		茧 层 量（g）		茧 层 率（%）	
雌雄	♀	♂	♀	♂	♀	♂
春	0.605 9	0.336 0	0.743 2	0.476 3	0.744 3	0.557 3
秋	0.309 2	0.106 38	0.406 1	0.397 8	0.701 7	0.694 07

结果表明，柞蚕主要经济性状遗传力表现为：雌性：茧层率＞蛹体重＞茧层量＞全茧量＞产卵数＞孵化率；雄性：茧层率＞蛹体重＞茧层量＞全茧量。各性状遗传力雌性大于雄性。茧层率遗传力春秋蚕相差不大，而全茧量和茧层量遗传力春秋蚕差别较大。如茧层率遗传力为 74%，表明茧层率变异中，有 74% 是由遗传因素引起的，26% 是由环境条件引起的。

2. 柞蚕数量性状相关性

柞蚕育种中间接选择是重要选择方法之一，其依据是性状间的相关性，包括正相关、负相关、表型相关、遗传相关。分析性状间遗传相关对提高育种选择效果十分重要，但测定程序比较烦琐，所以实践中常常根据表型相关程度，即依据相关系数实施选择。

相关选择又称间接选择。有些性状，尤其是产量等经济性状都是典型的数量性状，且遗传率很低，但是若这些性状与某些遗传率高的简单性状密切相关，那么可以用这些简单性状作为指标进行间接选择，以提高选择的效果。

一般情况，可用下列标准判断相关程度：

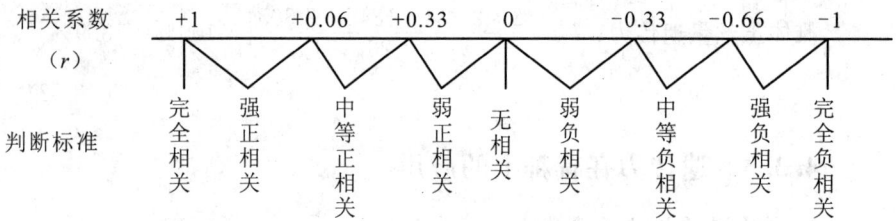

相关系数
（r）　+1　　+0.06　+0.33　　0　　−0.33　　−0.66　　−1

判断标准　完全相关　强正相关　中等正相关　弱正相关　无相关　弱负相关　中等负相关　强负相关　完全负相关

图 4.3-1　相关系数与相关性的关系

冀万杰等（1995）选用 23 个柞蚕品种测定了 4 对经济性状的相关系数（表 4.3-14）。其中，蛹体重与产卵数、蛹体重与造卵数、雌全茧量与蛹体重等的相关系数达到极显著水平。

表 4.3-14　柞蚕 4 对性状的相关系数

性状间	相关系数
蛹体重与产卵数	0.844 5**
蛹体重与造卵数	0.883 9**
蛹体重与产卵率	− 0.274 1
雌全茧量与蛹体重	0.998 3**

注：** 为 0.01 水平显著，$r_{0.01}=0.463$。

刘治国等（1993）对柞蚕品种 802 和小白蚕及杂交 F_1 代的柞蚕茧几个数量性状做了相关性分析，结果如表 4.3-15。

表 4.3-15　柞蚕茧数量性状相关系数

性状	品种与杂交组合	时期	茧层量 ♀	茧层量 ♂	茧层率 ♀	茧层率 ♂	蛹体重 ♀	蛹体重 ♂
全茧量	小白蚕	春	0.892**	0.862**	0.242	0.018	0.991**	0.992**
		秋	0.886**	0.843**	0.441*	0.443*	0.990**	0.987**
	802	春	0.872**	0.737**	0.151	0.052	0.996**	0.984**
		秋	0.890**	0.824**	0.424*	0.378*	0.996**	0.978**
	小白蚕×802	春	0.683**	0.784**	0.091	−0.127	0.992**	0.987**
		秋	0.808**	0.828**	0.309	0.328	0.992**	0.987**
	802×小白蚕	春	0.847**	0.790**	0.302	0.212	0.994**	0.978**
		秋	0.771**	0.745**	0.144	0.337	0.993**	0.978**

续表

性状	品种与杂交组合	时期	茧层量 ♀	茧层量 ♂	茧层率 ♀	茧层率 ♂	蛹体重 ♀	蛹体重 ♂
茧层量	小白蚕	春			0.652**	0.520**	0.847**	0.839**
		秋			0.792**	0.854**	0.831**	0.763**
	802	春			0.614**	0.711**	0.842**	0.658**
		秋			0.777**	0.828**	0.855**	0.718**
	小白蚕×802	春			0.788**	0.514**	0.629**	0.735**
		秋			0.809**	0.799**	0.744**	0.758**
	802×小白蚕	春			0.761**	0.764**	0.811**	0.718**
		秋			0.737**	0.877**	0.697**	0.610**
茧层率	小白蚕	春					0.161	−0.017
		秋					0.367	0.342
	802	春					0.100	−0.049
		秋					0.363	0.232
	小白蚕×802	春					0.025	−0.189
		秋					0.214	0.227
	802×小白蚕	春					0.245	0.114
		秋					0.037	0.167

注：** 为 0.1 水平极显著，* 为 0.5 水平显著。

由表 4.3-15 可知，全茧量与茧层量、全茧量与蛹体重、茧层量与蛹体重、茧层量与茧层率间呈正相关；全茧量与茧层率、蛹体重与茧层率无明显相关。

柞蚕品种 802 和小白蚕 2 个品种的全茧量与蛹体重、茧层量与全茧量、茧层率与茧层量、茧层量与蛹体重的回归方程式见表 4.3-16（刘治国等，1991）。

表 4.3-16 柞蚕茧数量性状的回归方程式

性状 Y	X		春蚕期	秋蚕期
全茧量	蛹体重	♀	$Y_1 = 0.140 + 1.115X_1$	$Y_1 = 0.206 + 1.163X_1$
			$Y_2 = 0.198 + 1.129X_2$	$Y_2 = 0.211 + 1.154X_2$
		♂	$Y_1 = 0.030 + 1.126X_1$	$Y_1 = 0.263 + 1.236X_1$
			$Y_2 = 0.182 + 1.079X_2$	$Y_2 = -0.071 + 1.167X_2$

性 状			春 蚕 期	秋 蚕 期
Y	X			
茧层量	全茧量	♀	$Y_1=-0.058+0.087X_1$	$Y_1=-0.346+0.143X_1$
			$Y_2=-0.082+0.089X_2$	$Y_2=-0.230+0.126X_2$
		♂	$Y_1=-0.043+0.110X_1$	$Y_1=-0.382+0.196X_1$
			$Y_2=-0.016+0.096X_2$	$Y_2=-0.252+0.163X_2$
茧层率	茧层量	♀	$Y_1=5.679+3.067X_1$	$Y_1=6.942+3.454X_1$
			$Y_2=5.242+4.795X_2$	$Y_2=5.294+6.014X_2$
		♂	$Y_1=5.352+7.104X_1$	$Y_1=6.681+7.317X_1$
			$Y_2=6.756+5.516X_2$	$Y_2=5.660+9.290X_2$
茧层量	蛹体重	♀	$Y_1=-0.045+0.094X_1$	$Y_1=-0.320+0.160X_1$
			$Y_2=-0.075+0.096X_2$	$Y_2=-0.209+0.138X_2$
		♂	$Y_1=0.029+0.112X_1$	$Y_1=-0.274+0.216X_1$
			$Y_2=0.010+0.102X_2$	$Y_2=-0.189+0.174X_2$

注：Y_1、X_1：802，Y_2、X_2：小白蚕。

柞蚕在野外饲养，受外界环境条件影响较大，建立柞蚕数量性状的回归方程，需要根据多年试验结果才能得出具有普遍意义的结论。从生产实践和育种角度上看，建立亲本回归方程式更有实用价值，根据双亲实测值可以预测F_1代的成绩，也可为亲本选择提供参考数据。

3. 柞蚕化性遗传

柞蚕化性具有遗传性，同时又受环境的影响。研究柞蚕化性遗传规律，选育不受环境条件影响的稳定的一化性或二化性品种对于有效利用自然资源、发展柞蚕生产具有重要意义。

(1)柞蚕化性继代表现

姜德富等(1987—1992)调查了柞蚕一化性和二化性各4个品种在不同季节饲养的化性继代表现，春季饲养时，二化性品种一化率平均为0.70%，年份和品种间最大开差不到0.5%；一化性品种一化率在90%以上，年份与品种间最大开差约10%。7月18日开始的早秋蚕饲养，二化性品种的一化率平均在70%以上，年份与品种间最大开差约15%。一化性品种的一化率均在98%以上，年度与品种间最大开差不到5%。表明柞蚕化性具有相当程度的遗传稳定性。

（2）柞蚕化性遗传力

20 世纪 90 年代初，姜德富等用二化性品种 882（简称 8）、一化性品种四青（简称四）和吉黄（简称吉）为材料，研究了亲本和 F_1、F_2、B_1、B_2 代的表现型方差，采用甲、乙 2 种方法计算出柞蚕化性遗传力（表 4.3-17、表 4.3-18）。

表 4.3-17　柞蚕化性广义遗传力

甲　法（％）				乙　法（％）			
四×8	8×四	吉×8	8×吉	四×8	8×四	吉×8	8×吉
68.36	61.89	62.58	73.63	63.72	85.25	93.23	89.50

[甲法：$h_b^2 = (V_{F_2} - V_{F_1})/V_{F_2}$；乙法：$h_b^2 = (V_{F_2} - 1/2(V_{P_1} + V_{P_2}))/V_{F_2}$]

甲法计算出柞蚕化性广义遗传力平均为 66.62％，乙法计算平均为 82.93％，总平均为 74.77％。

表 4.3-18　柞蚕化性狭义遗传力（％）

（四·8）×四	（8·四）×四	（四·8）×8	（8·四）×8	（吉·8）×吉	（8·吉）×吉	（吉·8）×8	（8·吉）×8
52.72	48.44	50.19	48.66	37.85	55.71	32.24	53.87

从遗传力测定结果看，①广义遗传力乙法计算值显著高于甲法，是由于乙法采用双亲表现型方差，而其一亲本 882 为二化性品种，一化率极低，表现型方差极小之故。②广义遗传力平均为 74.77％，说明柞蚕化性表现型方差中环境因素影响占 25.23％。③广义遗传力与狭义遗传力相差 27.01％，是遗传方差中基因显性方差及互作方差之和。④狭义遗传力为 47.76％，是基因累加方差决定的，占总遗传方差的 63.88％。

（3）柞蚕化性遗传基因分析

姜德富等由四青、882 及 882×四青、四青×882 的亲本与 F_2 的表型方差，推算出控制化性的主基因约 2.17 对；由 882、吉黄、882×吉黄、吉黄×882 各自表型方差，推算出控制化性的基因约 1.23 对，二者平均值为 1.7 对，故认为控制柞蚕化性的主基因有 2 对。

至于微效基因在柞蚕化性遗传中的作用，姜德富等研究认为，柞蚕化性由 2 对主基因控制，同时还有相当于 0.5～1.0 对主基因作用的微效基因在起作用。主基因作用一化对二化呈显性，而微效基因一化对二化并非显性，也并非完全累加作用，控制化性的主基因存在于常染色体上。

4. 柞蚕饲料效率遗传

饲料效率(dietary efficiency)是指食下单位饲料量所获得生物产量。食下量通常以干物量表示，消化率以食下量与排粪量的差再与食下量比的百分率表示。柞蚕生产的饲料效率还以茧层生产率(茧层量/食下量)和茧重转化率(全茧量/食下量)表示。20 世纪 80 年代末到 90 年代，姜德富等开展了柞蚕饲料效率方面的研究，培育出饲料效率高的新品种——8821、8822 及杂交种"大三元"。

(1)柞蚕饲料效率继代表现

选择 4 个有代表性的品种——8821、海青、青 6 号、抗病 2 号，春秋连续 4 年 8 代饲养，以干量折合法调查饲料—茧重转化率与饲料—茧层生产率，结果表明品种间饲料效率的差异呈现出稳定性，饲料效率大小顺序为 8821＞海青＞青 6 号＞抗病 2 号，品种间饲料效率差异达极显著水平，即遗传因素起决定性作用。

(2)柞蚕饲料效率杂种优势

以 8821、8822、青 6 号、四青 4 个柞蚕品种和 8821×四青、四青×8821、8822×青 6 号、青 6 号×8822 4 对杂交种的 F_1、F_2 为试验材料，以 2 年生麻栎叶为饲料，采用干量折合法研究柞蚕全龄茧重转化率和茧层生产率，结果表明茧重转化率 F_1 代的杂种优势率为 8.00％，F_2 代为 3.36％；茧层生产率 F_1 代杂种优势率平均为 6.51％，F_2 代为 2.18％。表明柞蚕饲料效率杂交优势率不高，推测由主基因和微效基因控制，主基因无明显的显隐关系，微效基因的互补或显性作用则比较明显，累加作用即可固定的遗传方差所占份额较小；茧重转化率正反交无明显差异，茧层生产率正反交差异明显，推测茧层生产率有偏父遗传特点。

(3)柞蚕饲料效率遗传力

在杂种优势率研究基础上，增加回交 B_1、B_2，调查柞蚕饲料效率遗传力，结果表明茧重转化率的广义遗传力为 93.39％，狭义遗传力为 88.18％；茧层生产率的广义遗传力为 68.22％，狭义遗传力为 57.69％。在估算遗传力过程中还发现，以高饲料效率品种作为父本的杂交组合，饲料效率 2 项指标的遗传力均比其反交组合高；饲料效率 2 项指标的遗传力差异很大，说明早期进行茧重转化率选择容易收到效果，茧层生产率需连续多代选择才能固定；饲料效率 2 项指标可固定的遗传方差均保持了较高值(茧重转化率 94.41%、茧层生产率 84.54%)，说明通过杂交、选择可以提高饲料效率。

(4)柞蚕饲料效率遗传基因作用分析

柞蚕饲料效率是一个复合性状，是一系列生理生化反应过程。由上述试验结果推测控制饲料效率的基因应是一个较复杂的组合，具有如下 3 个特点：

第一，主基因作用明显。在柞蚕高饲料效率品种选育过程中，经 3～4 代选择培育，这一性状可基本固定，以后选择提高幅度均不大。采用 $n=\dfrac{\bar{P_2}-\bar{P_1}}{8(VF_2-VF_1)}$ 试验测定，控制饲料效率主基因对数在 1～2 之间。在选择过程中，个体之间差异明显，没有复杂的分离现象。大群体调查，有差异程度不同的 3～4 种类群出现，且个体间调查数据无正态分布倾向。几大类群有明显间断，14 个品种比较试验也可看出明显地分成几个类群，而没有连续性，可以认为主基因对数不多，1～2 对的可能性较大。主基因作用表现另一特征是无显隐关系，无论杂交或回交，子代不表现或相近于任何一个亲本类型，由此推测，主基因作用效果是累加的。遗传力高的特点也证明了这一判断。

第二，有多基因作用。这种作用的表现就是杂交优势明显，但杂种优势率并不高，茧重转化率占 8.40%、茧层生产率占 6.51%；连续多代选择有效，但选择效果随选择代数增加而逐渐下降。

第三，性染色体基因与质基因有部分作用。在杂交试验中出现了茧层生产率有偏父遗传现象，推测 F_1 基因型的差异是亲本性染色体基因或质基因差异所致。经推算，性染色体 Z 所携带的基因大约有 15% 的作用。

4.4　柞蚕人工单性生殖

4.4.1　人工单性生殖研究的意义

人工单性生殖(monogeny)是指不经两性交配，通过某种因素诱发获得单性生殖的过程。单性生殖是某些种类昆虫(如蜜蜂、蚜虫)的一种正常生殖方式，柞蚕是行两性生殖的昆虫，通过适当的处理也能进行单性生殖。早在 1 000 多年前，我国学者就在《博物志》中记载了自然发生的家蚕单性生殖现象，家蚕自然发生单性生殖的频率很低。自从苏联学者吉霍米洛夫(1885)用硫酸刺激家蚕未受精卵或以毛刷擦刷卵壳获得少量变色卵以来，许多学者开展了昆虫单性生殖方面的探索和研究。单性生殖从发生机制上看，可分为孤雌生殖(parthenogenesis)，也称为雌核发育(gynogenesis)；和雄核发育(merogony)，又称孤雄生殖。

蚕的性别遗传控制是一个既有理论意义又有实践价值的研究领域。减数分裂单性生殖蚕有害的隐性基因，由于全部处于纯合状态而得以表达。理论上，通过1次减数分裂单性生殖就能发现并淘汰几乎所有的隐性不良基因。减数分裂单性生殖蚕应是具有较多优良基因的个体。

孤雌生殖可以建立代代是雌蚕而且基因型完全相同的单性生殖繁殖系。雌蚕、雄蚕基因型几乎完全相同(除 W 和 Z 染色体外)的"同质"结合两性"纯系"，通过两个不同的"两性纯系"间杂交获得"真实杂种"，可能揭示基因和染色体在形成数量性状过程中的作用。在生产实践中，雄蚕比雌蚕体质强健，饲料效率高，雄蚕茧出丝率比雌蚕茧高 20% 左右，如能实现饲养雄蚕，可在相同饲养成本下多产丝 15% 左右。

4.4.2　柞蚕人工孤雌生殖

孤雌生殖是指对柞蚕处女蛾卵巢管中的卵进行物理或化学因素处理，使卵母细胞染色体成熟分裂过程中的减数分裂过程终止或虽经减数分裂但经刺激后自身加倍获得发育卵，进一步孵化为雌蚕或雄蚕。

人工孤雌生殖柞蚕可通过物理或化学方法获得，物理方法有温汤法和冷冻法，化学方法有 NaCl 等刺激。

1. 物理方法诱发柞蚕单性生殖

人工单性生殖是采用解剖柞蚕处女蛾的卵或利用未交配雌蛾产的卵进行诱导。吕继业(1996)研究表明，柞蚕蛾羽化后，在 10 ℃～30 ℃范围内保护对人工单性生殖成胚率的影响差异不显著，以 20 ℃保护雌蛾孵化率较高。雌蛾保护时间在 6～48 h 范围内，以 12 h 以内为好，尤以 12 h 效果最好。将解剖的柞蚕处女蛾卵保护在 15 ℃、20 ℃、25 ℃温度下，时间在 12～72 h 范围内都能得到 30% 左右的成胚率，其中以 25 ℃、12 h 效果最佳。温汤处理的温度在 42 ℃～44 ℃，处理时间为 14～18 min，成胚率最高(表 4.4-1)。

表 4.11 柞蚕雌蛾保护温度和时间对人工单性生殖成胚率的影响(%)

温度	时间(h)					平均
(℃)	6	12	24	36	48	
10	52	16	36	18	10	26.4
15	22	10	6	26	12	15.2
20	26	48	20	12	10	23.2
25	24	35	14	13	14	20.0
30	6	56	22	10	30	24.8
平均	26.0	33.0	19.6	15.8	15.2	21.9

(引自吕继业，1996，引用时稍作改动)

柞蚕非交尾雌蛾产下卵经人工单性生殖处理，在 20 ℃～46 ℃范围内，成胚率以 44 ℃最高；处理时间在 12～18 min 范围内，成胚率随时间增加而升高，孵化率以 14 min 最高。经过人工单性生殖处理后的柞蚕卵以保护温度 10 ℃～15 ℃、时间 48～72 h 为好。另外，通过冷冻处理也可以使柞蚕处女蛾卵巢管内的卵激活发育成胚，获得人工单性生殖柞蚕，处理温度在 0～21 ℃之间都可以获得一定数量的胚胎，其中以 -17 ℃～-9 ℃成胚率最高，处理时间以 30 min 效果最好。家蚕方面，解剖处女蛾取出卵巢卵，置 25 ℃保护 10～12 h，然后在 46 ℃温水中处理 18 min，取出室温放置 5～10 min 后，将处理卵放置在 15 ℃～17 ℃，相对湿度 18%的环境中保护 3 天，再即时浸酸(盐酸比重 1.075，46 ℃，5 min)或转入与越年卵同样的保护。该法处理的卵平均孵化率达 50%～60%，而且全部为雌蚕。

2. 化学方法诱导柞蚕人工单性生殖

采用一定浓度的 NaCl 溶液刺激柞蚕处女蛾卵巢管中的卵，可以获得一定比率的成胚卵。处理温度为 44 ℃，处理时间为 10～14 min，NaCl 溶液浓度为 0.055%时，成胚率可达 20%～25%。

3. 柞蚕人工诱发雄核发育

雄核发育是指通过物理或化学因素处理，使进入卵内的精核不与卵核结合，而是由 2 个精核结合成 1 个双倍体的核发育成新个体的现象。雄核发育可以利用高温、X 射线照射，根据精核和卵核对这些刺激的敏感性不同，降低卵核生命力，使 2 个精核在卵内融合而发育成新个体。柞蚕精核只有 Z 染色体，雄核发育蚕产生的新个体基因型只有 ZZ 型，即为雄性，只表现父本性状。

采用 γ-射线处理柞蚕茧（即将羽化的柞蚕蛹），10～150 kR 能够得到雄核发育蚕，当辐射剂量高于 50 kR 以上时，随着辐射剂量的增高，致死率增加。处理温度以 30 ℃、时间 160 min 效果最佳。人工雄核发育柞蚕与正常两性生殖蚕的茧质差异不显著(吕继业，1996)。

4.4.3　单性生殖的意义

通过孤雄生殖，实现专门饲养雄蚕的目的；通过减数分裂型孤雌生殖得到的雄蚕是纯合体，隐性基因得以表现，淘汰有害隐性基因，实现保留有利基因；利用通过单性生殖获得的纯系杂交，可配制真杂种(truchybrid)，充分发挥杂种优势；此外，通过单性生殖获得雌或雄基因型几乎完全相同个体，为遗传育种研究提供新实验材料或途径。

4.5　引种与系统分离育种

引种(introduction)指将外地品种直接引进本地或通过简单的选择、驯化，应用于生产或作为育种的原始材料。系统分离育种是柞蚕育种中最基本、最常用的方法。二者在中国柞蚕蚕种学发展史上都曾起过重要作用。

4.5.1　引种的意义与方法

引种工作比较简单，而且经济有效，是选育和推广优良品种的有效途径，也是种质资源的重要来源。特别是在育种、选种工作薄弱、当地品种难以满足生产需要的情况下，引种能便捷地解决生产用种问题。我国柞蚕育种历史上，省际、市际、县际间的引种都很普遍，对柞蚕业的传播和发展起到了重要作用。如清代雍正年间，贵州遵义知府陈玉玺，3 次从山东向遵义引进柞蚕种，开创了贵州省的柞蚕业乃至随后向四川、广西的传播。引种需要注意以下事项：

(1)注重科学性。生态类型相近似的地区间引种容易成功，而生态类型差异较大的地区间引种就应当慎重，如迫切需要，则应做适当的驯化工作。

(2)明确引种目的。了解并掌握引进品种的生物学、经济学特征特性，依此确定引种对策。

（3）科学试验比较鉴定。引进符合引种目的又最适合本地环境条件的优良品种。

（4）防止品种混杂，注意检疫。特别是国际间引种，更需严格检疫，防止疫病带入。

引种后，还需要注意驯化过程。特别是从不同生态类型地区引种，往往要通过选择、淘汰，使引进品种逐渐适应当地生态条件，主要经济性状由引进初期的下降转而上升，甚至从中选育出新品种。

4.5.2　系统分离育种原理

系统分离育种（breeding by line selection）是指对原始材料或一个品种实施连续多代的分离、选择，不断积累和巩固有利的遗传性变异，使之在种群中稳定传递下去，成为新的优良品种。

系统分离育种的依据是利用生物的遗传性和变异性。遗传和变异是生物的基本特征，遗传是相对的，变异是绝对的。生物群体中连续传递的是基因，而基因型的传递是不连续的。这种育种方法通过连续多代选择，逐代增加被选择基因在种群中的分布频率，减少欲淘汰基因频率，最终形成生物群体高频率的纯合目的基因型。即生物群体中遗传性状的稳定性、变异性和系统间个体间的差异性是系统分离育种的理论依据。

柞蚕是雌雄异体的昆虫，它是通过雌雄性个体分别产生的卵和精子的相互结合而繁殖的。由于双亲个体的基因型存在差异，产生的结合子是异质性的，这与自花授粉植物完全不同。因此，柞蚕品种内个体各基因位点有纯合的，也有杂合的，各个体间的基因型也有差异；从品种的群体水平上看，它是一个遗传平衡群体，即构成该品种特性和生产力水平的各种基因频率和基因型频率，在随机交配情况下，遵循 Hardy-weinberg 定律，在累代繁殖过程中保持不变，处于遗传平衡状态，从而保持品种遗传上的相对稳定性。柞蚕品种无论从个体水平还是从群体水平看，其遗传组成都是不纯的，品种性状的相对稳定性是靠遗传平衡来维持的。这种遗传上不纯的群体，如果使其近亲繁殖，处于杂合状态的等位基因间就会发生分离，不同的基因间则会发生基因重组而产生变异，通过对人类有利变异进行连续选择，淘汰不利变异，就会改变品种群体的基因频率和基因型频率，增加群体的有利基因或基因型频率，从而改变原来品种固有的特性和生产力水平。最后通过随机交配，使群体内的基因频率和基因型频率达到新的平衡，最后育成新品种。

选择(selection)是育种中最重要的环节之一,是指在一个群体中选择符合要求的基因型。选择是根据表现型进行的,表现型是基因型与环境相互作用的产物。要选择优良的基因型,则必须创造一定的环境条件,使这种有利的基因型充分表达为性状。如抗逆性基因型的选择,必须设置一定的不良环境条件,选择在该条件下表现优良的个体继代,才能积累抗逆性的基因,选育出抗逆性强的品种。对柞蚕群体中显性基因的淘汰比较容易,只要淘汰具有显性性状的个体,就可将显性纯合体和显性杂合体淘汰出种群。对显性基因的选留,需要解决识别显性杂合体的问题,通常用测交或子裔鉴定的方法来识别和选择。而淘汰隐性基因却相当复杂,既要淘汰全部隐性纯合体,又要经谱系鉴定,识别出具有隐性基因的杂合体将其淘汰,才能将群体中的隐性基因清除。在隐性基因频率高的世代,淘汰的速度比较快;隐性基因频率很低时,淘汰的速度比较慢。

系统分离育种在柞蚕育种早期,由于品种的水平较低,从地方农家品种或生产用种中直接分离选择出的新品种较多。随着柞蚕品种水平的提高,采用系统分离育种方法从单一品种中直接选育出的新品种逐渐减少。但系统分离育种是柞蚕育种最基础和实用的方法之一,还可以用于改良品种的某项缺点或提高某项性状以及对现行品种进行提纯复壮或选育基础蚕品种等方面。

4.5.3 选择技术

正确选择是品种选育的关键。人工选择(artificial selection)从遗传学角度可归纳为 2 种,即混合育个体选择和单蛾育蛾区选择;按选择性状的数目可分为单项性状选择和综合性状选择;依选择途径又可分为直接选择与间接选择。在人工选择之外,还有自然选择。

1. 混合育个体选择和单蛾育蛾区选择

(1)混合育个体选择。个体选择是在一个混合群体中,根据育种目标对个体从表现型上加以选择。选出的优良个体随机或计划交配,单蛾或混合制种,混合放养。连续多代选择,选育出新品种。优点是简便易行、费用小、选择范围广,可以饲育较大的群体,后代生命力较强。缺点是无法标识亲代与子代的基因传递关系,不能正确鉴定遗传变异和环境变异,难以正确选择有真正育种价值的个体,难以保证优良性状的真实遗传。

（2）单蛾育蛾区选择。蛾区选择又称家系选择，即先选出符合育种目标的个体育种材料，单蛾制种、单蛾饲养，根据蛾区综合成绩选定蛾区，再从中选出优良个体，单蛾制种和饲养，再根据两代小区成绩选定蛾区。如此连续几代，分离出有性状差异的家系，再经试验鉴定，淘汰不良家系，选育出优良新品种。优点是能区分遗传变异与非遗传变异，可提高选择成效。缺点是操作麻烦，费工、费设备。一般在育种初期以个体选择为主，3～4 代以后再以蛾区选择为主。

2. 单项性状选择和综合性状选择

单项性状选择是指只对某一性状进行选择与淘汰。如基础品种的选育、蚕品种基因库的建立、特殊育种目标以及育种中针对某一突出缺点的选择都可以采用单项性状选择法。单项性状选择法对改进提高某一性状的速度较快，但有时也引起负相关性状有关指标的降低。

综合性状选择是指以多项主要性状作为改进目标的选择。在育种中既要全面考虑，又要有主有次，重点突出。我们不能要求一个品种是万能的，但是只有综合性状优良的品种才能用于生产。柞蚕育种经验表明，必须在卵、幼虫、蛹（茧）、蛾 4 个变态阶段进行连续的选择，才能选出性状优良的新品种。选卵、选蚕、选茧、选蛾是柞蚕育种的一个特色。

3. 直接选择与间接选择

直接选择是对育种材料某种性状直接选择与淘汰。如大型茧、高产卵量、茧丝质等方面的选择等，这是柞蚕育种常用的选择方法。优点是选择准确、效果明显。

间接选择是因为某些性状直接选择有困难，因而利用生物性状间的相关性，通过选择与目的性状相关的其他性状，间接实现对目的性状的选择。优点是从容易选择的性状着手，操作难度小。但是间接选择的效果往往不如直接选择。采用这种方法的前提是明确性状间的相关性及相关程度。

4. 分子标记辅助选择

如前所述，传统育种中选择的依据通常是表现型而非基因型，这是因为人们无法直接知道个体的基因型，只能从表现型加以推断。也就是说，传统育种是通过表现型间接对基因型进行选择的。这种选择方法对质量性状而言一般是有效的，但对数量性状来说，则效率不高，因为数量性状的表现型与基因型之间缺乏明确的对应关系。即使是质量性状，有的也可能会因为表型测量难度较大或误差较大而造成表型选择的困难。另外，在个体发育过程中，每一性状都有其特定的表现时期。许多重要的性状（如产量和品质）都必须到发育后期或成熟时才得以表现，因而选择也只能等到那时才能进行。这对野外饲养的柞蚕来说显然是非常不利的。总之，传统的基于表型的选择方法存在许多缺点，效率较低。要提高选择的效率，最理想的方法应是能够直接对基因型进行选择。

分子标记（molecular marker）为实现对基因型的直接选择提供了可能，因为分子标记的基因型是可以识别的。如果目标基因与某个分子标记紧密连锁，那么通过对分子标记基因型的检测，就能获知目标基因的基因型。因此，我们能够借助分子标记对目标性状的基因型进行选择，即分子标记辅助选择（marker assisted selection，MAS）。

4.5.4 交配与建立系谱

柞蚕育种中，为使选留蛾区和个体的优良性状能够在后代表现出来并得到巩固和加强，需正确运用交配方式。还应建立系谱（pedigree），即历代留种品系或蛾区的血缘关系及性状表现的系统资料，以便利用系谱开展系统的分析研究，指导育种实践。

1. 交配方式的选择

根据交配个体间的亲缘关系，可分为近亲交配和杂交。柞蚕系统分离育种中最常用的交配方式是近亲交配，包括同蛾区交配、异蛾区交配、品系内随机交配和异品系交配。

近亲交配常有使隐性基因得以表现，导致生活力下降的情况，实际育种中应灵活掌握。近交的程度，依原始材料、目的性状稳定的难度和近交后代生活力表现情况而定。通常原始材料性状优良，目的性状较难稳定，近交后代生活力未显著下降的，可选择高程度的近亲交配，如同胞交配、半同胞交配，而且可适当增加交配代数；反之，近亲交配程度就应降低，如选择异系交配，交配代数就应减少。当目的性状基本稳定时，应停止近亲交配。

目前的柞蚕种群，经累代近亲交配，普遍出现衰退情况，对近交后代实施严格选择，常常可以减缓衰退。

2. 近亲交配的遗传效应

系统分离育种、杂交育种及诱变育种的后期都必须适当运用近亲交配。近亲交配的遗传效应有以下 3 个方面：（1）纯合性增加。一个群体经过连续多代的自交，会使群体内杂合体百分率降低，纯合体百分率增加。纯合性增加使分离减少，遗传性逐渐稳定。纯合性增加的速度因繁殖方式、基因对数、近亲交配的代数及选择方法而不同，以 1 对基因为例，杂合体 Aa 自交，每自交 1 代，杂合体的比例就减少 1/2。若经 r 代自交，杂合体的比例为 $(1/2)^r$，纯合体的比例为 $1-(1/2)^r$，其中 r 代表自交的代数。Aa 杂合体经 5 代自交，纯合体百分率为 46.88%，经 10 代自交，纯合体百分率达 99.90%；(2)近亲交配引起系的分化。2 对基因杂合体 AaBb，通过自交可分化出 AABB、Aabb、aaBB、aabb 4 个近交系，每个系内的个体遗传基础基本一致，表现型也大致相同。分离出的近交系通过选择可以固定下来成为纯系或纯种，再根据育种目标加以选择，淘汰性状表现不良的系，选留性状优良的系，最后育成新品种；(3)隐性性状得到表现。近亲交配使基因逐渐达到纯合，隐性性状得以表现。一般隐性基因对生长发育有不良影响，如家蚕许多致死基因都是隐性基因；通常它们在显性基因的掩盖下，不表现致死作用，但在近亲交配情况下，隐性基因纯合表现致死作用。但是，隐性基因也有优良基因，如家蚕对浓核病(DNV)的抵抗性就是受 1 对隐性基因控制的。

近亲交配是育种中经常应用的繁殖方式，只有了解近亲交配的遗传效应，并加以灵活运用，才能加速育种进程。

3. 建立系谱

在柞蚕系统分离育种中，建立系谱是一项重要的基础性、持久性工作。它有助于育种研究规范化、科学化，保证育种效果。

建立育种系谱，首先要确定育种原始材料类型、研究时间、材料特征、饲养蛾区的代号和编号。

(1)育种材料代号。系统选择材料可以 S(selection)表示，杂交材料用 H(hybrid)表示，引进材料用 I(introduction)表示，在大写字母的右上角也可标以二级字母表示其他信息。也可用省份汉语拼音的首写大写字母表示来源，如 L(Liaoning)表示辽宁省。

(2)年份代号。年份是指育种开始的年份，如 1999 年、2010 年分别用 99、10 表示。

(3)化性及育种材料代号。一化性种及一化性为母本的杂交材料，从 101 号起编。二化性种及二化性为母本的杂交材料，从 201 号起编。如 103 即一化性 3 号育种材料，依次类推。

(4)饲育蛾区代号。蛾区代号或系统代号后用一短横线隔开，后用1、2、3…表示，如 99-1-1 表示为 1999 年春季第 1 蛾区。

例如选用青 6 号品种中的大型茧变异体作原始材料，1998 年秋季饲养的第 3 蛾区，就可以确定 L(辽)6D(大)-98-2-3 的代号。

其次，详细记载每代每个蛾区的试验项目和成绩，累代进行统计分析。

4.5.5 系统分离育种实例

到目前为止，我国采用系统分离选择育种方法，共培育出柞蚕新品种 50 余个，成为中国柞蚕品种资源库中类型最丰富、数目最多的一族。

1. 抗病品种 H8701 的选育

魏成贵等(1982)收集 17 个柞蚕品种或品种材料，通过抗 FV 能力测定，发现不同品种或材料抗 FV 能力存在差异，从中选出 4 个高抗性品种材料累代经口接种 FV，连续选择 4 代，最后选定抗 FV 能力最强的黑翅蛾为继代选择材料继续选育。再经接种 FV 和卵期 42 ℃、24 h 高温处理，选留发病率<5％、孵化率 100％的蛾区继代，经 5 年 10 代的蛾区和个体选择，先后采取同蛾区和异蛾区交配方式，建立了抗性 E 系，淘汰了其他选择系。继而又经 3 年定向选择，育成了柞蚕抗病新品种——H8701。该品种抗 FV 病毒病和空胴病能力分别是对照品种青 6 号的 2.5 倍和 2.3 倍。研究证实，H8701 中肠细胞更新速度快，溶菌酶活性、消化液血凝活性显著高于对照品种。

2. 多丝量品种 33、39 的选育

1953 年，河南省农业厅柞蚕改良所收集本省的一化性农家柞蚕种，以高茧层率和虫蛹统一生命率为主要目标，经系统分离和 6 年的定向选择，育成了一化性多丝量品种 33 和 39。平均茧层率分别达到 12.38％和 11.88％，虫蛹统一生命率分别达到 90.3％和 89.4％。

4.6 杂交育种

杂交育种(breeding by crossing)是指通过 2 个或 2 个以上具有不同特点的品种杂交，利用亲本品种间优良基因的重组，创造新变异，按照育种目标，选优去劣，育成具有双亲综合性状优点的新品种的方法。这是柞蚕育种中应用广泛、效果较好的育种方法。用杂交方法育成的品种又称为杂交固定种。

4.6.1　杂交育种原理

　　杂交育种的基本原理是遗传基因在杂交过程中的分离和重组。两个遗传结构不同的雌雄个体交配，杂种后代由于具有来自双亲遗传基因的新组合，可能产生双亲所没有的新基因型，从而产生双亲所没有的新性状。再经选择培育，便可育出新性状稳定遗传的新品种。

　　用目的性状及综合性状良好的材料作亲本，杂交后经基因重组，就有可能出现比亲本原来的目的性状更优良，而且又保持综合性状好的新类型。柞蚕诸多经济性状在杂种后代群体中的表现与双亲性状均值有关，往往存在着数量性状遗传基因的累加效应。杂交后，这种累加效应就有可能创造出比双亲某些经济性状更优良的新类型。

4.6.2　杂交亲本选择

　　杂交亲本(parents for hybridization)的遗传组成是构成杂种后代各种基因重组类型的依据，正确选用杂交亲本是杂交育种成败的关键。应认真研究亲本材料的特征特性和遗传规律，还要明确要选育的新品种应具有的主要特征特性，尤其是目的性状应达到的指标，以便从原始材料中选择杂交亲本。根据各地多年研究经验，选择杂交亲本应遵循以下 6个基本原则：

　　1. 根据育种目标选择杂交亲本

　　如果选育抗病性强的新品种，就需要选择具有较强抗病性的材料作亲本，至少在双亲中要有一方具有抗病性强的特点；要选育多丝量新品种，就需选用茧层率高、解舒性能好的材料作亲本。只有根据育种目标选择杂交亲本，才能缩短育种时间，保证选择效果。

　　2. 杂交亲本应综合性状优良，优缺点互补

　　从生产需要出发，要求新品种具有多方面优良性状。杂交双亲优点多，又能互补，杂交后通过基因重组，出现综合性状好的新类型几率就大。亲本中应无突出的缺点，特别是应避免双亲具有相同的缺点，否则，杂交后代就会明显表现出这种缺点，而且难以淘汰。总之，双亲综合性状好且能互补，目的性状突出，是亲本选择的一条基本原则。

　　3. 杂交亲本对当地生态环境适应性强

　　选择亲本还要注意亲本材料对当地生态环境的适应性。只有适应性

好的亲本，特别是母本材料，杂交后代对当地条件才可能产生较强的适应性，从而选育出实用型新品种。

4. 选择杂交亲本还要考虑生态类型或地理远缘

生态类型差异大、地理远缘的品种杂交，后代遗传基础丰富，除有明显的性状互补作用以外，还常会出现一些超越亲本的有利性状，有可能选育出优良性状超双亲的新品种。当然，亲本遗传性状差异大，杂交后代分离复杂，持续时间长，性状也不容易稳定。

5. 选用配合力好的亲本

柞蚕大多数经济性状主要源于基因的累加效应，而累加效应强的亲本，通常也有较强的一般配合力。选用这样的亲本材料，比较容易预测杂种后代的表现，有助于提高育种效率。

6. 杂交亲本遗传性要稳定

亲本材料的遗传性要纯正而稳定。如果杂交亲本遗传性不稳定，杂交后代分离复杂，固定困难，还可能会带入一些不良性状。一般将杂交亲本进行几代近亲交配，提高其纯合度。

4.6.3　杂交方式

当杂交亲本选定以后，就要根据育种目标和亲本性状的遗传特点，确定合理的杂交方式。常用的杂交方式有单杂交、复合杂交和回交等。

1. 单杂交

单杂交(single cross)是指同一物种内 2 个品种间的 1 次杂交，或 2 个品种的雌雄个体只交配 1 次的交配方式。这是柞蚕育种中最常用的一种杂交方式，如果 2 个杂交亲本的性状综合起来能够满足育种要求时，就应尽量采用单杂交方式。因为单杂交的后代，性状分离简单、稳定快，育种过程短，经济实用。单杂交在杂种子 2 代起就出现性状分离，而且分离简单，杂种群体不必太大就可以提供足够数量的分离类型供选择使用。在柞蚕育种实践中，常常把综合性状好，适应性强的材料作母本，把具有显性目的性状的材料作父本，这样的单杂交选种效果较好。如果育种目标是选育体质较强，茧丝质较优品种，可用体质较强的品种作母本与茧丝质较优的品种杂交，易获成功；如果选育体质强健，兼顾茧丝质的品种，则以茧丝质较优的品种作母本与体质强健的品种作父本杂交较为有利。

2. 复合杂交

复合杂交(complex cross)是指 3 个以上品种之间的杂交。先由 2 个亲本单杂交，再由杂种子代与第 3 个亲本杂交即为 3 元杂交(tripe cross)。4 元杂交种则是指由 4 个不同品种组合成的杂交种。而由 2 个品种的 4 个不同品系组合成的杂交种则称为双杂交(double cross)。为了创造一个具有多项优良性状的新品种，而原始材料中只用 2 个亲本品种满足不了要求时，可以选择 2 个以上品种作杂交亲本进行多品种杂交。多品种杂交的亲本使用时，原则上是把综合性状优良的品种留在最后杂交，以增加其遗传成分在杂种后代中的比例。

复合杂交因为亲本品种数量多，各亲本又都具有自己的优良性状，所以杂交后代遗传基础丰富，经基因分离与重组，杂种群体性状呈多样化，变异范围大，类型多，通过选择可以把多个亲本的优良特性集中起来。所以在选育具有多亲本优良性状的新品种时，往往采用这种杂交方式。复合杂交的缺点是多亲本杂交，后代变异类型复杂，性状稳定较慢，所需选择时间较长，饲养群体较大，准确选择的难度也较大，群体整齐度较差。

(1)3 品种杂交。3 个品种间杂交的方式，先将 A、B 单杂交，再以其杂种 1 代与 C 品种杂交。这种杂交方式，A、B 2 个品种的遗传基础在杂种后代中各占 1/4，C 品种的遗传基础占 1/2，所以 C 品种应是综合性状优良的品种。3 个品种杂交的第二种方式是使 A 品种分别与 B 和 C 单杂交，再将 2 个单杂交种相互杂交。A 品种的遗传成分占杂种后代遗传成分的 1/2，B、C 品种各占 1/4，A 品种必须是综合性状优良的品种。

(2)4 品种杂交。4 品种杂交的第 1 种方式是先使 A 与 B、C 与 D 杂交，再使 2 种 F_1 相互杂交。该杂交方式中的 4 个品种在后代的遗传组成中各占 1/4，即对 4 个品种的选择要同等重视。第 2 种杂交方式是先使 2 个品种单杂交，再依次与另 2 个品种杂交——梯级杂交法，4 个品种先后杂交，越迟杂交的亲本对后代的遗传组成贡献越大，越要选择综合性状优良的品种。

3. 回交

2 个亲本杂交后，杂种 1 代再与亲本之一交配的杂交方式称回交(back cross)。用作重复杂交的亲本称轮回亲本(backcrossing parent)；另一个只杂交 1 次的亲本称非轮回亲本(nonbackcrossing parent)。回交可根据育种需要进行多次。柞蚕育种实践中，一般回交次数为 2～3 次。

回交育种要求非轮回亲本的特定性状要突出，而且最好为完全显性，以利于回交后代的选择，加快育种进度。随着回交代数的增加，杂种后代的遗传组成逐渐趋向轮回亲本，要求轮回亲本综合性状要优良。当后代获得了非轮回亲本的优良性状，轮回亲本的缺点得到了改造时，就应停止回交，转而进行程度较高的近亲交配，以巩固优良性状的遗传性。

4. 混精杂交

母本雌蛾先后与 2 个或 2 个以上具有不同遗传特性的品种雄蛾交配，即为混精杂交。依据选择受精理论，卵子选择活力最强的精子结合受精。中国农业科学院柞蚕研究所 1956 年以鲁红为母本，经与青黄、杏黄、黄安东雄蛾进行混精杂交，于 1962 年育成二化性、黄蚕血统多丝量品种三里丝；山东柞蚕原种场 1954 年以黄安东为母本，与河南一化、鲁红、四川一化的雄蛾进行混精杂交，育成了二化性青黄蚕血统鲁杂 2 号；辽宁省蚕业试验站以青黄 2 号为母本，分别与克青、青皮、银白的雄蛾混精杂交，育成了辽青等。

5. 远缘杂交

若要把不同物种或血缘比物种更远的两个生物的优良性状结合在一起，则需要进行物种间或属间杂交，这种杂交称远缘杂交。由于物种以上的群体间有生殖上的隔离，远缘杂交往往比较困难，如有些异属异种的动物因生殖器官构造的差异等不能交配，有的虽能交配但不能受孕，或虽能产生杂种但后代不育等。但血缘关系较近的物种往往能够杂交并可以产生可育后代，如家蚕 *Bombyx mori* 与野桑蚕 *B. mandarina* 的杂交。我们曾进行了柞蚕属的天蚕 *Antheraea yamamai* 和柞蚕 *A. pernyi* 的远缘杂交研究，天蚕雌交柞蚕雄比较容易，反交困难，这主要是由于天蚕雄蛾体小、生殖器官短小所致，二者杂交产生的杂交后代不育。但日本学者岛田透曾报道获得了 F_2、F_3 代。

远缘杂交虽然难以成功选育出新品种，但其研究潜力较大，而且一旦获得突破，会选育出目前没有的新遗传材料。另外，可以利用转基因技术等进行远缘物种间的基因转移，实现特殊基因的重组。

4.6.4　杂交后代选择

柞蚕杂交育种中，对杂交后代的选择可划分为前期、中期、后期 3

个阶段。

1. 前期世代($F_1 \sim F_3$)的选择

单杂交的子 1 代，一般可采用 5 蛾卵量混合育，先进行个体选择，F_2 代以后再行蛾区选择。

复合杂交 $F_1 \sim F_3$ 代，采用 10 蛾区的单蛾育，蛾区选择与个体选择相结合，以个体选择为主。如果出于育种目的的需要，采用混合育进行混合选择时，一般饲养卵量应不少于 30 g。

柞蚕主要经济性状在卵、幼虫、蛹（茧）、成虫期都有特定表现，4 个虫态都要进行选择。体色、茧层率等遗传力高的性状，早期世代的选择往往会收到较好效果；遗传力低的性状，早期可适当放宽选择标准，通过对以后世代的连续选择，固定优良性状。还可根据性状间的相关性及相关程度进行间接选择。

2. 中期世代($F_4 \sim F_8$)的选择

中期世代，杂种后代的分离程度已经降低，个体间性状差异已渐缩小，从 F_4 代起，就应实行单蛾育并行适度的同蛾区交配，加速优良性状的稳定。根据蛾区间遗传性状的差异，还应建立几个近交系。每系饲育量不宜少于 10 个蛾区。此期应以蛾区选择为主，兼顾个体选择，着重从优良蛾区中选留优良个体继代。严格淘汰主要经济性状表现一般的蛾区和近交系。在 4 个变态阶段上，幼虫期的表现为选择的重点，例如幼虫体色、发育整齐度、龄期经过、抗逆性等。

3. 后期世代(F_8 代以后)的选择

此期群体的遗传组成已经相当一致，各项性状也已基本稳定。各家系间性状差异较明显。应根据各近交系的综合性状和目标性状进行比较鉴定，选择最优近交系 1～2 个，并选择优良蛾区中的最优个体继代，继续后期的选择、培育。当性状稳定、品种定型后，即可进入品种比较试验。

4.6.5　杂交育种实例

我国通过杂交育种方式，已选育出多种类型的柞蚕新品种 40 余个。"九五"至"十一五"期间，柞蚕领域中选育的新品种中，有 11 个新品种是通过杂交育成的。

1. 早熟品种柞早 1 号的选育

辽宁省蚕业科学研究所薛炎林等用杂交育种法育成的早熟性品种。

育种目标：幼虫龄期短、千克卵茧层量比青黄 1 号高 10%，生活力、产茧量相当于青黄 1 号。

选育经过：1963 年秋，以小黄皮为母本，鲁杂 2 号为父本，单杂交。$F_1 \sim F_3$ 代，从群体中选择营茧早的个体，再选蛹期短的个体。到第 4 代，早熟性状基本稳定，建立系谱，实施系统选择。经 8 年 15 代选育，早熟性状完全稳定。第 16 代至 21 代，在稳定早熟和生命力性状的前提下，采用对号交配、强化选择的方法提高和巩固茧质性状，1976 年选育完成。春秋蚕龄期比青黄 1 号短 6 ~ 7 天，虫蛹统一生命率为 98%，千克卵茧层量 70 kg，比青黄 1 号高 20%，千克卵收茧量 600 kg。成为早熟、好养、优质的新品种。20 世纪 70 ~ 80 年代，曾被辽宁、吉林等省高山冷凉地区作为主要推广品种。

2. 高纤维量品种鲁黄 379 的选育

山东省栖霞方山柞蚕原种场于 2000 年育成的高纤维量柞蚕新品种。

育种目标：秋蚕平均茧层率 15%，蚕茧和生丝增产 10%。

选育经过：1990 年引进多丝量品种激九与 371，1993 年配制成方山黄×激九和青黄 33 系×371 2 个单交种，再行复合杂交。$F_1 \sim F_4$ 代，混合卵量育，以个体选择为主，选留幼虫体质强健、茧层率高、茧层均匀的个体继代；F_5 代起，蛾区内交配，以蛾区选择为主；F_7 代以后，异蛾区交配，扩大饲养量，提高选留比例；F_8 代，强化产卵量选择；F_9 代起，将选择重点放到综合性状上。到 F_{12} 代，新品种鲁黄 379 平均茧层率已达 16.78%。生产试验，春、秋蚕千克卵产茧量分别比对照增产 12.86% 和 22.46%。

4.7　诱变育种

诱变育种(mutation breeding)是利用物理、化学诱变因素诱发新的基因突变或染色体畸变，将产生的变异体进行定向选择培育，创造新品种的一种育种方法。通常包括辐射诱变育种与化学诱变育种。目前柞蚕育种应用较多的是辐射诱变育种。

诱变育种在育种实践中具有重要意义。第一，人工诱发的突变频率显著高于自然突变，前者常常是后者的 $10^2 \sim 10^3$ 倍，而且变异类型多，可创造和增加育种的选择机会。第二，能够创造自然界中前所未有的新类型或品种，这是常规育种方法难以实现的。第三，诱变育种方法比较简单，效果明显、突出。当然，诱变育种目前还存在一些问题，例如诱变处理往往导致生命力减弱，不利突变率高、突变方向不定等，这些缺点直接影响诱变育种的成功率。

4.7.1 诱变因素

诱变因素（mutagen）是对于那些具有诱变能力的物质和条件的总称。从 Muller（1927）发现 X 射线的诱变作用以来，人们对诱变因素进行了广泛的研究，田岛（1938）用 X 射线诱发出家蚕斑纹限性系统，进而育成斑纹限性品种。1951 年田岛等育成了家蚕卵色限性系统；木村（1971）用 γ 射线育成了家蚕黄茧限性系统，斯特隆尼可夫（1972）用 γ 射线育成了家蚕伴性平衡致死系统。目前发现了数百种诱变因素，按诱变因素的性质可分为物理因素和化学因素。

1. 物理因素

物理因素主要有 X 射线、β 射线、γ 射线等电离射线，激光，高诱变效能的中子、异常温度、离心力等。

（1）X 射线。X 射线是一种核外电磁辐射，其波长和能量随加速电子的电压而变化，即 X 光管的工作电压越高，放出的 X 射线波长越短，能量越大。通常用于诱变的 X 射线，均在波长较短的硬质及中硬质 X 射线范围。X 射线是家蚕方面应用较多，效果又很显著的一种诱变因素。

（2）γ 射线。γ 射线也是电磁辐射，但 γ 射线比 X 射线的波长更短，能量更高，穿透力更强。通常用 Co-60 和 Cs-137 在衰变中所放出的 γ 射线作照射源。

（3）中子。原子反应堆在核裂变过程中可以释放出大量中子。中子是一种不带电的中性粒子，质量大，穿透力强，电离密度高，中子所引起的生物学效应和遗传学效应比 X 射线和 γ 射线更为深刻。町田（1974）在家蚕上证明，快中子比 X 射线具有更高的诱变效果。

（4）激光。激光的本质是一种光辐射，具有很好的方向性、单色性和瞬时性。激光容易聚焦光束，可以聚焦到其波长的 1/2，因而能够对单个细胞、染色体和各种细胞器上某一特定位点进行显微操作辐照，向仲怀等利用激光照射家蚕卵、蛹，证明可以诱发家蚕斑纹、卵色突变及嵌合体、雄核发育等。激光诱变育种在柞蚕上曾得到应用。

2. 化学因素

化学因素主要有烷化剂、核酸碱基类似物、秋水仙素等。Blakeslee (1937)发现秋水仙素具有明显的诱变作用，其后 Auerbach 发现芥子气的诱变作用，之后相继发现了许多化学诱变剂。

(1)烷化剂。烷化剂主要是通过烷化作用而与 DNA、RNA 起作用。烷化剂主要有硫芥、氮芥、乙烯亚胺类、重氮烷类等。

(2)核酸碱基类似物。此类诱变剂的化学结构与核酸的碱基相似，且能掺入到 DNA 中去而不妨碍它的复制，引起遗传密码的差错产生突变。常用的碱基类似物有 5-溴去氧尿核苷、α-氨基嘌呤、5-溴尿嘧啶等。

(3)秋水仙素。秋水仙素是从百合科属植物的种子和球茎中提出的一种生物碱，它能抑制细胞分裂中纺锤丝的形成，是诱发多倍体的高效诱变剂。对蚕也具有诱发多倍体的效能。

此外，还有一些化学物质具有诱变剂的作用，如某些抗菌素、重氮丝氨酸、丝裂霉素等都具有使染色体断裂的功能。

4.7.2 诱变育种方法

在柞蚕诱变育种中，主要采用了电离射线与激光两大类诱变物质进行新品种选育。

1. 辐射处理

(1)选择优良的原始材料。通常选取遗传基础好、缺点少的品种，而该缺点正是需要改进的目标性状。经诱变处理，往往容易保留材料原来的优点，克服原有缺点，并有可能出现新的优良性状，因而可能在短时间内取得育种成效。

(2)准确选择射线或激光的种类与辐射(照)剂量。根据育种对象、育种目标及不同组织器官对射线、激光的敏感性，选择射线和激光种类。从对生物的诱变频率来看，中子最高；β 射线其次；γ 射线、X 射线较低。激光诱变也常有一定的频率。选择适当的辐射剂量和辐射时期、辐射部位，需要通过试验来决定。一般，所选剂量应能够引发足够大的突变频率，同时又不损害育种材料的生长和发育。

(3)辐射处理敏感性。辐射敏感性是指生物体对射线反应程度的强弱。生物体受射线等处理后，会出现一系列生物学效应，通常表现为生长发育受到抑制、生活力降低、生殖能力减退等。在诱发突变中，常采用半致死剂量(median lethal dose，LD_{50})来表示辐射敏感性，半致死剂量即引起 50% 个体死亡所需的剂量。生物体的敏感性受许多因素的影响，如品种、发育时期、照射条件等。家蚕卵不同发育时期其辐射敏感性不同，一般产卵初期 LD_{50} 较低，随着蚕卵进入滞育，其 LD_{50} 显著增高，滞育解除时，其 LD_{50} 又降低(田岛，1966，1967)。随胚胎发育，其 LD_{50} 显著增高(向仲怀，1991)。

2. 对辐射后代的选择和培育

经辐射(照)诱变所引发的突变通常对生物本身是不利的。它往往打乱了生物体内正常的新陈代谢秩序，造成生命力减弱。仅可能有少数突变属中性突变或有利突变。所以对诱变后代需精心饲养，仔细选择，严防损失。

辐射育种通常从第 2 代开始选择。隐性基因的突变率总要高于显性基因，而隐性基因所能表现的性状只有在隐性基因纯合状态下才能表现，所以对处理后代要实行高度的近亲交配，并尽量保留处理后代，以免损失尚未表现而遗传结构已经发生变化的优良个体。当然，如果性染色体和性连锁基因发生显性突变，在子 1 代就可充分表现，可以早期进行选择。

今后应加强对柞蚕诱变的机理研究，为诱变育种奠定理论基础，培育出特点鲜明的基础品种或综合性状优良的实用品种，充实柞蚕品种资源。

4.7.3　柞蚕诱变育种实例

山东省蚕业研究所(1977)以 403、446 两组杂交种卵为材料，用 CO_2 激光照射胚胎头部着色期的柞蚕卵，在 66J 处理区，有 33% 的卵完成了胚胎发育并孵化出蚁蚕，成活个体均表现早熟性状。经 8 年 15 代的连续选择、培育，1985 年育成早熟多丝量新品种 C_{66}。

辽宁省蚕业科学研究所(1977)以青黄 1 号为材料，采用氮分子等 4 种激光、31 种能量密度，分别照射柞蚕蛹、成虫和卵，第 2 代在氮分子激光处理蛹的第 9 能量密度区内，发现高茧层率变异个体，经 12 年 24 代的连续选择培育，1988 年，育成了二化性多丝量品种多丝 3 号。

4.8　抗病育种

柞蚕病害防治包括两个方面的工作，一是消毒防病，以消灭病原物或降低其侵染量；二是提高柞蚕品种本身的抗病能力，即选育抗病品种，这是一项最经济有效的增产措施。20 世纪 70 年代后期，人们开展了柞蚕抗病育种研究，并相继育成了一些抗病性较强、经济性状优良的新品种，积累了柞蚕抗病育种经验，为抗病育种研究打下了基础。但同其他生物抗病育种相比，柞蚕抗病育种还未建立起一套完整的理论和方法，抗病品种的抗病性能还有待提高，有关抗病育种的基础研究还需加强。

4.8.1 抗病性及影响因素

抗病性(disease resistance)是指生物体对病原物侵入、扩展的一种防卫反应，它是由生物的遗传基础决定的，是一种遗传特性。

抗病性有多种类型，从抗性机理上可分为侵染抵抗性和扩展抵抗性；从宿主与病原物生理小种的关系上可分为垂直抵抗性和水平抵抗性；从抗病性程度上可分免疫、高度抗病、中度抗病、轻微感染等；从抗病性的遗传方式上可分为寡基因抗病性和多基因抗病性。

侵染抵抗性是指生物体通过限制病原入侵部位或侵染过程而阻止寄生关系的建立。如病原物随柞树叶进入消化管后，消化液对病原物的杀灭作用，围食膜对病原的吸附作用等都属于这种抵抗性。扩展抵抗性是指病原物侵入细胞组织后，生物体通过特殊的生理病理反应抑制病原物在宿主体内的增殖。如一些高抗性的植物，在受到病原侵害后，由于宿主细胞的高度敏感性，受侵害部位迅速坏死，使入侵的病原被封锁于坏死的细胞中，防止了病原的扩展。

垂直抵抗性是一种具有病原生理小种特异性或专化性的抗病性，特点是宿主对某种病原生理小种具有高度的抵抗性，但对另一些生理小种则完全没有抵抗性。垂直抗性一般是由单基因或少数主基因控制，杂种后代分离较为简单。水平抗性是非生理小种专化性的抗性，它对同一病原物的许多生理小种都具有类似程度的抗性，但这种抗性一般只有中等水平，它的表现形式是侵染概率低，潜伏过程长，病原的扩展速度慢等，因而能减缓病害的发展速度，从而减少病害所造成的损失。水平抗性一般由多基因控制。

柞蚕品种间的抗病性差异是由品种的基因型决定的，但基因的表达需要一定的内部生理条件和外界环境条件，即使同一基因型的个体在不同的内部生理条件和外部环境条件下，对病害的抵抗性也是有差异的。

另外，柞蚕的不同发育阶段对病害抵抗性也有差异，如小蚕期对病原物的抵抗性弱，随龄期增进而增强。同一龄期内，起蚕期的抵抗性弱，食叶期抵抗性强，眠期的抵抗性又有所下降。

环境条件是影响柞蚕抗病性的重要因素。卵期、幼虫期遭受极端高温，蚕期容易发生脓病等。营养条件也是影响柞蚕对病原抵抗性的因素之一。小蚕期取食老叶和污染叶，大蚕期易发生软化病等。

4.8.2　抗病育种原理

柞蚕抗病育种(disease resistance breeding)的两个基本依据，一是柞蚕对病原的感染抵抗性与诱发抵抗性在不同品种、蛾区与个体间存在着可以垂直传递的显著性差异；二是柞蚕的某些生物学性状与抗病性之间存在相关性。

于溪滨、周怀民、魏成贵等在 20 世纪 70～90 年代进行了柞蚕对 NPV 病毒病、空胴病和 FV 病毒病的感染抵抗性测定，结果表明，柞蚕对 NPV 病毒病的抗病性在品种间、蛾区间最大差异达 10 倍左右；对空胴病和 FV 病毒病的抗病性也存在明显的差异性。说明柞蚕存在着可利用的抗性资源，通过科学合理的选育方法能够选育抗病品种。

于溪滨等将同一品种不同蛾区的柞蚕卵以 42 ℃高温日照 30 min，结果蛾区最高孵化率达 95.7%，最低为 36.1%，二者相差 59.6%；日照 150 min，蛾区最高孵化率 38.2%，最低 1.9%，二者相差 36.3%，表明在同一品种的不同蛾区间，柞蚕卵的抗高温日照能力存在明显差异。将同一品种不同蛾区孵化的蚁蚕置于 9 ℃～10 ℃的低温下饥饿 5 天后，同品种不同蛾区间蚁蚕存活率存在明显差异。饥饿 8 天，蚁蚕 100%死亡的蛾区为 37.6%，2.5%的蛾区死亡率低于 25%。进一步研究表明，柞蚕对低温饥饿的抵抗性与对 NPV 病毒的抵抗性呈正相关；柞蚕消化液及中肠围食膜对 NPV 的抵抗性与小蚕期经口接种 NPV 的感染抵抗性也呈正相关。总之，柞蚕诱发抵抗性与感染抵抗性存在正相关关系。

4.8.3　抗病育种方法

柞蚕抗病育种采用的基本方法是当育种材料群体中存在抗病基因时，通过人工接种病原体，造成群体相当水平的病害发生，从中鉴定出可遗传的抗病材料，连续多代进行高强度选择，最终选育出抗病品种。

因此，抗病性鉴定是抗病育种的基础和前提，抗病性鉴定是用不同剂量的药物或病原处理生物体，对生物体产生的反应进行定量鉴定的方法，抗病鉴定的常用方法是将动物分组，用药物或病原的一个剂量梯度系列来处理，剂量梯度系列一般要求按几何级数排列，以便使剂量转换为对数后成等距关系利于运算。

1. 抗病性度量

柞蚕抗病育种常用的评价指标有发病死亡率、半致死剂量（LD_{50}）、半致死浓度（median lethal concentration，LC_{50}）、半数感染剂量（median infective dose，ID_{50}）、半数感染浓度（median infective concentration，IC_{50}）及半数致死期（median lethal time，LT_{50}）等。LD_{50} 等（LC_{50}、ID_{50}、IC_{50}、LT_{50}）的计算，通常采用 Reed-Muench 氏法和 Finney 氏概率分析法。

（1）Reed-Muench 氏法。现以沈阳农业大学柞蚕研究所选育沈黄 1 号时测定其对柞蚕核型多角体病毒的抗病性为例，说明 IC_{50} 的计算方法（表 4.8-1）。

表 4.8-1 沈黄 1 号对 NPV 的感染抵抗性

病毒浓度（NPB/mL）	10^3	10^4	10^5	10^6	10^7
供试头数（头）	30	30	30	30	30
感病头数（头）	5	9	15	24	27
累计感染头数（头）	5	14	29	53	80
健蚕头数（头）	25	21	15	6	3
累计健蚕头数（头）	70	45	24	9	3
感染率（%）	0.17	0.30	0.50	0.80	0.90
累计感染率（%）	5/(5+70)	14/(14+45)	29/(29+24)	53/(53+9)	80/(80+3)
累计感染百分数（%）	6.67	23.73	54.72	85.48	96.39

由表 4.8-1 可知，能使沈黄 1 号半数感病的浓度介于 10^4 与 10^6 之间。IC_{50} 的计算方法如下：

①比距：

$$比距 = \frac{高于 50\% 的感染率 - 50}{高于 50\% 的感染率 - 低于 50\% 的感染率} = \frac{85.48 - 50}{85.48 - 23.73} = 0.57$$

$$(4.8-1)$$

②感染率低于50%的病毒浓度的对数：

$$Log10^4 = 4 \tag{4.8-2}$$

③比距×稀释因子的对数：

$$0.57 \times Log10^1 = 0.57 \tag{4.8-3}$$

④50%感染率病毒浓度的对数：

$$Log\ IC_{50} = 4 + 0.57 = 4.57 \tag{4.8-4}$$

$$IC_{50} = 10^{4.57} \tag{4.8-5}$$

(2)Finney 氏概率分析法(Probit 法或概率单位法)。一般生物鉴定中的剂量与反应的关系大多呈曲线关系，故需通过各种坐标转换的方法，使剂量与反应间呈直线关系，以便于处理和应用。

Bliss(1935)建议将剂量与反应间关系的"S"形曲线转化为直线，即剂量用对数表示，死亡率用概率值(probit)表示，就得到一直线，该直线称对数—死亡率概率值线(Log dosage-probit line，LD -P 线)，因此可用直线方程 $Y = bx + a$ 来表示剂量与反应率的关系，其中，Y 为死亡率概率值，X 为剂量对数，a、b 为方程式特有的常数，a 为回归截距，b 为斜率，b 值的大小可作为供试群体对病毒抵抗性均一度的指标。b 值越大，群体均一性越好；b 值越小，群体内个体间的差异越大。现以表 4.8-1数据资料为例介绍 Finney 氏概率分析法，反应率(%)与概率单位换算表见表 4.8-2。

表 4.8-2　反应率(%)与概率单位换算表

%	0	1	2	3	4	5	6	7	8	9
0	—	2.67	2.95	3.12	3.25	3.36	3.45	3.52	3.59	3.66
10	3.72	3.77	3.82	3.87	3.92	3.96	4.01	4.05	4.08	4.12
20	4.16	4.19	4.23	4.26	4.29	4.33	4.36	4.39	4.42	4.45
30	4.48	4.50	4.53	4.56	4.59	4.61	4.64	4.67	4.69	4.72
40	4.75	4.77	4.80	4.82	4.85	4.87	4.90	4.92	4.95	4.97
50	5.00	5.03	5.05	5.08	5.10	5.13	5.15	5.18	5.20	5.23
60	5.25	5.28	5.31	5.33	5.36	5.30	5.41	5.44	5.47	5.50
70	5.52	5.55	5.58	5.61	5.64	5.67	5.71	5.74	5.77	5.81
80	5.84	5.88	5.92	5.95	5.99	6.04	6.08	6.13	6.18	6.23
90	6.28	6.34	6.41	6.48	6.55	6.64	6.75	6.88	7.05	7.33
	0.0	0.1	0.2	0.3	0.4	0.5	0.6	0.7	0.8	0.9
99	7.33	7.37	7.41	7.46	7.51	7.58	7.65	7.75	7.88	8.09

①将试验结果(表 4.8-1)的实测死亡率，依表 4.8-2 求查出概率单位(Y)，再计算出病毒剂量的对数(X)，由此列出表 4.8-3。

表 4.8-3　死亡概率单位与病毒剂量的对数(X)的关系

病毒剂量 (NPB/头蚕)	供试蚕数 (N)	死亡率 (P)	概率单位 (Y)	Log 剂量 (X)
10^3	30	16.7	4.05	3
10^4	30	30	4.48	4
10^5	30	50	5.00	5
10^6	30	80	5.84	6
10^7	30	90	6.28	7

表 4.8-4　最小二乘法计算表

死亡率概率单位 (Y)	对数浓度 (X)	X^2	Y^2	XY
4.05	3	9	16.40	12.15
4.48	4	16	20.07	17.92
5.00	5	25	25.00	25.00
5.84	6	36	34.11	35.04
6.28	7	49	39.44	43.96
Σ：25.65	25	135	135.02	134.07

②根据表 4.8-4 结果计算直线回归直线参数 b、a。

$$b = \frac{(N\sum XY - \sum X \sum Y)}{N\sum X^2 - (\sum X)^2} = \frac{5 \times 134.07 - 25 \times 25.65}{5 \times 135 - 25^2} = 0.582$$

(4.8-6)

$$a = \frac{(\sum X^2 \sum Y - \sum X \sum XY)}{N\sum X^2 - (\sum X)^2} = \frac{135 \times 25.65 - 25 \times 134.07}{5 \times 135 - 25^2} = 2.22$$

(4.8-7)

因此直线回归方程：$Y = 0.582X + 2.22$　　　　(4.8-8)

由此方程代表的直线称 LD -P 线，它是否符合实际情况，必须经过卡方（X^2）检验。

③卡方（X^2）检验。

把所有各个测定浓度 X（对数值）代入回归方程式：$Y=0.582X+2.22$，求出相应的 Y 值。根据各个 Y 值，从概率单位值查出其理论死亡率 P，求出各浓度的理论死亡数 NP、各浓度的实际死亡数（r）与理论死亡数（NP）之差（$r-NP$），再计算各浓度的 $\dfrac{(r-NP)^2}{NP(1-P)}$，并将其相加，即为卡方（$X^2$）值（表 4.8-5）。

表 4.8-5　卡方值（X^2）计算表

浓度（%）	浓度对数（X）	概率单位值（Y）	理论死亡率（P）	蚕头数（N）	实测死亡数（r）	理论死亡数（NP）	相差（$r-NP$）	$\dfrac{(r-NP)^2}{NP(1-P)}$
10^3	3	3.97	15	30	5	4.5	0.5	0.065
10^4	4	4.55	32	30	9	9.6	−0.6	0.055
10^5	5	5.13	55	30	15	16.5	−1.5	0.303
10^6	6	5.71	76	30	24	22.8	1.2	0.263
10^7	7	6.29	90	30	27	27	0.0	0
							$\sum$	=0.686

求得的 X^2 值为 0.687，在自由度为 $n-2$ 时，此值小于 X^2 分布中 $P=0.05$ 水平的 X^2 值 7.81，该直线符合实际。

④计算 LC_{50}。

在 $X=\log LC_{50}$ 时，$Y=5$，即 $5=a+b\log LC_{50}$ 　　　　　　（4.8-9）

$\log LC_{50}=(5-a)/b=(5-2.22)/0.582=4.777$

查反对数表，$LC_{50}=5.98\times10^4$

⑤求 LC_{50} 的标准差及判断可靠程度。

从表 4.8-6 查出与期待值 Y 相对应的重率系数 ω 再乘以供试蚕数 N，即得重率 $N\omega$（表 4.8-7）。

表 4.8-6 重率系数 ω

Y	0.0	0.1	0.2	0.3	0.4	0.5	0.6	0.7	0.8	0.9
1	0.001	0.001	0.001	0.002	0.002	0.003	0.005	0.008	0.008	0.011
2	0.015	0.019	0.025	0.031	0.040	0.050	0.062	0.076	0.092	0.110
3	0.131	0.154	0.180	0.208	0.238	0.269	0.302	0.336	0.370	0.405
4	0.439	0.471	0.503	0.532	0.558	0.581	0.601	0.616	0.627	0.634
5	0.637	0.634	0.627	0.616	0.601	0.581	0.558	0.532	0.503	0.471
6	0.439	0.405	0.370	0.336	0.302	0.269	0.238	0.208	0.180	0.154
7	0.131	0.110	0.092	0.076	0.062	0.050	0.040	0.031	0.025	0.019
8	0.015	0.011	0.008	0.006	0.005	0.003	0.002	0.002	0.001	0.001

表 4.8-7 计算置信区间所必需的数值

病毒剂量对数 (X)	供试蚕数 (N)	期待概率单位 (Y)	重率系数 (ω)	$N\omega$	$N\omega X$
3	30	3.97	0.439	13.17	39.51
4	30	4.55	0.601	18.03	72.12
5	30	5.13	0.634	19.02	95.1
6	30	5.71	0.532	15.96	95.76
7	30	6.29	0.336	10.08	70.56
$\sum$				76.26	373.05

据上式算出 $LogLD_{50}$ 的标准偏差（S·E）

$$S \cdot E = \frac{1}{b\sqrt{\sum N\omega}} = \frac{1}{0.582\sqrt{373.05}} = 0.052 \quad (4.8\text{-}10)$$

$LogLC_{50} = 4.777 \pm 0.052$

当 $P=0.05$ 时，可以依下式算出置信区间（C·L）

$$C \cdot L = LogLC_{50} \pm (1.96 \times S \cdot E) \quad (4.8\text{-}11)$$

$= 4.777 \pm (1.96 \times 0.052)$

$= 4.777 \pm 0.102$

$LogLC_{50} = 4.675 \sim 4.879$

$LC_{50} = 10^{4.675 \sim 4.879}$

采用该方法时需要使病毒剂量成等比级数设置，并使最终死亡率既有高于 50％的，也有小于 50％的，这样测定的结果比较可靠。

如果试验没有空白对照，而且空白对照组也有病蚕发生，则各处理组的感染率还必须用以下公式校正：

$$校正死亡率(\%) = \frac{处理组感染率 - 对照组感染率}{100\% - 对照组感染率} \times 100\%$$

(4.8-12)

2. 抗病性测定的接种方法

柞蚕 NPV 病毒接种于孵化前 1 天的柞蚕卵表面，即将种卵放入一定浓度的病毒液中，浸泡 2 min 取出；柞蚕链球菌的接种，常将设计浓度的菌液涂于柞叶表面，待阴干后喂养刚孵化的蚁蚕，24 h 后换正常柞叶饲育。接种病原后，应在无菌条件下饲养，保持柞蚕生长发育最适宜的温湿度条件，防止二次感染。

3. 柞蚕抗病育种程序

(1)搜集、测定和纯化抗性品种资源。对搜集到的抗性育种材料，通过人工接种病原等进行抗逆性测定，筛选高抗性材料。

(2)选择纯化抗性材料。选定的纯化育种材料作为杂交亲本进入杂交育种程序，或作为系统选育材料进入系统选育程序。不论杂交育种还是系统选育，在连续多代的选择中，对育种材料的感染抵抗性与诱发抵抗性都要实施尽可能的高强度选择，经过 10～12 代选择，新品种的抗病性基本得到巩固，其他主要生物学、生态学特征特性也基本稳定。

(3)对新品种抗病性的验证。采用蛾区半分法，即一个蛾区的一半材料用于抗病性检测；另一半材料供选择、继代留种。鉴定内容通常有对病原物直接接种的感染抵抗性，例如小蚕和非滞育蛹对柞蚕 NPV 和柞蚕链球菌的抵抗性，柞蚕消化液、中肠围食膜对病原的抵抗性，大蚕或蛹期诱导抗菌物质对病原的抵抗力等。此外，还可通过解剖学进行验证，如围食膜的结构特征、中肠杯状细胞的更新速度等。

4.8.4　抗病育种实例

在探索抗病育种理论的同时，于溪滨、卢长祯等(1987)育成了中国第一个柞蚕抗核型多角体病毒(nuclear polyhedrosis virus，NPV)病品种——抗病 2 号。魏成贵、吴佩玉等(1996)育成了抗病毒性软化病(Antheraea pernyi flacheric virus，FV 病毒病)品种——H8701，金欣、朱有敏(2001)育成了抗逆性强的双交种——辽双1号。

1. 抗病2号的选育

育种目标：对 NPV 病毒病的抗病能力比对照品种高2倍以上，发育整齐，茧丝质量优于对照品种，比对照品种增产10%以上。

选育经过：1977年对收集的25个柞蚕品种进行卵期抗高温和蚕期抗 NPV 病毒测试，选择抗性强的柞早1号为育种素材。随后，又将材料依据成虫形态特征分为5种类型。选择其中蛾后翅眼状斑外侧有半圆形黄黑色斑纹、抗病性最强的Ⅱ型蛾留种、纯化、继代。再用所得抗性材料与抗逆性较强、幼虫龄期较短的德花5号Ⅱ型蛾杂交。对杂交后代连续实施高强度的诱发抵抗性与感染抵抗性选择，包括卵期高温日照、蚁蚕低温饥饿、接种 NPV 病毒经口感染蚁蚕等。在初期世代，对试验蛾区的选留与淘汰比率曾达到过6∶94。

当品种的抗病性、形态学与其他主要经济性状基本稳定以后，又检测柞蚕消化液、中肠围食膜对 NPV 的抵抗性、蛹期体内接种 NPV 所表现出的抵抗性、大蚕期和蛹期诱导抗菌物质的活力等，验证了新品种的抗病性能，表明新品种抗病2号对 NPV 病毒病的抵抗性高于对照品种青6号。而且幼虫发育整齐、茧丝质优良、交配性能好。

2. 兼抗脓病与空胴病的杂交种辽双1号的选育

育种目标：兼抗脓病与空胴病，综合性状好，高产稳产，茧丝工艺性状优良、亲本配合力好，而且发育整齐度基本一致。

选育经过：1991年测定30个柞蚕品种的抗病性、丰产性和茧丝工艺性状，选定3类品种作杂交亲本材料。其中有抗病品种抗病2号、H8701，丰产型品种8821、青6号、选大1号，茧丝性状优良型品种白茧2号、9107、401，组配成12个杂种材料。采用独立淘汰法及相关选择技术，以幼虫体色、茧色、蛾色为表型标志连续选择，1996年选出7个新品系。又经2代品种比较和杂交试验，1997年选育出404、405、951、954这4个综合性状好，又各具突出特点的新品种。随后，由4个新品种组配和选择出2对单交种，即405×951和404×954。两对单交种均具有抗病性强的特点，而且综合性状优良，发育整齐度好。再由两对单交种组配成4元杂交种，定名为辽双1号。

该杂交种对柞蚕 NPV 的抵抗性比抗病2号高1.23倍，对柞蚕链球菌 *Streptococcus pernyi* 的接种发病死亡率比抗病2号低18.1%。农村秋蚕生产试验，平均增产效果16.15%；鲜茧出丝率达7.24%，平均解舒率达 70%以上。

4.9　配合力测定

杂种优势(heterosis)是生物界普遍存在的现象,但并不意味着任何 2 个品种杂交都会出现强大的杂种优势,其原因是相互杂交的 2 个亲本相对结合能力大小不同。Sprague 和 Tatun (1942)提出配合力(combining ability)的概念,即杂交亲本间相对结合能力。配合力是一种遗传性状,是一种潜在的生产能力,而这种潜在的生产能力能够反映到杂种生产性能上。

配合力通常用 F_1 代所表现的产量水平来表示,表现高产的为高配合力,表现低产的为低配合力。只有配合力高,并且其他性状也好的品种,才能组配成高产稳产的优良杂交种。但配合力的概念又不同于杂种优势的概念,配合力一般指经济性状,主要指产量的高低;而杂种优势则包括经济性状、生物学性状及遗传生理方面的诸多特性。

4.9.1　配合力的种类

配合力分为普通配合力和特殊配合力。普通配合力(general combining ability,GCA)是指一个品种在各杂交组合中的平均表现;特殊配合力(specific combining ability,SCA)是一个特定的杂交组合与双亲期望值的普通配合力的差数。

1. 普通配合力

在亲本选配研究中,普通配合力指某一亲本在一系列杂交组合中,对杂交后代的某一性状所产生的平均表现。如果一个品种与其他品种杂交经常能得到较好的杂种效果,则其一般配合力较好。

普通配合力定义为若干个品种或品系相互杂交,各品种或品系杂交后代的平均生产能力与全部杂交后代生产能力总平均值的离差;即普通配合力是以全部杂交组合平均生产能力为基础的,是某一亲本(品种或品系)在其杂交后代中的平均表现。

薛炎林等(1981)对柞蚕 6 个品种 15 个组合 7 个性状的一般配合力相应相对值作了分析(表 4.9-1)。

表 4.9-1　柞蚕 6 个品种 7 个性状普通配合力效应相对值

项　目		青 6 号	多丝 3 号	辽柞 1 号	81004	白茧 1 号	小白蚕
千克卵产茧量		−18.944	2.988	25.949	−7.716	3.199	−5.687
千克卵茧层量		−20.879	9.007	32.098	−8.866	0.117	−11.482
龄期经过		0.274	1.828	1.645	−0.137	0.959	−2.650
孵化率		0.784	0.583	−3.071	3.706	2.816	−3.657
全茧量	♀	1.281	0.782	4.847	−1.009	2.535	−8.434
	♂	1.917	−0.225	3.512	−3.258	3.228	−5.173
茧层量	♀	−0.967	7.048	10.826	−1.428	−0.466	−15.049
	♂	−0.846	6.132	9.341	−3.159	−0.693	−10.760
茧层率	♀	−0.985	3.350	3.057	−0.168	−1.627	−3.622
	♂	−1.678	3.200	3.281	0.176	−1.806	−3.174

　　测定结果表明，同一性状不同品种间普通配合力表现不同，可根据育种目标择优选择杂交亲本，如需要选择千克卵产茧量高的指标为材料，则选择辽柞 1 号为亲本，需要选择龄期短的就可以选择小白蚕。

　　同一品种不同性状间普通配合力大小也不相同。如以辽柞 1 号为例，以其效应值的相对值相比较，性状的普通配合力以千克卵茧层量为最高；其次是千克卵产茧量；再次为茧层量，最低为龄期经过和孵化率。从这一品种各性状配合力大小可以看出，辽柞 1 号的主要特点是产量及蚕茧质量高，而龄期经过略长，孵化率略低。这一配合力计算结果和实际情况相符。同一品种各性状配合力的不同反映了一个品种的特点，也说明了某一品种在后代的必然表现，所以和辽柞 1 号组配的组合其千克卵茧层量都高；与小白蚕组配的组合，其子代一般都表现早熟。通过一般配合力分析可以看出一般配合力高的性状其选择效果较好，亲本的良好性状容易在后代稳定，而一般配合力低的性状不易从亲本表现对后代做出估计。

　　2. 特殊配合力

　　特殊配合力指亲本品种在特定组合中对杂种后代某一性状平均值产生偏离的情况，即两个特定品种之间杂交所能获得超过普通配合力的杂种优势。

　　特殊配合力定义为某 2 个品种或品系杂交，F_1 代实测值与以该 2 个品种普通配合力为基础的 F_1 代预期值的离差。

某一个特定杂交组合生产能力的特殊配合力＝特定杂交组合 F_1 生产能力实测值－F_1 代生产能力总平均值－父本普通配合力－母本普通配合力。

通过特殊配合力测定结果（表 4.9-2）可知，杂种后代的性状表现很难从亲本的平均效应推测得出，要依具体的组合而定；而特殊配合力的偏离情况和杂交组合实际值不尽一致，某些优势高的组合并不都是特殊配合力高的组合，特殊配合力高的组合，其杂种优势也并不一定大。但特殊配合力是用性状的绝对值估算的，所以在亲本选择时，利用绝对值判断组合的优势就显得更有意义。另外，特殊配合力高的组合除可以利用其 F_1 的杂种优势外，如果是加性×加性的上位性影响，则还可以选出优异的后代。

表 4.9-2 柞蚕各性状特殊配合力效应相对值

组合	千克卵		龄期经过	孵化率	全茧量		茧层量		茧层率	
	产茧量	茧层量			♀	♂	♀	♂	♀	♂
1×2	2.035	1.782	1.042	−3.226	2.142	1.387	1.919	4.667	0.043	0.919
1×3	8.995	3.895	−2.066	6.236	−3.192	−1.221	−6.480	−6.346	−1.687	−2.283
1×4	−7.449	−7.119	0.631	−3.641	−1.816	−1.676	−0.874	−3.548	0.456	−0.879
1×5	−6.409	−3.984	0.174	0.904	2.923	−0.149	4.567	4.038	0.985	2.398
1×6	2.876	5.443	0.219	−0.273	−0.059	1.654	0.845	1.346	0.201	−0.158
2×3	8.855	12.485	0.951	2.432	2.063	4.811	2.349	5.839	−0.357	0.121
2×4	−19.413	−21.284	0.539	2.861	−2.704	−2.631	−2.411	−3.671	−0.246	−0.359
2×5	7.841	0.696	−1.563	−5.278	−1.300	−0.546	−0.107	0.245	0.662	1.141
2×6	0.729	−2.669	−0.969	3.211	−0.203	−3.026	−1.797	−7.097	−0.596	−1.823
3×4	0.267	2.707	−0.375	−4.289	0.249	−4.168	1.658	−0.087	0.663	2.110
3×5	−1.928	−4.704	−0.649	3.286	−0.369	0.736	−1.443	−1.608	−0.444	−1.390
3×6	−16.183	−14.385	2.139	−7.665	1.251	−0.166	3.977	2.185	1.822	1.440
4×5	7.261	6.522	1.317	0.715	2.002	3.446	0.737	0.490	−0.573	1.782
4×6	19.336	19.161	−2.112	4.354	2.267	5.024	0.845	6.905	−0.797	0.907
5×6	−6.759	−7.541	0.722	0.374	−3.257	−3.492	−3.973	−3.181	−0.633	0.369

通过两种配合力的综合分析，还能看出亲本的互补作用。当 2 个品种的普通配合力互有高低，在相互杂交时各性状的特殊配合力均较高，在优点方面可以产生互补，所以用这样的双亲杂交，可以出现综合性状

方面特殊配合力高的组合，这对优良杂交组合评选具有一定意义。

4.9.2　配合力的计算方法

1. 普通配合力效应值和相对效应值

$$\hat{g}_{i.} = \bar{X}_{i.} - \bar{X}.. \tag{4.9-1}$$

$$\hat{g}_{.j} = \bar{X}_{.j} - \bar{X}.. \tag{4.9-2}$$

$$\hat{g}'_{i.} = \hat{g}_{i.} / \bar{X}.. \times 100 \tag{4.9-3}$$

$$\hat{g}'_{.j} = \hat{g}_{.j} / \bar{X}.. \times 100 \tag{4.9-4}$$

$\hat{g}_{i.}$ 和 $\hat{g}_{.j}$ 分别为母本品种第 i 个品种，父本品种第 j 个品种的普通配合力效应值。

$\hat{g}'_{i.}$ 和 $\hat{g}'_{.j}$ 分别为母本第 i 个品种，父本第 j 个品种普通配合力相对效应值。

$\bar{X}..$ 是所有杂交组合 F_1 代实测值的平均值；$\bar{X}_{i.}$ 是母本第 i 个品种和对交父本所有品种杂交 F_1 代实测值的平均值，$\bar{X}_{.j}$ 是父本第 j 个品种和对交所有母本杂交 F_1 代实测值的平均值。

2. 特殊配合力效应值和相对效应值

$$T_{ij} = \bar{X}.. + \hat{g}_{i.} + \hat{g}_{.j} \tag{4.9-5}$$

式中 T_{ij} 为第 i 品种和第 j 品种杂交 F_1 代生产能力的预期值。

$$\hat{S}_{ij} = X_{ij} - T_{ij} \tag{4.9-6}$$

$$\hat{S}'_{ij} = \hat{S}_{ij} / X.. \times 100 \tag{4.9-7}$$

式中 $\hat{S}_{ij}$ 和 $\hat{S}'_{ij}$ 分别为母本第 i 个品种和父本第 j 个品种杂交 F_1 代特殊配合力效应值和特殊配合力相对效应值。

配合力的效应值，可以比较不同品种或品系配合力的大小，但不同性状无法比较。配合力的相对效应值，既可比较不同品种或品系配合力的大小，也可比较不同性状间配合力的大小。

4.9.3　配合力的遗传效应与选择

1. 普通配合力的遗传效应与选择

普通配合力遗传效应是基因的加性效应，加性基因在表现型上的特点是基因的累加作用。普通配合力高的性状，反映了亲本品种基因加性效应人；F_1代的平均值与双亲半均值有着密切关系，同时也表示亲本品种遗传传递力较强。普通配合力在杂种优势利用上可以作为预测一代杂交种性状表现的重要指标之一。

对加性基因作用类型的选择，根据普通配合力的测定，选择普通配合力高的品种或品系作杂交种的亲本，这样比较容易获得优良的一代杂交种。在杂交育种中，普通配合力高的性状，通过选择容易奏效，亲本优良性状也容易在后代固定，应根据表型值选择优良的品种和优良的个体作杂交亲本。

2. 特殊配合力的遗传效应与选择

特殊配合力主要来自基因的非加性效应，其中包括显性效应、超显性效应、上位效应等其他遗传效应。基因的非加性效应是不能固定的。对主要受非加性基因控制的性状，也就是以特殊配合力为主的性状的改进，主要是通过杂交，充分发挥杂种优势。

特殊配合力如果是受显性基因作用，个体选择对改进某些性状是有效的。特殊配合力若以超显性为主时，超显性作用强调基因杂合性的重要性，凡是杂合体的遗传效应比任何纯合体均优，所以超显性为主的特殊配合力的选择效果不大。以上位效应为主的特殊配合力，根据个体选择来改进品种某一性状，其效果也是不明显的。超显性作用和上位作用为主的特殊配合力，以选择能够产生明显杂种优势的杂交组合为宜。

凡是普通配合力大、特殊配合力小的性状，主要是选择表型值高的品种和个体作杂交亲本，也可以从亲本预测 F_1 代性状的表现。普通配合力和特殊配合力并重的性状，既要根据亲本表型值来选择，也要根据 F_1 代实际表现来选择。对于特殊配合力大、普通配合力小的性状，则要侧重于根据杂交组合 F_1 代生产能力表现来评定与选择。

无论普通配合力还是特殊配合力，其数值都是相对的，是指测验品种范围相对的大小，而且配合力的大小因环境条件不同也有所不同。杂交组合的配制、杂交育种亲本的选择都注意和应用配合力测验，两者就方法而言都是采用杂交方式，但两者机理和目的不同。杂交育种是利用基因重组产生的两类遗传效果：一是产生各种不同特征特性新组合；二是由于不同基因的相互作用产生亲本所不具有的新的特征特性，从而能够选育出综合双亲优点或双亲所不具备的新特点的优良品种。而配制杂交组合主要是利用杂种优势。

应用于杂交种与杂种优势利用两个方面，可通过预测进行理论上的指导。配制杂交组合，旨在利用一代杂交种，根据 F_1 代实际生产能力评定杂交组合的优劣，应该说是准确、可靠的，但仅靠直接测定一代杂交种生产性能所能提供的遗传信息是有限的。为了发现一个优良的杂交组合，往往需要做大量杂交组合试验，比如 10 个品种和另外 10 个品种相互杂交，就有 100 个杂交组合，再有正反交、重复区，工作量很大，若供试品种更多，常常难于付诸实施，而通过配合力测验不但提供更多遗传信息，而且可以大大节省劳力与时间。在配制一代杂交种组合时，要特别注意配合力这一遗传参数及双亲的遗传差异，同时也要注意杂种优势各种度量方法所提供的信息以及遗传力。已有学者开展了杂种一代数量性状预测模型的研究，利用已经建立起来的预测模型，综合各种信息才能较有预见性地确立优良的一代杂交种组合方式，最大限度地利用杂种优势。

柞蚕的常规育种是一个一个地选育新品种，到育种后期品种性状基本稳定时，再通过配合力的测定，为新品种寻找对交品种，配制一代杂交种投入生产。这种方法有时因选择不到适当的对交品种而延缓甚至无法用于生产。目前，柞蚕育种在选育新品种时已开始考虑将来杂种优势利用问题，这必然涉及配合力的早期预测和配合力遗传问题。家蚕育种实践经验表明，选育的 2 个品种的亲本如果配合力优良时，则品种育成时，2 个新品种的一代杂交种的杂种优势也比较显著。一些育种工作者常把现行生产用种对交的 2 个品种，分别作为拟选育的 2 个品种亲本之一，从配合力观点来看是有道理的。育种工作者希望能够正确地选择亲本和尽早地辨别杂交组合的优劣，淘汰不良组合，集中力量选育有希望的材料，从而快速选育出新品种。随着配合力遗传效应和配合力遗传研究的深化，柞蚕杂种优势利用和杂交育种工作效率将不断提高。

4.9.4 配合力测定方法

现以不完全双列杂交法(incomplete diallel cross)估计配合力为例说明配合力的测定方法。

Yates F(1947)提出双列杂交配合力分析方法，近年来，在家蚕中也运用双列杂交法测定杂交亲本的配合力并进行遗传育种应用基础理论研究。

双列杂交可分为若干个品种或品系相互杂交的完全双列杂交和不完全双列杂交，即两组亲本之间相互杂交，只作正交(或反交)一种。双列杂交法小仅能估计亲本间的配合力，也能为杂种优势和杂交育种提供一些遗传参数。本节只论述蚕业育种中常用的不完全双列杂交分析法。

不完全双列杂交是指两套亲本两两互相杂交（不包括反交）。由于家蚕伴性遗传、母性影响等原因，在正交和反交之间往往差异较大，最好在进行正交的不完全双列杂交测验的同时也进行反交的不完全双列杂交测验为好。

1. 不完全双列杂交试验设计

采用不完全双列杂交时，把亲本分为 2 组，让一组亲本具有某一种共性；另一组亲本具有其他的共性（如一组亲本为茧丝品种优良；另一组亲本为体质强健），试验设计和统计分析方法如下：

设母本品种有 C_1、C_2、C_3 三个品种，父本品种有 J_1、J_2、J_3、J_4 四个品种，异系统相互杂交，其杂交组合共有 12 种（表 4.9-3）。

表 4.9-3　杂交组合模式

♀ \ ♂	J_1	J_2	J_3	J_4
C_1	C_1J_1	C_1J_2	C_1J_3	C_1J_4
C_2	C_2J_1	C_2J_2	C_2J_3	C_2J_4
C_3	C_3J_1	C_3J_2	C_3J_3	C_3J_4

母本品种数 $P_1 = a = 3$，父本品种数 $P_2 = b = 4$，则杂交组合数 $d = ab = 12$，每一种杂交组合重复 K 次（$K = 3$），每一重复区为一小区，共有小区数为 $dk = 12 \times 3 = 36$ 小区，每小区随机抽样 1 个样本，调查生产能力数量值，以小区平均值为计算单位，采用随机区组试验设计。

2. 杂交组合间方差分析

采用随机区组试验结果的分析方法。方法可参照"田间试验和统计方法"中的"随机区组试验结果的分析示例"——单因素试验结果统计分析。

不完全双列杂交随机区组设计试验的变异来源，可划分为不同杂交组合间[简称(1)组合间]、同一杂交组合不同重复区间[简称(2)区间]和(3)试验误差所造成的变异，这 3 部分变异构成不完全双列杂交随机区组设计试验的总方差。通过方差分析，查明杂交组合间方差是否存在着显著差异。若不同杂交组合间方差确实存在着显著的差异，则说明不同品种间在配合力上，也就是不同杂交组合基因效应存在着显著差异，于是配合力分析才有意义；反之，若总方差主要是试验误差所致，也就是不同杂交组合间方差不存在显著差异，说明不同品种间杂交组合配合力大小差异不明显，这样也就没有必要进行配合力的比较分析。不完全双列杂交随机区组设计方差分析如表 4.9-4。

表 4. 9-4　方差分析表

变异来源	自由度（DF）	平方和（SS）	方差（MS）	方差期望值	F
组合间	$d-1$	SS_d	$S_d{}^2$	$\delta_e{}^2+k\delta_d{}^2$	$S_d{}^2/S_e{}^2$
区组间	$k-1$	SS_k	$S_k{}^2$	$\delta_e{}^2+d\delta_k{}^2$	$S_k{}^2/S_e{}^2$
试验误差	$(d-1)(k-1)$	SS_e	$S_e{}^2$	$\delta_e{}^2$	
总计	$dk-1$	SS_r			

为了进行上表的统计计算，必须把试验数据按照下表进行整理归类。表中，X_{ij} 是每一小区平均值，根据 X_{ij} 各数值计算出每一杂交组合（$T_{i.}$）及该组合平均值（$X_{i.}$），每一区组总和（$T_{.j}$）及该区组平均值（$\overline{X}_{.j}$），以及总平均值（$\overline{X}_{..}$）和全部杂交组合所有区组的总和（$T_{..}$）。

随机区组设计方差分析资料，如表 4.9-5。

表 4. 9-5　方差分析资料表

区组 \ 组合	I	II	III	组合总和 $T_{i.}$	组合平均 $X_{i.}$
1 $C_1\times J_1$	X_{11}	X_{12}	X_{13}	$T_{1.}$	$\overline{X}_{1.}$
2 $C_1\times J_2$	X_{21}	X_{22}	X_{23}	$T_{2.}$	$\overline{X}_{2.}$
3 $C_1\times J_3$	X_{31}	X_{32}	X_{33}	$T_{3.}$	$\overline{X}_{3.}$
4 $C_1\times J_4$	…	…	…	…	…
5 $C_2\times J_1$					
6 $C_2\times J_2$					
7 $C_2\times J_3$					
8 $C_2\times J_4$					
9 $C_3\times J_1$					

区组 组合	I	II	III	组合总和 $T_{i.}$	组合平均 $X_{i.}$
10 $C_3 \times J_2$					
11 $C_3 \times J_3$	$X_{11.1}$	$X_{11.2}$	$X_{11.3}$	$T_{11.}$	$\overline{X}_{11.}$
12 $C_3 \times J_4$	$X_{12.1}$	$X_{12.2}$	$X_{12.3}$	$T_{12.}$	$\overline{X}_{12.}$
区组总和 $T_{.j}$	$T_{.1}$	$T_{.2}$	$T_{.3}$	总和 $T_{..}$	
区组平均 $\overline{X}_{.j}$	$\overline{X}_{.1}$	$\overline{X}_{.2}$	$\overline{X}_{.3}$		总平均 $\overline{X}_{..}$

将表中的统计值代入以下公式进行计算：

总变异平方和

$$SS_t = \sum (X_{ij} - X_{..})^2 = \sum X^2 - C \qquad (4.9\text{-}8)$$

组合间平方和

$$SS_d = K \sum (\overline{X}_{i.} - \overline{X}_{..})^2 = \frac{\sum T_{i.}^2}{K} - C \qquad (4.9\text{-}9)$$

区组间平方和

$$SS_k = d \sum (\overline{X}_{.j} - \overline{X}_{..})^2 = \frac{\sum T_{.j}^2}{d} - C \qquad (4.9\text{-}10)$$

试验误差

$$SS_e = SS_t - SS_d - SS_k \qquad (4.9\text{-}11)$$

$$C = \frac{\left(\sum X\right)^2}{kd} = \frac{T^2}{kd} \qquad (4.9\text{-}12)$$

式中，

$$\sum T_{i.}^2 = T_{1.}^2 + T_{2.}^2 + T_{3.}^2 + \cdots + T_{12.}^2 \qquad (4.9\text{-}13)$$

$$\sum T_{.j}^2 = T_{.1}^2 + T_{.2}^2 + T_{.3}^2 \qquad (4.9\text{-}14)$$

求出平方和后，再计算方差：

杂交组合间方差　$S_d^2 = \dfrac{SS_d}{(d-1)}$ $\qquad (4.9\text{-}15)$

区组间方差　$S_k^2 = \dfrac{SS_k}{(k-1)}$ $\qquad (4.9\text{-}16)$

机误方差　$S_e^2 = \dfrac{SS_e}{(d-1)(k-1)}$ $\qquad (4.9\text{-}17)$

由于试验目的是比较供试亲本的配合力或选择最优的杂交组合方式，试验结论只涉及试验材料本身，也就是要测定不同亲本间普通配合力效应值及 2 个亲本杂交组合特殊配合力效应值的显著性，各亲本及各杂交组合在试验群体中的效应值是相对恒定的，所以 F 测验采用固定模型。

3. 配合力方差分析

以上经 F 测验，不同杂交组合间方差显著时，可进行配合力方差分析。不同杂交组合间的变异(方差)主要来自于杂交双亲的普通配合力方差和不同品种杂交组合的特殊配合力方差，配合力方差分析目的是测验不同品种间的普通配合力及不同杂交组合的特殊配合力是否存在着显著差异。为了进行配合力方差分析，首先要按表 4.9-6 进行资料整理，将试验数据整理成亲本 P_1、P_2 二向分类资料。

表 4.9-6　二向分类资料表

P₂(j) ＼ P₁(i)	(1)J₁	(2)J₂	(3)J₃	(4)J₄	Tᵢ.
(1)C₁	C₁J₁	C₁J₂	C₁J₃	C₁J₄	T₁.
(2)C₂	C₂J₁	C₂J₂	C₂J₃	C₂J₄	T₂.
(3)C₃	C₃J₁	C₃J₂	C₃J₃	C₃J₄	T₃.
T.ⱼ	T.₁	T.₂	T.₃	T.₄	T..

表中，
$$T_{i.} = \sum_{i=1}^{4} X_{ij} \tag{4.9-18}$$
$$T_{.j} = \sum_{j=1}^{3} X_{ij} \tag{4.9-19}$$

$T_{i.}$、$T_{.j}$ 分别是以 C_i 为母本或以 J_j 为父本的所有杂交组合的总和，$T_{..}$ 为所有杂交组合的总和。

根据上表统计资料，按表 4.9-7 进行配合力方差分析。

表 4.9-7　配合力方差分析

变异来源	自由度(DF)	平方和(SS)	方差(MS)	方差期望值
母本 $P_1(g_i)$	$a-1$	SS_{P1}	S_{P1}^2	$\delta_e^2 + kb\delta_1^2$
父本 $P_2(g_j)$	$b-1$	SS_{P2}	S_{P2}^2	$\delta_e^2 + ka\delta_2^2$
$P_1P_2(S_{ij})$	$(a-1)(b-1)$	SS_{P12}	S_{P12}^2	$\delta_e^2 + k\delta_{12}^2$
试验误差	$(k-1)(ab-1)$	SS_e	S_e^2	δ_e^2

计算公式如下：

$$SS_{P_1} = \frac{1}{bk} \sum_{i=1}^{a} T_{i.}^2 - C \qquad (4.9\text{-}20)$$

$$SS_{P_2} = \frac{1}{ak} \sum_{j=1}^{b} T_{.j}^2 - C \qquad (4.9\text{-}21)$$

$$SS_{P_{12}} = SS_d - SS_{P_1} - SS_{P_2} \qquad (4.9\text{-}22)$$

$$C = \frac{\left(\sum X\right)^2}{abk} \qquad (4.9\text{-}23)$$

根据亲本 P_1、P_2 分类资料，得：

$$SS_{P_1} = \frac{T_{1.}^2 + T_{2.}^2 + T_{3.}^2}{4 \times 3} - C \qquad (4.9\text{-}24)$$

$$SS_{P_2} = \frac{T_{.1}^2 + T_{.2}^2 + T_{.3}^2 + T_{.4}^2}{3 \times 3} - C \qquad (4.9\text{-}25)$$

$$S_{P_1}^2 = \frac{SS_{P_1}}{(a-1)} \qquad (4.9\text{-}26)$$

$$S_{P_2}^2 = \frac{SS_{P_2}}{(b-1)} \qquad (4.9\text{-}27)$$

$$S_{P_{12}}^2 = \frac{SS_{P_{12}}}{(a-1)(b-1)} \qquad (4.9\text{-}28)$$

杂交组合方差分析显著性检测，固定模型可用 $S_{P_1}^2$、$S_{P_2}^2$、$S_{P_{12}}^2$ 与 S_e^2 的比值计算 F 值。S_e^2 见随机区组方差分析表。

4. 配合力效应值及相对效应值的估算

计算方法是一样的，只是多了一步统计分析。

根据前面"随机区组设计方差分析资料"，按本章开头公式计算各杂交亲本的普通配合力和各杂交亲本的特殊配合力。

5. 群体遗传方差分析

选育新品种时加性方差非常重要，而杂种优势利用则特别重视非加性方差，因此对配合力的基因型方差分析具有十分重要的意义。

(1)普通配合力基因型方差的估计

$$\sigma_{P_1}^2(P_1\ 亲本) = \frac{1}{kb}(S_{P_1}^2 - S_{P_{12}}^2) \qquad (4.9\text{-}29)$$

$$\sigma_{P_2}^2(P_2\ 亲本) = \frac{1}{ka}(S_{P_2}^2 - S_{P_{12}}^2) \qquad (4.9\text{-}30)$$

（2）特殊配合力基因型方差的估计

$$\hat{\sigma}_e^2 = S_e^2 \qquad (4.9\text{-}31)$$

$$\hat{\sigma}_{P_{12}} = \frac{1}{K}(S_{P_{12}}^2 - S_e^2) \qquad (4.9\text{-}32)$$

（3）总基因型方差的估计

$$\hat{\sigma}_G^2 = \hat{\sigma}_{P_1}^2 + \hat{\sigma}_{P_2}^2 + \hat{\sigma}_{P_{12}}^2 \qquad (4.9\text{-}33)$$

4.9.5　蚕业科学常用的配合力测定方法

蚕业科学研究常用的配合力测定方法包括顶交测验法和品种（或品系）间相互杂交测验法。现行家蚕品种绝大多数是通过杂交选育而成的。由杂交育种所育成的杂交固定种，实际上是在一定频率上保持平衡的多种基因型的混合群体，在主要经济性状上相对一致。在进行配合力测定时，每一品种用于饲养的蚁蚕尽可能来自全部蛾区，这样可以增加结果的可靠性。

1. 顶交测验法

顶交测验（top cross test）是由一个测试种与几个不同的被测种进行单杂交，以杂交种的生产性能作指标，通过对杂交种生产性能的相互比较来估测不同被测种的配合力。顶交测验法只能测验普通配合力。

例如，为了预测 A，B，C，D，E 5 个品种的普通配合力，首先选取一个共同的测试种 M，然后用测试种分别与被测种进行单杂交，即 M×A，M×B，M×C，M×D，M×E，将这些单杂交组合在同一环境条件、同一饲养技术进行饲养，通过比较各单杂交的平均产量，估测各被测品种普通配合力的相对大小。优良的杂交组合则表示那个与测试品种杂交的品种在测试品种范围内，普通配合力好；反之，低产杂交组合则表示该品种的普通配合力差。

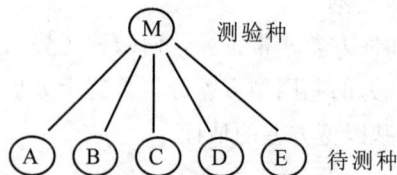

图 4.9-1　顶交测验模式

用顶交法测定普通配合力，因所用的测试种不同，测得的普通配合力往往有差异。测试种应选异系的具有优良普通配合力的现行品种，如家蚕方面，日系被测种选用中系测试种；中系被测种选用日系测试种，这样既有代表性，又可避免因同系统血缘关系近而导致普通配合力降低的缺点。

蚕品种间相互杂交又因母体影响、伴性遗传等，正反交的普通配合力往往有所不同，所以应取正反交的平均值进行比较。同时，配合力的高低是对许多品种、品系群体范围而言的，因而也是相对的。当组成该群体的品种、品系变更时，品种、品系普通配合力高低顺序可能发生变化。

顶交测验法测定普通配合力，可以从大量的原始材料中，以较小的试验规模，迅速找出普通配合力优良的品种。用顶交方法测定普通配合力，在玉米自交系间结果相当可靠，但用于家蚕方面其结果并不十分可靠，柞蚕利用顶交测验法测定配合力还未见报道。因此，品种、品系不太多的情况下，以采用品种（或品系）间相互杂交方法为宜；当品种、品系数量过多时，可以先进行顶交测验，选出一些普通配合力优良的品种（或品系），再进一步用相互杂交法找出最优良的杂交组合。这样，工作既简便又能获得较理想的效果。

将各个待测种（预测种）的雌雄分别与 2 个共同测验种（试测种）的雄雌杂交（双测交法），制成各个待测种的正反交组合，然后在相同的条件下比较，高产的组合表示有较好的普通配合力。

即在顶交测验法中包括正交和反交。

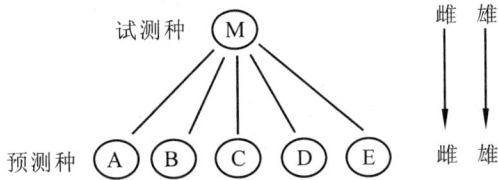

图 4.9-2 顶交测验

2. 品种间相互杂交测定法

品种间相互杂交测定法是许多被测定的品种相互进行单杂交（包括正反交），通过鉴定 F_1 代成绩来测定普通配合力和特殊配合力的测定方法。从中可以看到普通配合力高的品种，配制一代杂交种大多表现优良，如果以 F_1 代实测值为特殊配合力，则普通配合力和特殊配合力有很大的一致性。家蚕上多采用中系、日系品种间相互杂交。

3. 双列杂交配合力的简便估算

采用上述方法估算配合力，其运算过程比较复杂，有时为了迅速粗略地了解供试材料的普通配合力和特殊配合力,可采用杨允奎(1965)提出的配合力简便估算法,其结果与上述方法基本一致。

(1)普通配合力效应的简便估算法

在估算一个品种某性状的普通配合力效应值时,即用这个品种与其他若干品种配制的杂交组合所得到的该性状的平均值,与整个试验所有杂交组合该性状的公共均值相比较,以其差示之。

(2)特殊配合力效应的简便估算法

测定一个杂交组合产量的特殊配合力效应,应该用这个组合的某性状的平均数,与父本和母本所涉及的杂交组合该性状平均数的差值表示。

组合青6号×多丝3号的产量平均数为361.75,其母本品种青6号所涉及的组合产量均数为:

$$\frac{361.75+487.73+\cdots+277.06}{5}=\frac{1\,783.80}{5}=356.76$$

$$(4.9\text{-}34)$$

同样其父本多丝3号所涉及的组合产量均数为:

$$\frac{2\,152.71}{5}=430.54 \tag{4.9-35}$$

那么青6号×多丝3号组合特殊配合力效应值为:

$$\frac{1}{2}\times[(361.75-356.76)+(361.75-430.54)]=-31.90$$

$$(4.9\text{-}36)$$

利用简易法测定的特殊配合力效应值与上述方法的结果不甚一致,但与组合的实际值相比较,其规律性较为一致。

4.10 柞蚕品种选育中的性状鉴定

育种工作要按照育种目标要求,对被选择材料的特征特性及经济学性状进行鉴定,依据鉴定结果进行选择培育。柞蚕的生物学性状及经济学性状,有的可以直接进行鉴定,有的则无法直接鉴定,需要根据性状之间的相关性进行间接鉴定和选择。直接鉴定及选择可靠性大,选择效果好;间接鉴定及选择的可靠性小,准确性低。柞蚕育种工作需要在卵、幼虫、蛹(茧)、成虫4个变态阶段进行鉴定和选择,各虫态需要鉴定的项目较多,有的性状鉴定靠感官鉴定即可完成,如幼虫体色、发育是否整齐、幼虫发病情况等；有的性状需要进行计量。因此，育种中对各性状应进行仔细观察、调查及计量，以便获得客观可靠的性状信息，为选择奠定基础。

4.10.1　柞蚕 4 个变态阶段的性状鉴定

1. 卵期性状鉴定

柞蚕卵期需要鉴定和选择的性状主要有：产卵量、卵形、卵的整齐度、卵色、孵化率等性状。在育种实践中，往往重视产卵量和孵化率等性状的选择，在普通孵化率高的基础上，选择实用孵化率也高的蛾区继代选育，能够收到卵期生命力强、孵化整齐的效果。卵期需要鉴定的主要性状：

(1)单蛾产卵数(量)　中批羽化的雌蛾经交配、拆对，产卵 48 h 后调查 20 头雌蛾的单蛾平均产卵粒数(粒)或重量(g)。

(2)造卵数　调查 20 头雌蛾，在常规条件下，产卵 48 h 后，产出卵数与遗腹成熟卵数之和的单蛾平均值。

(3)产出卵率　产出卵粒数占雌蛾造卵总粒数的百分率。

(4)克卵粒数　在 20 ℃、相对湿度 75%～85% 条件下，产卵 72 h 后平均 1 g 卵的粒数。

(5)克蚁蚕头数　孵化 3～5 h 内，1 g 蚁蚕的蚕头数。3 次重复后的平均值取整数。

(6)普通孵化率　5 天内总孵化卵粒数占受精卵总粒数的百分率。

(7)实用孵化率　2 天内孵化卵粒数占受精卵总粒数的百分率。

(8)不受精卵率　不受精卵粒数占总产卵数的百分率。

2. 幼虫期性状鉴定

幼虫期性状鉴定又称蚕期性状鉴定，是柞蚕育种中 4 个变态阶段性状鉴定与选择最重要时期。蚕期鉴定的主要项目有幼虫体色、大蚕气门线色泽、体态、眠性、食性、生长发育及营茧整齐度、龄期经过、发育有效积温、病弱蚕种类及数量、抗逆性、抗病性、发病率、幼虫生命率及收蚁结茧率等。

幼虫期间主要鉴定性状：

(1)茧重转化率　柞蚕的全茧量占幼虫全龄总食下量鲜量的百分率。

(2)茧层生产率　柞蚕茧的茧层量占幼虫全龄总食下量鲜量的百分率。

(3)幼虫生命率 健康蚕头数占实际放养蚕总头数的百分率,即总收茧粒数占总收茧粒数与病弱蚕头数之和的百分率。

(4)收蚁结茧率 总收茧粒数占总收蚁蚕头数的百分率。

3. 蛹茧期性状鉴定

蛹茧期性状是柞蚕育种选择尤其是茧质性状选择的重要时期,主要有蛹期生命力及茧丝质等性状。蛹茧期主要鉴定性状及计算公式:

(1)蛹期生命力 蛹期生命力主要鉴定项目为死笼茧率,一般结合茧质调查同时进行。死蚕、死蛹、畸形蛹、半蜕皮蛹等计入死笼茧。僵病蛹、伤蛹、寄生蝇寄生蛹等不计入死笼茧。

①虫蛹统一生命率 活蛹茧粒数占实际放养蚕头数的百分率。

$$虫蛹统一生命率=幼虫生命率×(1-死笼率)×100\% \quad (4.10\text{-}1)$$

②死笼率 死笼茧数占总收茧数的百分率。

$$死笼茧率=\frac{死笼茧粒数}{总茧粒数}×100\% \quad (4.10\text{-}2)$$

(2)茧质性状 茧质性状鉴定项目主要有茧色、茧形、茧层松紧与缩皱、茧层均匀程度、茧的整齐度、全茧量、茧层量、茧层率、解舒率、茧丝长、生丝公量、茧丝纤度等。

① 全茧量 化蛹 7 天后取雌雄茧各 10 粒调查平均每粒茧的重量。

② 茧层量 化蛹 7 天后取雌雄茧各 10 粒调查平均每粒茧壳的重量。

③ 茧层率 茧层量占全茧量的百分率。

$$茧层率=\frac{茧层量}{全茧量}×100\% \quad (4.10\text{-}3)$$

④ 千粒茧重 化蛹 7 天后随机取 1 000 粒茧后称取总重量,或者取雌雄茧各 10 粒调查平均每粒茧的重量,再换算成千粒茧重量。注意二者数据之间的异同。

⑤ 茧丝长 每粒茧的有效茧丝长度,用供试茧的茧丝总长除以供试茧粒数求得平均值。供试茧粒数应不少于 100 粒。单位为 m。

⑥ 解舒丝长 每粒茧添绪 1 次所能缫取的平均茧丝长。单位用"m/粒"表示。

$$解舒丝长=\frac{茧丝长}{供试茧粒数+落绪茧粒数}×100 \quad (4.10\text{-}4)$$

⑦ 解舒率　解舒丝长占茧丝长的百分率。

$$解舒率 = \frac{解舒丝长}{茧丝长} \times 100\% \tag{4.10-5}$$

⑧ 茧丝纤度　茧丝的粗细程度，以一定长度的丝量表示，单位为 (D 或 dtex)。

但尼尔(Denier)，简称"但"或以"d"表示，即标准丝长 450 m 重 0.05 g 时，为一个但尼尔，属恒长制。如果标准丝长 450 m 保持不变，重量愈重就表示纤度愈粗，其横断面积也愈大。

测定茧丝纤度的方法有 2 种：一是以检尺器单粒摇取丝长(即一粒缫)，每次摇 400 回，检尺器周长 1.125 m，400 回即 450 m，这样摇取的绞丝用但尼尔称或扭力天平称重，用下式求出纤度：

$$d 数 = \frac{W(g)}{0.05(g)} \times \frac{450(m)}{L(m)} 数$$
$$= \frac{W(g)}{0.05(g)} \times \frac{400(回)}{L(回)} \tag{4.10-6}$$

特克斯(tex)简称"特"(t)，指标准丝长 1 000 m 的重量克数即为特克斯数，属恒长制。特克斯数愈大表示纤度愈粗。

根据茧丝长度不同，受验茧按每 100 回为一绞丝，各绞丝分别用天平精确称重，每 1 000 m 重 1 g 为 1 tex，换算成分特，1 分特(dtex) = 1/10 tex。

$$t 数 = \frac{丝量(g)}{丝长(m)} \times 1\ 000 \tag{4.10-7}$$

⑨ 鲜茧出丝率　供试茧缫取生丝的总重量占供试鲜茧总重量的百分率。

4. 蛾期鉴定

柞蚕育种中，蛾期鉴定的性状主要有蛾的体色、体态、蛾翅色泽、腹形、产卵性能、交配性能、羽化率、蛾生存时间等。

$$羽化率 = \frac{羽化蛾数}{种茧粒数 - 未羽化粒数} \times 100\% \tag{4.10-8}$$

4.10.2　品种的抗性鉴定

柞蚕育种工作中除了根据育种目标对 4 个虫态进行选择外，还需要进行品种的抗性鉴定，抗性鉴定包括抗病性鉴定和抗逆性鉴定。抗病性鉴定主要是采用人工接种病原物，如柞蚕 NPV、柞蚕链球菌等，根据其发病情况调查进行鉴定。鉴定评价的主要指标有死亡率、半致死剂量（LD_{50}）和半致死浓度（LC_{50}）等。抗逆性鉴定包括抗高温、抗低温、抗干旱等鉴定，需要设定一定的高低温环境进行比较鉴定。

此外，比较不同品种在自然条件下饲育过程中的发病情况、产量情况、单位面积或单位卵量的收茧量等，也可进行初步的品种抗性评价。

4.10.3 品种比较试验

品种比较试验是对柞蚕新品种及杂交种进行丰产性、稳产性和适应性的评价，为品种审定和应用提供依据。

1. 实验室品种比较试验

当选育的新品种各项性状基本稳定后，要进行实验室品种比较试验，同时进行杂交试验，鉴定品种的配合力，为组配优良杂交组合奠定基础。

实验室品种比较试验，一般采用单蛾卵量分区饲育，饲育蛾区 20 个左右，以当地主要应用品种为对照，并以相似类型的品种作第 2 对照。

杂交组合比较试验因柞蚕杂交组合正反交均用于生产，应以正反交平均值作为该杂交种的表现型值评价。秋季可以采用卵量混合饲育，每 3～4 g 为一个饲育区，5～6 个重复，对照种饲育方式、数量与试验种相同。

2. 农村多点生产比较试验

新品种经过实验室比较试验鉴定后，还需要进行农村多点生产比较试验，考察其丰产性、稳定性、适应性，并确定新品种的适宜及推广区域。

农村多点生产比较试验一般要进行 3 年以上。试验点的选择要有代表性，既考虑气象因素，也要考虑柞蚕场生态条件、树种等因素。采用生物统计分析方法客观反映品种的生产性能及稳定性。

4.11 分子标记辅助育种研究

生物技术的不断发展，使从基因水平上进行物种改良成为可能。不同生物的分子标记辅助育种（molecular marker-assisted breeding）研究成果也为柞蚕育种提供了新的思路。

4.11.1 柞蚕的分子系统学研究

利用分子标记技术进行种质资源的分子系统学研究已在动植物中得

到广泛应用。在泌丝昆虫方面，翁宏飚、夏庆友、刘春宇等研究均表明，随机扩增片度长度多态性(random amplified polymorphismic DNA，RAPD)标记适于家蚕品种分类及系统学研究。余红仕等利用 RAPD 技术进行野生桑蚕和家蚕的分子系统学研究时，将 4 个柞蚕品种作为外群对照进行了分析，表明柞蚕品种间 DNA 多态性较低，同时品种间的遗传差异较小，遗传距离为 0.142～0.180。刘彦群等(2003)利用 RAPD 技术，以 3 个家蚕品种(大造、C108、7532)为对照，对 4 个有代表性的柞蚕品种(河 41、四青、青黄 1 号、杏黄)的 DNA 多态性进行了分析，结果发现柞蚕品种内个体间的多态性为 45.8%～49.4%，家蚕品种内个体间的多态性仅为 9.09%～19.7%；柞蚕品种内个体间的遗传距离为 0.133～0.238，家蚕品种内个体间的遗传距离为 0.008～0.081；柞蚕不同品种的个体间的遗传距离为 0.215～0.382，家蚕的为 0.206～0.356。对 68 个柞蚕品种间的遗传差异分析表明，68 个柞蚕品种间的遗传距离为 0.120～0.324，主要集中在 0.200～0.300 之间，占总品种数的 80.97%；有 18.09% 的品种对的遗传距离小于 0.200，遗传距离大于 0.300 的品种对仅占 0.94%。说明柞蚕品种资源之间的遗传距离较小，相似性程度较高，亲缘关系较近。宋宪军、秦利等(2004)对 8 个柞蚕生产用品种的 RAPD 分析表明，柞蚕品种按来源的不同而聚集在一起，山东方山蚕种场保育的 5 个品种胶蓝、烟 6、青黄、方山黄 1 号、789 聚在一起，来自沈阳的品种青 6 号、选大 1 号、黄蚕聚在一起，没有按体色聚类。

李敏、秦利等(2007)利用(inter-simple sequence repeats，ISSR)及 RAPD 技术对 66 份柞蚕品种资源进行了遗传多样性研究，筛选出的 11 个 ISSR 引物共扩增出 118 条带，其中多态性条带为 107 条，多态性比率为 90.67%，遗传相似性系数范围在 0.390～0.805 之间，遗传相似性系数平均数为 0.660。根据 ISSR 标记的结果，采用 UPGMA 聚类分析方法，将供试材料分为 4 大类群。从 30 个 RAPD 引物中筛选出 11 个多态性好的引物进行 PCR 扩增分析，11 个 RAPD 引物扩增的 DNA 条带数分别在 10～14 条之间，共扩增出清晰、稳定性好的多态性条带 124 条，平均每个引物扩增带数为 11.27 条，分子量 100～2 000 bp，PPB 为 87.09%，RAPD 方法标记的 66 份供试材料的遗传相似性系数范围在 0.456～0.831，遗传相似性系数平均为 0.663。研究结果再一次表明，柞蚕品种的聚类与体色并没有相关性。比较利用 ISSR 标记与

RAPD标记得到的66份供试材料之间的遗传相似性系数,发现2种标记检测出的遗传相似性系数虽然大小不尽相同,但是总的趋势基本相似(附图1、附图2)。

4.11.2 DNA指纹技术在柞蚕杂种优势机理研究上的应用

杂种优势利用是挖掘种质资源潜力和深层次利用种质资源的重要手段。利用DNA指纹技术从基因角度探讨杂种优势产生机理,为有效利用杂种优势提供了可能,目前已在玉米、水稻、小麦及大豆等农作物上进行了研究。无论显性学说还是超显性学说,都基于杂种优势来源于亲本有利基因的杂合性,利用共显性标记(如RFLP)有可能检测出产生杂种优势所必需的杂合性染色体区域,在此基础上,将这些染色体区域导入相应的亲本品系,并运用分子标记来监测导入过程,获得杂种优势更强的杂交组合。由于在某种程度上,两亲本品系中具有与杂种优势有关的DNA的纯合度越高,其F_1代杂种优势就可能越大,因此,可以根据各品系在这些可能与杂种优势有关的DNA区域上的多态性,构建杂种优势群,指导杂交组合的选配与预测。我们从选大1号和沈黄1号杂交后代卵中提取DNA经30种随机引物扩增后,选取11种多态性丰富的用来对所有目的模板进行扩增。结果出现以下几种类型:①有的引物只对母本特异,对F_1代及父本不特异,此种引物可进一步筛选作为母本的特异标记;②有的引物对父本、母本及F_1代均扩增出相同的条带,此种引物对该杂交组合鉴定无意义;③有的引物对父本有特异带,又在母本中有特异带,并且在F_1代(正反交)中都出现。采用ISSR技术在供试杂交亲本及F_1、F_2中共扩增出特异性的扩增位点(即非亲性扩增位点)4个,RAPD为5个,分别占总数的3.54%、6.76%(聂磊等,2005;李俊等,2007)。ISSR和RAPD引物中各有5条引物可以很好地区分亲本及F_1代,这为杂交种的分子鉴定提供了依据(表4.11-1,图4.11-1)。

表4.11-1 引物序列及ISSR扩增结果

引物	引物序列	退火温度	扩增带数	多态性带数	多态性带数/总带数
I1	$(GA)_6GG$	54℃	11	7	63.64%
I2	$(CA)_6AC$	50℃	12	5	41.67%
I3	$(CA)_6GT$	50℃	13	11	84.62%

续表

引物	引物序列	退火温度	扩增带数	多态性带数	多态性带数/总带数
I4	$(CA)_4GC$	60℃	17	15	88.24%
I5	$(CA)_6AG$	50℃	9	7	77.78%
I6	$(CA)_6GG$	52℃	16	8	50.00%
I7	$(AG)_8TA$	54℃	13	11	84.62%
I8	$(AG)_8TC$	54℃	9	4	44.44%
I9	$(GT)_6CC$	60℃	11	8	72.73%
共计			111	76	68.47%

9 个引物共扩增出 111 条清晰稳定的条带，扩增片段大小一般在 100~2 000bp 之间，每个引物扩增的位点从 9 到 17 不等，平均为 12.33，111 个扩增位点中有 76 个位点具有多态性，多态性位点比率 为 68.47%。

4.11.3 分子标记辅助育种研究

在常规育种中，选择的依据通常是表现型而非基因型，这是因为人 们无法直接知道个体的基因型，只能从表现型加以推断。即常规育种是 通过表现型间接对基因型进行选择的。这种选择方法对质量性状而言一 般是有效的，但对数量性状来说，则效率不高，因为数量性状的表现型 与基因型之间缺乏明确的对应关系。即使是质量性状，有的也可能会因 为表型测量难度较大或误差较大而造成表型选择的困难。另外，在个体 发育过程中，每一性状都有其特定的表现时期。许多重要的性状（如产 量和品质）都必须到发育后期或成熟时才得以表现，因而选择也只能等 到那时才能进行。由于传统的基于表型的选择方法存在许多缺点，效率 较低，要提高选择的效率，最理想的方法应是能够直接对基因型进行 选择。

分子标记辅助选择是利用分子标记对目标性状的基因型进行选择。 因为分子标记的基因型是可以识别的，如果目标基因与某个分子标记紧 密连锁，那么通过对分子标记基因型的检测，就能获知目标基因的基因 型。而且分子标记辅助选择不受环境及发育时期等的影响，也无性别的 限制，因而可在早期进行选择。

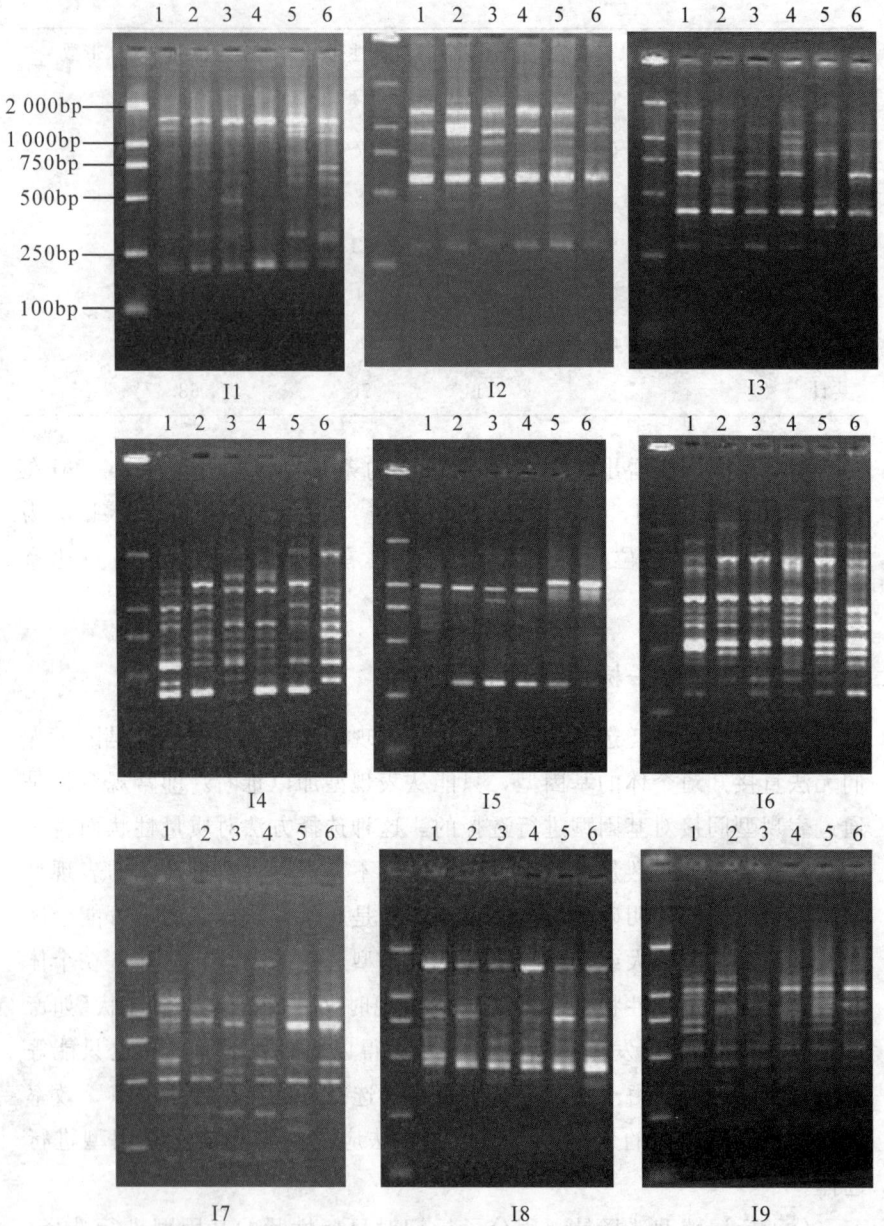

图 4.11-1　9 个引物对柞蚕亲本及 F1、F2 代的 ISSR 扩增结果

注：1. 选大 1 号　2. 沈黄 1 号　3. 选大 1 号×沈黄 1 号(F₁)　4. 沈黄 1 号×选大 1 号(F₁)
5. 选大 1 号×沈黄 1 号(F₂)　6. 沈黄 1 号×选大 1 号(F₂)

　　要进行分子标记辅助选择，必需筛选到与目的性状紧密连锁的分子标记，构建目标性状的分子遗传连锁图。分子标记辅助选择中所用的分子标记要求距离目标性状越近越好，并且操作简单、重复性好。在目前众多的分子标记中，简单重复序列多态性（simple sequence repeat，SSR）标记和序列标记位点（sequence tagged site，STS）作为重复性好、操作简单的分子标记被广泛应用。中国农业科学院蚕业研究所在筛选出与家蚕不感染浓核病基因 nsd-Z、耐氟基因 Def、无鳞毛基因 nlw 连锁的分子标记基础上，构建了与这些基因连锁的分子标记连锁图，并利用分子标记辅助选择技术进行了家蚕不感染 DNV-Z、家蚕不感染 DNV-Z 兼耐氟、家蚕不感染 DNV-Z 兼蛾翅无鳞毛等性状的分子标记辅助育种，取得了较好的效果。

　　家蚕遗传学研究证明家蚕第 2 隐性赤蚁相对于正常黑蚁是隐性遗传，由隐性基因 ch-2 控制（秦俭，1985；1988）。张蕊等（2010）采用第 2 隐性赤蚁（ch-2）品种 k04 交正常黑蚁品种 P50 后获得回交群体（k04×P50）×k04（BC_1F）和 k04×（k04×P50）（BC_1M），基于雌性家蚕的 W 与 Z 染色体不发生交换的特点，用已构建的家蚕 SSR 分子标记连锁图谱对 ch-2 基因进行定位和连锁分析，在第 18 连锁群上的 20 个多态性标记中共筛选出 7 个与 ch-2 基因连锁的 SSR 标记。根据第 18 连锁群上已有但不表现多态性的微卫星序列，寻找其所在 Scaffold 上的其他 SSR 位点并设计引物，找到 2 个新的多态性 SSR 标记。BC_1F 群体中的所有黑蚁个体均表现出与 F_1（k04×P50）相同的杂合型带型，而所有赤蚁个体带型与亲本 k04 一致，为纯合型，说明家蚕 ch-2 基因位于第 18 连锁群。利用另一群体 BC_1M 构建了 ch-2 基因的分子标记遗传连锁图，连锁图的遗传距离为 70.7 cm，ch-2 基因位于 69.6 cm 处。2 个与 ch-2 最近的 SSR 标记为 S1814 和 S1819，与 ch-2 的距离分别为 7.9 cm 和 1.1 cm。利用 BC_1M 中的正常黑蚁和赤蚁个体对 ch-2 进行 SSR 标记定位，构建了 ch-2 在家蚕 SSR 分子标记连锁图谱第 18 连锁群上的连锁图，与家蚕基因组数据库进行比对，S1814 标记位于家蚕基因组精细图 nscaf2902 的 1.526Mb 处，而 S1819 标记不能在基因组精细图中检索到同源序列，根据其他标记所处的物理图谱位点说明 S1819 标记可能位于已知的家蚕基因组精细图 nscaf2901 和 nscaf2902 之间的缝隙（gap）中或者位于已有的精细图序列外部（nscaf2901 外部）。该结果与第 2 隐性赤蚁 ch-2 所在的第 18 连锁群中已发现基因中的 ch-2(0.0) 的位置一致。目前柞蚕品种中有关基因的定位研究还没有相关报道，今后应加强这方面的研究工作，为柞蚕分子标记辅助育种奠定基础。

4.12 品种鉴定

品种鉴定(cultivar identification)是柞蚕育种工作的继续，是选育和推广优良品种的一个重要环节。品种鉴定的目的是将选育的或引进的新品种通过实验室和农村生产鉴定，正确、科学地评价新品种的生产性能和适应地区范围，从而加速新品种的推广进程，提高柞蚕茧的产量和质量，提高柞蚕业经济效益。

4.12.1 品种鉴定的任务

新育成或引进的品种，通过实验室及农村生产条件下与推广品种进行比较鉴定，以确定其生产性能、增产效果，了解和掌握其性状表现，作为新品种推广的依据。柞蚕品种的鉴定工作一般按以下 3 步程序进行，即实验室小区品种比较鉴定、农村生产鉴定和政府主管部门的品种审定。所有鉴定工作，都要在《种子法》规定原则的指导下进行。通常，前 2 步鉴定程序由育种单位组织完成，遇特殊情况或特殊内容，也有政府主管部门委托育种单位以外的组织和人员承担鉴定任务。品种审定，则必须由法定的省级以上政府农业主管部门，包括省级农作物品种审定委员会和国家农作物品种审定委员会组织完成。

1. 实验室小区品种鉴定

通常需要鉴定的项目有：品种纯度(通常以幼虫或成虫的典型形态学特征作为标记)、实用孵化率、幼虫龄期经过、收蚁结茧率、全茧量、茧层率、健蛹率、解舒率、出丝率、净度、茧丝纤度等。对特定育种目标，还应有相应的鉴定内容，例如对抗病品种，则需鉴定抗病力；对大型茧品种，需重点鉴定茧型等。

2. 农村生产鉴定

需要在农村大面积生产条件下，全面考察新品种的实际生产性能和地区适应性。应选择有代表性的养蚕乡(镇)、村和农户作为鉴定点。鉴定的项目通常有：孵化率、幼虫发育整齐度、发病死亡率、龄期经过、对饲料的适应性、千克卵收茧量、产值等。

品种审定的主要任务是受理符合既定条件的品种审定申请，组织专家对育种单位选育成功的柞蚕品种进行审查，审查技术文件并实地考察，了解新品种的主要经济性状与生产性能，召集品种审定委员会议，审议品种鉴定和考察结果，做出明确的审定结论，提出推广意见。对于通过审定的柞蚕品种颁发品种审定证书，获得审定证书的柞蚕新品种才可以合法进入推广计划。

4.12.2　品种鉴定的基本要求

品种鉴定的目的是获得能够反映新品种性状表现的可靠资料，因此品种鉴定必须符合以下基本要求。

1. 设置对照区与重复区

对照品种需选用当地大面积生产中所应用的当家品种。对具有特殊性状的新品种，还需设置有可比性的第 2 对照种。不论新品种试验区还是对照区，都需要设置符合统计规范的重复区。

2. 试验条件的一致性

品种鉴定的试验条件与放养技术应尽量与大面积生产一致，以尽可能减少环境条件和人为因素导致的试验误差。

3. 实行多点鉴定

设置适当多的鉴定点，可以正确地反映被鉴定品种的特征特性及适应范围品种。各鉴定点要统一技术操作规程，统一调查、记载、统计内容和方法，以便科学比较，做出结论。

柞蚕品种审定的主要项目应包括实用孵化率、虫蛹统一生命率、千粒茧重、茧层率、茧丝长、鲜茧出丝率、解舒率和茧丝纤度等通用标准。对于特殊柞蚕品种的审定，要依申报品种的特殊性状和用途，另定标准。

4.12.3　品种鉴定的方法和步骤

品种鉴定是在品种选育后期、品种性状基本定型后进行。对于纯种，需鉴定其生产性能和经济价值。对于杂交种，还要鉴定亲本品种的配合力和一代杂交种的表现。实验室鉴定规模不宜过大，便于正确贯彻试验设计，容易获得准确、完整的调查数据。一般纯种以单蛾区设置重复，重复 10～20 个单蛾区；杂交种鉴定设置 3～5 个重复区，每区卵量春季 3 g，秋季 4 g，每小区的卵由 15～20 个蛾产的卵混合后称取，鉴定过程要 2 年以上。

　　农村生产鉴定是在实验室小区品种比较鉴定的基础上，将成绩优良的品种或杂交种，在农村选择若干具有代表性的地区和单位作为鉴定基点，饲养的数量尽可能多些，同时设对照区。鉴定过程要 2 年以上。经过生产鉴定，确认新品种比现行品种优良，方可向品种审定部门申请审定。

第 5 章
柞蚕种茧保护

5.1　柞蚕种茧准备

　　种茧(seed cocoon)是柞蚕业的主要生产资料,有了数量充足的优质种茧,才能发展柞蚕生产。春用种茧的优劣不仅直接关系到春柞蚕种卵的生产,还直接影响到幼虫生命力,并影响到秋柞蚕生产及一化性地区翌年的春柞蚕生产。因此,准备好优质种茧,才能为下一季的种茧生产和原料茧生产的高产、稳产奠定基础。

5.1.1　种茧准备时期和方法

1. 时期

　　我国各柞蚕区的气候条件及柞蚕化性不同,种茧准备时期也不同。辽宁省等二化性地区一般在 11 月上、中旬准备种茧;河南省等一化性地区在 11 月准备种茧。由于种茧必须经过蚕种管理部门组织的质量检验,只有经检验合格的种茧才能制种,因此种茧准备应在种茧检验之后进行。

2. 方法

　　春用种茧的准备方法有 2 种,即自繁种茧和购买种茧。

　　(1)自繁种茧　有繁种条件的地方可按柞蚕良种繁育规程繁育柞蚕

种。自繁种茧既不需要长途运输，又能保证蚕种质量，还可节省人力、物力和财力。

（2）购买种茧　不具备繁种条件或自繁种茧不能满足生产用种的需要的蚕种场，需要到优良种茧产地购买种茧。选购种茧时，应根据本地区的生态条件及饲养技术条件，购买适合本地区的柞蚕品种。

5.1.2　种茧数量

根据生产计划，确定种茧数量。一般情况下，辽宁省春柞蚕每人的备种量：单蛾母种为 1 000 粒种茧，种茧应用繁育母种，从中选出符合标准的优良蛾区和个体。原种备种量为 1 500 粒种茧，种茧应用双蛾母种。普通种备种量为 3 000 粒种茧，种茧应用原种。各柞蚕区应根据气候、土壤、饲料、天敌和饲养技术等条件准备相应数量的种茧。总的原则是既要保证种茧质量，有足够数量的种茧供制种选择，又要考虑到经济效益。

5.1.3　种茧运输

种茧运输要选择适当的运输时期、合理的包装用具和方法，保证运输过程中不影响种茧质量。

1. 种茧包装

根据运输种茧的数量、品种、级别准备包装用具，一般用蚕筐、茧床或麻袋等装茧，每标准蚕筐或茧床装茧 2 000 粒左右，内衬 3～5 层包装纸，防止运输途中受冻害，早运或高温地区，蚕筐中央应插入高粱秸或竹制空心圆筒以利通气，装茧后包装结实，挂上表明品种、级别和数量的标签。建议采用标准的专用纸箱装茧，每箱装茧 10 kg，包装简单，运输方便。

2. 运输时期

我国幅员辽阔，各地区气候条件差别较大，种茧运输时期各不相同。辽宁省多在 11 月～12 月上旬运输；种茧南运，可适当偏晚；种茧向北及寒冷地区运输，应适当提早运输并注意防寒。山东省种茧应在 11 月中下旬或 12 月上旬运输，"小雪封笼，大雪起运"。如运输过晚，天气寒冷，蛹体容易遭受冻害。河南省一般在 11 月中旬以后开始运输。贵州省、安徽省在大雪（12 月 7 日）后即可运输。

3. 种茧运输

种茧包装后应及时起运，防止种茧因呼吸受热。装卸种茧时要轻拿轻放，避免震动，禁止种茧堆积、挤压。运输途中应加强保护工作，防止影响种茧质量的事情发生。

种茧运输到目的地后，打开装茧容器摊放在茧床上，排除运输途中产生的潮气，选出被损伤的茧，最后再将种茧装入茧床，入库保护。夏季运输种茧时，种茧包装多采用茧床或蚕筐，注意防止高温天气，尽量在夜间低温时运输。

5.2　春柞蚕种茧保护

种茧保护(seed cocoon storage)是指人工创造适宜的环境条件保护蛹体，使之安全度过越冬期。优良的柞蚕种茧必须在合理的环境条件下保护，才能发挥其优良性状。

柞蚕以蛹滞育越冬，蛹期代谢水平降到最低点，但仍需要一定的空气、温度和湿度等环境条件来维持其生命活动。由于柞蚕种茧要度过漫长的寒冷冬季，如果种茧保护不适当，会导致蛹、蛾体质变弱，生命力下降。表现为羽化率低、羽化不齐、交配能力下降、蚕卵孵化不良、幼虫生命力降低等，养蚕产量低，容易失败。因此，应采用科学方法合理保护种茧。

5.2.1　保种时期

种茧保护从种茧摘下开始到暖茧为止。河南等一化性地区柞蚕种茧自 6 月上旬摘茧到翌年 2 月下旬暖茧为止，保种期长达 8 个多月，经历夏、秋、冬、春四个季节；辽宁省等地的二化性种茧自 10 月上旬摘茧开始至翌年 3 月上旬暖茧止，保种期长达 5 个多月，经历秋、冬、春 3 个季节。根据蛹体发育及气候变化，春柞蚕种茧保护可分为 2 个时期。

1. 秋期种茧保护

秋季种茧摘下以后到自然温度下降到 0 ℃左右为止的保护，一般为 10 月~11 月下旬。

2. 冬、春期种茧保护

气温下降至 0 ℃左右开始至翌年春暖茧止的合理保护。一般为 11 月下旬~翌年 3 月上旬。

5.2.2 保种准备

根据种茧数量、品种、级别等制定保种计划，准备好保种用房、用具、设备等。

1. 保种房屋

根据保种数量、品种、级别准备保种室。一般按 $50 \text{ kg} \cdot \text{m}^{-2}$ 种茧计算；种茧数量比较多、又分不同品种及级别，保种时可分不同房间，防止品种混杂。由于各地区气候条件不同，对保种室的要求也不一致。河南、贵州等省因夏、秋季高温多湿，应选择地势高燥、环境整洁、高大宽敞、坐北向南、通风良好的房屋，以保证夏秋季室内凉爽、冬季容易保温。辽宁省等二化性地区因冬季寒冷，保种室以保温为主，应选择背风向阳、坐北朝南、保温效果好的房屋。

2. 保种用具

辽宁、吉林、山东等省冬季保种多采用木制茧床盛茧，少数使用茧箔或蛾筐装茧。茧床规格为：长 180 cm，宽 85 cm，高 7 cm，床腿高约 25 cm，每个茧床装茧约 30 kg。河南、贵州等省多数采用茧箔装茧，则需要搭设保种架。

3. 保种设备

冬季寒冷地区种茧保护需要准备补温等设备，如火墙、火炉、暖气、电暖气等，还应准备测量温湿度用的干湿球温度计、自记温度计等。

5.2.3 保种标准

种茧保护的温湿度标准应根据保种时期及蛹体的不同发育阶段而不断进行调整，使环境条件满足蛹体的生理状况，种茧安全度过保种期。

1. 秋季保种标准

进入秋季以后，气温逐渐下降，但一般不会超出蛹体发育要求的适温范围，种茧可在自然温湿度中保护。山东省以南蚕区，白天有时出现 20 ℃左右的高温，应注意防止种茧伤热并做好排湿工作。辽宁、吉林省以北的低温地区，9 月末至 10 月初采摘种茧时，常有一部分还未化蛹，应将种茧薄摊于茧床内，于夜间温度低时补温至 15 ℃～18 ℃，促使其化蛹进入滞育期。

11 月中旬至 12 月初，气温已降到 5 ℃～10 ℃，此时大部分蛹已解除滞育而成为活性蛹,活性蛹遇有效温度即开始发育。此时种茧保护温度标准为 0～5 ℃,该温度既有利于抑制已解除滞育蛹的发育,又有利于少数未解除滞育蛹继续解除滞育。

2. 冬、春季保种标准

冬、春季种茧保护正值寒冷季节,东北、华北、西北地区气温骤然下降,山东、河南、贵州等省冬季气温虽然不如北方低,但仍然是该季节保种的关键因子。因此,必须做好防寒和保温工作。秋柞蚕蛹进入 11 月份以后即进入滞育状态,冬季低温对解除柞蚕蛹滞育虽有重要作用,但温度过低,又会冻伤蛹体,造成蛹、蛾生命力下降、羽化率低、产卵量减少。研究表明,柞蚕蛹长期接触 -3 ℃的低温,蛹的死亡率增加,畸形蛾增加,子代生命力下降。柞蚕种茧冬季保种温度标准为 0 ± 2 ℃,由于茧床中间的温度比室内温度约高 0.5 ℃,因此,建议保种温度保持在 0～-2 ℃。由于越冬蛹在 10 ℃低温下经 20 天左右即可解除滞育,解除滞育后的柞蚕蛹接触有效温度就要开始发育。由于蛹的发育,蛹体内代谢强度增加,营养物质被消耗,导致蛹的体质减弱,进而影响蛾的羽化和生命力,最终影响卵的发育及幼虫体质。因此在暖茧开始前,保种温度不要过高,更不要超过发育有效温度。保种期相对湿度为 50%～75%;光线为自然明暗,避免阳光直射。

此外,光照对柞蚕滞育蛹的解除滞育也有很大作用,在温度条件适当的情况下,长光照促进滞育的解除,短光照则起抑制作用。

5.2.4　保种方法

1. 秋季保种方法

保种初期,一部分蚕仍然在变态中,体内代谢强度较大,呼吸强度高,种茧不宜过厚,以 2～3 粒茧厚度摊放在茧床或茧箔上,经常通风换气,尤其是刚摘回的种茧湿度比较大,应注意通风排湿,防止蛹体呼吸产生呼吸热,造成蛹体伤热。保种容器距地面和墙壁应有 0.5 m 左右的距离,防止种茧受潮和受冻。采用遮光等措施,防止直射阳光照射种茧。秋末冬初,种茧主要在自然温度中保护,应防止外温急剧变化影响蛹体生理。辽宁省等北部寒冷地区或气温偏低的年份,种茧内嫩蛹较多时,保种初期应短期补温至 18 ℃,待蛹体壁正常、中胃收缩成较硬的"塔"形时停止补温。保种初期,每隔 3～5 天翻动种茧 1 次。

一化性种茧在自然温湿度中保护即可,及时剔除死笼茧及虫鼠害茧，防止污染。

2. 冬、春季保种方法

东北及华北地区入冬后气温较低，保种标准温度为 0±2 ℃。如果外温过低，室温下降至−3 ℃以下时，应加温至 0 ℃左右，加温时间一般在 17～18 时。山东省以南地区，冬季保种只要关闭门窗，用室内自然温度保种即可。

种茧保护期间，每隔 30 天倒茧 1 次，即将茧床的位置按上、下、左、右更换 1 次，使蛹体感温均匀。为保持室内空气新鲜，每日或隔日换气 1 次，室内要保持卫生清洁，防止农药、化学药品和煤烟等有害气体接触种茧，注意防冻、防热、防潮、防鼠。

5.3 夏秋期柞蚕种茧保护

夏秋期柞蚕种茧的合理保护是二化二放秋柞蚕丰产的关键，也关系到二化一放秋柞蚕及一化二放秋柞蚕的成功与否。搞好夏秋期柞蚕种茧保护非常重要。

5.3.1 一化性品种的夏秋期种茧保护

一化性品种自 6 月上旬化蛹，到翌年春 2～3 月份暖茧，蛹期长达 9 个月左右，经过夏、秋、冬 3 季。尤其夏、秋季天气变化无常，因此种茧保护工作十分重要。

1. 夏秋期保种时期和特点

夏、秋期保种时期为 6～10 月份。此期天气多变，常常发生高温干旱或高温高湿等异常天气。这些不利的天气影响柞蚕滞育蛹生理状况，也是导致蛹期死亡的主要原因。

研究表明，30 ℃以上的高温，尤其是在闷热的情况下，死笼率随时间的延长而增加。

2. 夏秋期保种方法

夏秋期保种室应选用地势高燥、坐北朝南、高大宽敞和水泥地面的房屋；还要通风换气方便、有南走廊或南侧有遮阴棚等防止阳光照射的装置。在寄生蜂严重的地方，应设有纱门或纱窗等防止寄生蜂危害。

保种方法因地区而异，主要有摊放和穿挂两种方法。

（1）摊放保种法　在保种室内搭设茧架，茧架可分成 2～3 层，层与层之间间隔 60~70 cm，保种架距四周墙壁及地面 50 cm 左右，两架间留约 100 cm 的人行道，架上放盛茧容器(蚕扁等)。茧厚度以 2~3 粒为宜。有些地区采用自制的茧笼保茧，茧笼为木制框，周围安装铁纱网，笼内分二室，上下分 5 层，可直接放茧，也可用茧盒装茧。茧笼规格：高 100 cm，深 62 cm，宽 130 cm。或采用东北地区应用的茧床保茧。

(2)穿挂保种法　将种茧用穿茧线穿成串，每串穿 300 粒左右，垂直或横向悬挂于保种室的茧架上。

3. 保种期管理

夏、秋季保种，主要以防高温、闷热及排湿为主。温度以不超过 30 ℃，冬季不低于 -2 ℃ 为原则；湿度保持在 75% 左右。温度超过 30 ℃ 时，应设法降低室内温度。湿度过大，影响蛹体健康；湿度过小，则因蛹体水分过量蒸发使蛹体失水，产生缩腔蛹甚至死亡。

保种期间要根据天气变化进行管理，一般每隔 1 周翻动种茧 1 次，每隔 1 个月调动种茧上下位置 1 次，通过改变种茧位置，调节种茧的小气候环境。种茧在采茧后 20 天左右进行摇选，选出不良茧，防止不良茧在保种过程中腐烂影响其他种茧。

5.3.2　秋柞蚕夏季种茧保护

二化二放秋柞蚕的夏季保种，是从 7 月初春蚕茧采摘后开始，到 7 月中旬羽化时为止。此时环境特点是高温、多雨、多湿；有时高温多湿，有时低温冷湿。由于春柞蚕刚刚结束，环境病原微生物比较多，敌害较重。此期保种需要注意通风排湿，遮光防热。

1. 保种标准

夏季保种从春蚕茧进保种室起至羽化止。实际上从化蛹开始可分为 2 个时期，即茧场化蛹到摘茧为夏季保种前期，种茧进保种室到羽化为夏季保种的后期。保种标准见表 5.3-1。

表 5.3-1　秋柞蚕夏季保种标准

时期	地点	温度(℃)	湿度(%)	光线	气流
前期	茧场	阴坡茧场自然温度	阴坡茧场自然湿度	自然明暗	通风良好
后期	保种室	自然室温或保持 22 ℃~25 ℃	干湿差 3 ℃	自然明暗	通风良好

　　为避免日晒、雨淋和虫鼠等危害，尽量早摘茧，缩短种茧在茧场的时间。室内保种采用自然温湿度，如高温多湿，应注意通风排湿；在高山冷凉地区，如遇阴雨天温度低时，可按标准于夜间低温时加温保种。

　　2. 保种方法

　　(1)种茧临时薄摊　夏季保种，气候炎热，种茧不能堆放。采摘后需临时摊放时，以 2～3 粒茧厚度薄摊为宜，时间越短越好。注意防止蛹体呼吸伤热，采摘的种茧要尽快剥掉柞树叶，再进行逐粒摇选，选出油烂、薄皮、干涸、畸形茧等，然后把选留的种茧进行穿挂。

　　(2)种茧穿挂保护　夏季高温炎热或高温闷热，必须及时穿挂种茧，保证蛹体安全羽化。茧串长度可比春期稍长，竖挂的茧串长以 1.0～1.4 m 为宜，横挂的茧串长以 2.0～2.5 m 为宜。夏季挂茧，最好茧串对准门窗，有条件的地方或制小区种时，以横挂为好，既有利于通风透气、防止闷热，又可使羽化集中，便于交配制种。

　　(3)种茧运输　秋用种茧运输途中的保护是秋柞蚕生产的关键环节之一。因时间短、气温高，而且经常降雨，必须早运、快运。运输种茧最好在早晚天气凉爽时进行，以防止途中受高温闷热的危害。

　　夏季运输种茧，盛茧容器尽量少装，防止种茧互相挤压及呼吸伤热；防止和减少因车辆震动损伤蛹体。还要防止日晒、雨淋、高温闷热等不良环境。

5.3.3　二化一放秋柞蚕的种茧保护

　　1. 二化一放秋柞蚕的意义

　　二化一放秋柞蚕是指二化性柞蚕地区 1 年放养 1 次的秋柞蚕，简称二化一放或早秋蚕(early autumn silkworm)。吉林省延边朝鲜族自治州蚕业研究所(1952)为开发利用长白山一带柞林资源发展柞蚕生产，解决无霜期短的二化性地区不能放养春秋两次柞蚕的困难，进行了用低温控制二化性柞蚕种茧达到年养一次柞蚕的试验，1957 年研究成功了用低温控制种茧方法，实现了在二化性地区用二化性品种 1 年放养 1 次秋柞蚕。以后又在黑龙江省、内蒙古自治区、辽宁省等地进行试验，均获得成功。如今东北及华北地区的高寒山区主要以该种方式发展柞蚕生产，从而结束了高寒山区不能饲养柞蚕的历史。这是我国柞蚕生产史上的一次重大改革，对于科学合理地利用气象资源、生物资源及劳动力资源等具有重要意义。

(1)不受低温霜冻的危害　蚕期 7 月中旬至 9 月中旬，对于开发利用无霜期短的北部地区或高寒山区的柞林资源，发展柞蚕生产具有现实意义。

(2)有利于农、蚕结合　养蚕期间为农事操作的休闲期，摘茧后进行农作物收获，有利于农、蚕结合，合理利用农村剩余劳动力。

(3)不受柞蚕饰腹寄蝇危害　由于蚕期在柞蚕饰腹寄蝇产卵结束以后，因而可以避免受其危害。

(4)产量高、茧质好　由于蚕期气温适宜、雨水适中、柞树叶质适熟，因此柞蚕生长发育良好、收蚁结茧率高、茧质量好、缫丝解舒率高、回收率高。

(5)省工、省场，有利于柞树生长发育　因为年放养 1 次柞蚕，不养春蚕，故省工、省蚕场，而且避免了春柞蚕在柞树发芽初期取食而对树势的影响；也避免了饲养春蚕剪移匀蚕次数多，因剪枝对柞树的损害。

(6)不受柞树旱烘的影响　柞树旱烘一般从 9 月中旬开始，而二化一放秋柞蚕此时大部分已经营茧，因此能够避开柞树旱烘的影响。

2. 二化一放秋柞蚕的时期和特点

(1)二化一放秋柞蚕的时期

① 二化一放秋柞蚕的种茧入库时期　我国北方地区立春以后，天气转暖，气温回升，保种室的温度控制在 1 ℃～2 ℃，当保种室温度上升到 5 ℃且不再下降时，种茧即可进入冷库，这就是种茧入库的适期的温度标准。种茧入库前保护与一般柞蚕保种相同。入库时期因地而异，吉林省和黑龙江省一般在 2 月中下旬入库。北部气温低的地区，可在 4 月初入库；内蒙古的呼伦贝尔市等采用一次入库，即种茧检验合格后，室温低于 0 ℃时入库；气温高的地区应在 2 月上旬入库。冷库条件好，防潮、保温效果好的可提前至秋、冬入库。

种茧入库前后既要防冻，又要防热。因为解除滞育的柞蚕蛹一旦接触发育有效温度即可发育，而发育蛹不耐长期低温贮藏。种茧入库后，应注意观察记录保种库温度、湿度及防止鼠害等危害。

② 二化一放秋柞蚕的种茧出库时期　种茧出库时期一般在 6 月 15 日前后。无霜期为 110～120 天的高寒山区，种茧应在 6 月 10 日左右出库；无霜期为 130～140 天的地区，种茧应在 6 月下旬出库；保种库温度偏高 2 ℃左右以及用南向蚕场养蚕或 1～2 年生幼树养蚕时，出库日

期应推迟 2～3 天。

为了提高二化一放种卵孵化率，减少水肚蛾和胸足发育不全蛾，种茧出库时间可提早到 5 月 25～30 日，穿茧并挂在室温较低的制种室内自然温度羽化。由于幼虫孵化饲养最佳时期为 7 月 15～18 日，因此，把达到伸长期的种卵放入 3 ℃～5 ℃的室内冷藏，7 月 5～8 日出库，7 月 15～18 日收蚁。

雄蛹积温比雌蛹少 10 ℃左右，因此雄茧应晚出库 2 天。种茧出库原则是既要防止秋茧再羽化，又要防止受早霜和柞树早烘的危害，还要高产优质。如果采用一化性品种时，可提早 7 天左右出库。

③ 二化一放秋柞蚕的饲养时期　饲养时期为 7 月中旬～9 月中旬，即在种茧出库感温后 1 个月左右孵化收蚁，约比秋柞蚕早 10～15 天。各地区要因地制宜适当提前或偏晚，如内蒙古的昭乌达盟无霜期短，气温下降早，可提前在 7 月上旬收蚁；辽宁省东部山区气温高，为防止不滞育蛹发生，收蚁日期应推迟到 7 月中下旬。如果采用一化性品种，因能减少不滞育蛹及异常蛾，饲养时期可稍早。

(2)二化一放秋柞蚕的特点

① 保种期长　种茧从 10 月份保护到翌年的 6 月份，保种期长达约 9 个月(240～270 天)，经历秋、冬、春、夏四季气候变化，要度过冬季的严寒、夏季的炎热，因此对种茧质量要求较高，不能有嫩蛹、弱蛹、发育蛹，必须严格控制保种库的温度、湿度等环境条件。

② 蚕期早　比秋蚕早 10～15 天，小蚕期平均气温为 21 ℃～22 ℃，接近发育最适温度；大蚕期特别是 5 龄期避免了低温冷害，因此蚕期气温适宜幼虫生长发育，营茧时间比秋柞蚕提早 15～20 天。

③ 柞蚕生长发育快，必须加强管理　蚕期气温高，幼虫生长发育速度快，单位时间的食叶量、消化量比秋柞蚕高，必须加强养蚕技术管理，及时匀蚕、移蚕，使之良叶保食。

④ 敌害多，应做好保苗工作　收蚁早，适逢高温、害虫多，特别是草蜂多，因此要注意防治虫害，加强保苗工作。

3. 二化一放秋柞蚕的种茧低温控制法

种茧入库至出库期间为低温控制期。保种温度标准从 0 ℃逐渐升高到 6 ℃～9 ℃。变温控制比恒温控制效果好，表现在羽化整齐、制种成绩好。变温标准为：5 月上旬前为 2.5 ℃，5 月中、下旬为 4 ℃，6 月上旬为 5 ℃，6 月中旬为 6 ℃～9 ℃。因此必须建立低温保种库或窖，采用低温条件控制种茧。

(1)茧窖低温控制种茧法　吉林省和黑龙江省自然温度较低的地区可采用茧窖低温控制种茧的方法,该方法有效地利用自然环境条件,成本低,简单易行,适合农村柞蚕生产。

① 建窖　选择背阴、高燥、水位低、日照短的北向山麓,根据贮存种茧数量决定窖的大小。一般贮存50千粒种茧,需建2 m宽、2.5 m深、3 m长的保种窖。

保种窖顶类似房屋的屋顶,将窖木沿窖长方向架在上方,中间高,两边低,呈屋脊状。上面铺一些玉米秸及毛柴,再培50 cm厚的土或锯末。窖盖上可堆一些毛柴或搭一个起脊草棚,既可防止雨水漏入,又可保温。在窖的四周挖排水沟,防止灌进雨水等。

在窖盖的一角设置一个1 m高的竹筒或炉筒作为测温筒,将温度计悬吊在窖中,能方便地观察窖内温度。平时将测温筒封闭保持窖温。

② 保种　种茧入窖前将保种窖清理干净,并彻底灭鼠。保种容器可采用茧床、蛾筐等,保种容器距地面、四周墙壁要有50 cm的距离。为防止种茧因呼吸热而导致温度升高,容器装茧数量不要太多,蛾筐装茧时,种茧在筐内呈凹心形,蛾筐摆放时可呈品字形放3～4层;标准茧床装茧3 000～4 000粒,可摆放3～4层。

茧窖保种在4月中旬前,每月应倒茧1次。倒茧应在夜间外温低于窖温时或内外温平衡时进行,倒茧的目的是使蛹体感温均匀,将装茧容器上下左右调换位置,同时还要翻动种茧。5月中旬以后,外温高于窖温时,不宜进行倒茧,以防外面高温使窖温上升。

在保种过程中,窖温随外温的升高而升高,保种要求窖温不高于6 ℃。当外温低于窖温时,可在晴天夜晚打开窖门进行降温排湿,日出温度升高前关闭窖门;当外温高于窖温时,严禁打开窖门,直至种茧出窖为止。

(2)保种库低温控制法　此法适合于柞蚕种场使用。保种库的特点是温度变化小、保种量大。一般库内温度从11月中旬至翌年3月保持为0～3 ℃,4月份以后,温度逐渐上升,6月中旬种茧出库时温度为6 ℃左右。因此保种库不仅适用夏季保种,而且也适合于冬春季保种用。当保种室温度下降到0 ℃时,把种茧移入保种库保护到翌年种茧出库为止。该法比冬季加温保种能节省人力、燃料及成本。

① 建库　选择地下水位低、地势高燥、日照短的阴凉处,同时要

求交通方便、便于工作的场所。库内高约 2.5 m,长、宽根据生产需要而定。一般 1 m³ 可贮存种茧 10 千粒。方向以南北向为好。一般为钢筋水泥结构或砖和水泥结构,墙壁应用水泥加防潮粉等抹平。根据需要及地势可采用全地下式、半地下式或 1/3 在地上 3 种形式。库的上方应留 3~4 个通气口,上面覆土 1.5 m 左右,中间用锯末等材料作为保温层,最后用水泥、油毡纸等作防水层。保种库应坚固耐用,保温防潮。有的地区将保种库建在制种房屋的下面,节省土地,同时冷库内安装冷冻机,可长期保持冷库的温度。

② 保种 保种方法及时间基本同茧窖保种法。盛茧容器一般用茧床,每床盛茧 4 000 粒左右,茧床可摆放 3~4 层。种茧距地面及墙壁应有 0.5 m 左右的距离,防止受潮和受冻。倒茧同茧窖保种法。

保种库的温度虽然比较稳定,但随着季节的变化也发生变化。通常立冬前后,库内温度约在 3 ℃;冬季保持在 -2 ℃~2 ℃;雨水以后随外温升高库温也逐渐上升。保种温度应保持在 0~5 ℃,相对湿度保持在 75% 左右。要做好库内温度、湿度的调节工作,夜间外温低于库内温度时,可打开库门和气孔通风换气、排湿、降温,同时进行倒茧(1~2 次/月),翌日日出前关闭库门及气孔。

4. 种茧出库后的保种

种茧在 6 月中旬出库,此时库温 5 ℃~9 ℃,外温已达 25 ℃~30 ℃,库内外温度相差较大。为了防止温度急剧变化影响蛹体发育,应在出库前 1~2 天打开库门,使蛹感受中间温度,并增加库内氧气防止缺氧。种茧出库和运输应在早晚外温低时进行,运输途中要防止日晒、雨淋、挤压等。

出库后的种茧要薄摊,并立即穿挂种茧,注意通风换气。保种的适温为 22 ℃,适湿为 75%。如果温度低,则补温到 18 ℃~25 ℃,但要防止 25 ℃ 以上的高温。

5. 二化一放秋柞蚕的保种障碍

由于低温保种期长,影响蛹体正常的生理代谢及发育,经常发生感温蛹、异常蛾等,给生产带来损失。

(1)感温蛹 感温蛹是造成二化一放秋柞蚕羽化率低、孵化率低及结茧率低的主要原因之一。

① 感温蛹的发生 根据感温蛹的发生时期可分为早期感温蛹和后期感温蛹。早期感温蛹是在保种初期的自然保种阶段发生的,后期感温

蛹则是在蛹解除滞育后发生的。感温蛹因感温程度而变化。感受50 日·度以下有效积温的轻感温蛹，外观上无明显变化；感受 50～120 日·度有效积温的重感温蛹，复眼由感温前的无色变为半边着色到周围着色，触角由膜状逐渐变为栉次，直至触角形状形成，颅顶板由透明变为白色不透明到乳白色，中肠由原来的坚硬塔形变为稀软状态，脂肪体从网状变成松懈至豆腐脑状，茧腔内的蜕皮破碎。

② 感温蛹的危害及防止　黑龙江省蚕业研究所(1970～1972)研究表明，感受 50 日·度以下有效积温的种茧，对蛾、幼虫的生命力没有大的影响，能够用于生产；感受 80 日·度有效积温的优蛾率低，不应作种茧，缺种而必须使用时，应加大投种量及选蛾力度，严格淘汰不良蛾。感受 120 日·度有效积温的种茧，其羽化率、优蛾率、产卵量、结茧率较低，死笼率较高，因此不能投入生产。

早期感温蛹是因秋柞蚕蛹没有进入滞育而引起的。防止方法：一是适当推迟饲养日期，使大蚕在短光照条件下发育以增加滞育蛹率；二是选用龄期长、滞育蛹率高的品种；三是选用深色茧、茧层厚的茧并淘汰早蚕营的茧；四是淘汰晚批蚕和晚批蚕所营的茧，避免为减少嫩蛹而进行的人为加温。

后期感温蛹主要是解除滞育后的活性蛹感温发育所致。在种茧保护中，掌握好种茧低温控制标准和方法，防止解除滞育的蛹提前接触有效温度。

(2)异常蛾　异常蛾是长期低温保种所产生的生理性障碍。柞蚕蛾发育异常的程度及数量与保种期低温的程度、低温的时间、种茧的质量有关。异常蛾的种类主要有：畸形蛾、不产卵蛾或少产卵蛾及产不受精卵蛾等。不交配蛾和产不受精卵无利用价值，它给二化一放秋柞蚕生产带来严重损失。在异常蛾中，以绿肚蛾数量最多、危害最大。

① 绿肚蛾又称绿水肚蛾、水肚蛾。发生在越冬之后，重者可达雌蛾的 20%～30%，羽化初期就有绿肚蛾发生，羽化盛期较少，后期较多。这类蛾不产卵或产不受精卵，严重影响二化一放秋柞蚕生产。

绿肚蛾外部形态与正常蛾差异不大，但腹部松软，尾部较尖，血淋巴淡绿色，腹部无卵或有极少量卵。刚羽化时，环节肿胀，腹内充满绿色黏稠状体液。

林华森(1975)认为，绿肚蛾的发生是生殖系统在长期的低温环境下发生不同程度的畸变所致。畸变仅发生在侧输卵管以上的特定部位，主要有 3 种类型，即卵巢管畸变、卵粒畸变和卵粒排列畸变。卵巢管畸变是靠近端丝部分的 4 条卵巢管盘结成团，或着生大量气管，或者管壁萎缩。卵粒畸变是个别卵巢管内有卵形很小的卵、形态不正部分卵壳退化的小卵以及黄色无卵壳的退化小卵。卵粒排列畸变是指卵粒在卵巢管内横卧或者成堆。

研究发现，7 月初用 2 ℃及 6 ℃低温保护的柞蚕蛹已有部分出现了卵粒错位、卵巢管与卵粒生长不平衡、卵粒退化等现象，保种后期（7 月）绿肚蛾就已经发生了。绿肚蛾发生的原因可能是生殖腺因长期的低温抑制出现的生理障碍，影响了卵巢管和卵的正常生长发育，使大量的营养物质积累在体液中产生了绿色血淋巴及卵少或无卵的绿肚蛾。

②其他异常蛾　在异常蛾中，还有不交配蛾、产不受精卵蛾、少产卵蛾等，其外部形态特征及内部解剖学观察都正常，如果用正常秋柞蚕的雄蛾进行交配，则大部分可正常交配、产卵、孵化。这种类型的异常蛾与雄蛾生殖腺生理障碍有关（冯绳祖，1972）。

近些年来，短足蛾的发生率在部分地区较高，严重影响了这些地区的柞蚕生产。短足蛾发生，可以认为是种茧入库前蛹体已解除滞育，在长期的低温及缺氧条件下发育所致，这还有待于试验研究。

（3）异常蛾的防止方法

① 选用优良品种　种茧质量低，绿肚蛾发生数量多。因此选择耐低温贮藏的优良品种，并选择种茧质量好、蛹体饱满、无病的优良种茧。严格防止将嫩蛹、弱蛹、发育蛹作二化一放种茧冷藏贮存用。

② 保种温度和低温要适当　绿肚蛾主要是因保种温度低而发生的，尤其是保种后期温度低发生量多。严格掌握低温标准和低温控制时间，既要防止再羽化，又要保证高产。佟秀云（1974—1977）认为，保种温度 5 月上旬前为 2.5 ℃，5 月中旬为 3 ℃，5 月下旬为 4 ℃，6 月上旬为 6 ℃，6 月中旬为 6 ℃～9 ℃较好。用此温度保种，优蛾率高、少产卵蛾和产不受精卵蛾少。

③ 采用变温保种　保种期间温度应进行有目的的变化，如收茧后用 20 ℃、17 ℃、13 ℃各保护 20 天，既有利于减少嫩蛹，又有利于延长蛹滞育期并减少消耗。保种后期于 5 月下旬及 6 月上旬使种茧出库感受 18 ℃的温度各 5 天，可解除因长期低温抑制所带来的生理障碍，提高优蛾率，从而提高蚕种质量（佟秀云，1974；冯绳祖，1978）。

④ 选育新品种　开展适合二化一放的新品种选育工作，选育滞育

强度高、海藻糖含量高的耐低温贮藏柞蚕新品种。

⑤ 利用强健的雄蛾交配　采用二化二放秋柞蚕雄蛾进行交配可提高交配率、产受精卵蛾率，并且具有降低少产卵蛾率的效果。

5.4　一化二放秋柞蚕的种茧保护

5.4.1　一化二放秋柞蚕的意义

一化二放秋柞蚕是指一化性地区一年放养春、秋 2 次蚕种的秋柞蚕。四川省、广西壮族自治区等一化性地区因春蚕易窜枝跑坡难养，一人能放养管理的卵量少、产量低、茧丝质量差、出丝率低；而且大蚕期温度高蚕生育期短，种茧质量差；保种期长，尤其是 7、8 月间的高温炎热，对滞育蛹的生理极为不利，致使呼吸强度大、营养消耗多，导致体质弱，保种留种困难。因此四川省农科院蚕桑研究所(1977—1978)进行了一化二放秋柞蚕试验并获得了成功，一化二放秋柞蚕具有重要的理论意义和实践意义。

(1)省工、好养、柞叶利用率高　小蚕期温度高较难保苗，但大蚕期温度适合蚕的生长发育，饲养容易，柞叶利用率高，人均饲养量可比春蚕多 1～2 倍。

(2)高产　因气象、营养、生物因子等生态条件适合柞蚕生长发育，因此收蚁结茧率高，经济效益好。

(3)优质　由于秋繁春用种的保种期仅 3 个多月，比春繁春用种 8 个多月的保种期显著缩短，因此蛹体营养消耗少，健蛹率高；秋柞蚕化蛹后即进入低温环境，营养代谢消耗少，蛹、蛾体饱满，羽化率高、优蛾率高，羽化集中；一年饲养 2 次柞蚕，故种茧繁育系数高，特别是生态条件适合柞蚕生长发育，种茧质量高。

(4)有效地利用自然资源　自然资源适合柞蚕的生长发育，但因春柞蚕大蚕期所处的环境条件，柞蚕蛹表现为滞育，实行一化二放生产制度，可有效地利用自然资源，为人类创造更多的财富。

因此，一化性地区进行一化二放秋柞蚕生产是解决我国南部高温地区留种保种难的有效途径，也是有效合理地利用自然条件的生产措施。要逐步实现春蚕以供种为主，兼生产商品茧；秋蚕以生产商品茧为主，兼顾繁育优质种茧。

5.4.2 一化二放秋柞蚕的保种时期和特点

一化二放秋柞蚕的保种时期为 6~8 月。春柞蚕在 6 月上旬营茧，6 月中旬化蛹；羽化时期为 8 月上中旬，这一阶段的种茧保护即是一化二放秋柞蚕的保种时期。此期的环境特点主要是高温干旱及高温闷热，高温可达 35 ℃~40 ℃；干旱、湿度低，易造成蛹体失水，影响蛹生命力并降低产卵量；秋季降雨多、光照弱，影响保种期滞育蛹的解除效果。因此保种期要防止高温干旱和高温秋涝的危害。

此时的柞蚕蛹为滞育蛹，其生理特点是脑激素的分泌活性停止、呼吸酶活性降到最低水平、脑中胆碱酯酶无活性等。

1. 一化二放秋柞蚕的保种方法

一化二放秋柞蚕的保种分 2 个时期，即滞育期保种和解除滞育保种。

(1)一化二放秋柞蚕的滞育期保种法 春柞蚕摘茧后到 7 月中旬人工感光前的保种即是滞育期的保种。其保种方法见 5.1 节。

(2)一化二放秋柞蚕的解除滞育保种法

① 人工低温(人工越冬)解除滞育保种法 低温是解除柞蚕蛹滞育的重要条件之一。研究表明，低温能促进滞育蛹脑释放脑激素，而脑激素又通过体液进一步活化前胸腺分泌蜕皮激素，从而解除柞蚕蛹滞育；由于低温的作用，脑神经分泌细胞开始具有分泌活性，动作电位开始活动，胆碱酯酶的活性恢复。因此低温能解除滞育，促使滞育蛹继续发育羽化为蛾。

柞蚕蛹解除滞育与否与蜕皮激素的前体胆甾醇有关。研究表明，0.02 μg 的胆甾醇能使 3~6 个无脑蛹发育，高浓度的 β-谷甾醇、豆甾醇和麦角醇都能引起同样的效果。对无脑蛹注射 0.005 μg 的胆甾醇或豆甾醇，可解除滞育而引起发育。柞蚕每毫升血淋巴中的甾醇含量，雌冷藏蛹为 356.0 μg，雄冷藏蛹为 250.1 μg。因此，人工低温冷藏保种是解除滞育的有效保种方法。

解除滞育的速度和程度决定于低温的范围和时间。田中义磨(1960)采用化蛹后经过 50 天的滞育蛹，以 5 ℃进行 10~50 天的低温处理，结果低温处理 30 天以上的羽化率高，50 天的羽化率为 100%(羽化不整齐)；2.5 ℃处理区，不论低温处理时间长短，羽化率仅为 30% 左右；采用−2.5 ℃~15 ℃的梯度温度试验中，也证明了以 5 ℃处理 30 天以上的羽化率最高。КарπаЩ(1954)研究认为，柞蚕蛹在 2 ℃～10 ℃中能解除滞育，经过 50 天滞育后，在 10 ℃中解除滞育最快。王高顺(1978)认为，0～4 ℃解除滞育效果不好，6 ℃～12 ℃有利于解除滞育，8 ℃下冷藏 60 天后，再经 20 天羽化率即可达 82.35%。由此可见，柞蚕滞育蛹解除滞育的范围是 0～15 ℃，最适温度约为 8 ℃～10 ℃；解除滞育的时间需 30 天以上。

　② 人工感光解除滞育法　对柞蚕滞育蛹人工感光也可以解除其滞育。Williams C M(1965)在 25 ℃、照度为 1 883 米烛光条件下，进行解除滞育的试验，柞蚕滞育蛹解除滞育决定于光周期，25 ℃、8 小时短日照保持滞育，16 小时长日照则解除滞育，茧壳有无与解除滞育无关；光波段与解除滞育有关，在 16 小时光照下，蓝色光最有效，紫色、蓝色或绿色光(398～508 nm)与白色光同样具有解除滞育效果。但黄色光(580 nm)和红色光(640 nm)没有解除滞育的作用；抑制解除滞育的最有效光周期是 12 小时明、12 小时暗；解除滞育最有效的光照时间是 17 小时，在 17 小时的光照下，经 7 天解除滞育率达 50%，经 14 天达 70%，经 28 天达 90%；14 小时明的光周期是幼虫期决定发生滞育蛹和蛹期解除滞育的转折点。

　邓华山(1963)在四川研究表明，17 小时长光照能解除滞育，13 小时短光照则有利于滞育。四川省农科院蚕桑研究所(1960—1978)采用 25 ℃～32 ℃变温条件，100 W 白炽灯，照距 1 m，设不同光照时间进行研究，结果表明，14 小时以下的短光照无解除滞育的作用，15 小时、16 小时、17 小时长光照下 70 天，即有 88%～98%的滞育蛹被解除滞育而羽化；24 小时全明滞育蛹解除率则有降低的倾向，羽化率仅为 16%～75%(表 5.4-1)。

表 5.4-1　不同感光时间对柞蚕蛹解除滞育的影响(品种：鲁松)

(四川省农科院蚕桑研究所，1978)

项　　目	感光时间(h)						
	17	16	15	14	13	9	24
供试茧数(粒)	400	200	200	200	300	300	200
感光开始日期	1960.6.19	1964.7.1	1964.7.1	1964.7.1	1963.6.26	1963.6.26	1964.7.1
羽化率(%)	97.5	95.5	88.5	5.0	0.0	3.7	75

进一步试验证明，采用木盒装种茧并使茧柄向上区的羽化率和羽化整齐度都高于穿挂的对照区，即蛹感受光的有效部位是脑；从光源来看，40 W 的荧光灯效果较好，它具有省电、温度低、感光面积大、作为有效成分的白光成分多等特点(表 5.4-2)。

表 5.4-2　不同感光时间处理柞蚕滞育蛹的羽化率(%)

品种	光照部位	感光 10 天			感光 20 天			感光 30 天			感光 40 天		
		荧	水	白	荧	水	白	荧	水	白	荧	水	白
青黄	头部	60	54	48	86	86	88	98	94	86	88	96	96
	任意	42	38	54	82	72	76	92	88	90	86	94	98
河 33	头部	24	22	12	64	43	52	64	64	68	80	80	76
	任意	42	36	18	63	42	46	74	70	56	84	76	82

注：荧光灯—荧；水银灯—水；白炽灯—白。引自四川省农科院蚕桑研究所(1978)，略改动。

广西蚕业指导所、原广西农学院蚕桑系(1978)研究表明，16 小时、17 小时、18 小时长光照能够解除青黄 1 号品种蛹的滞育，17 小时、18 小时的效果好于 16 小时；收茧 10 天内的蛹在长光照下容易解除滞育，而进入滞育已久的蛹(收茧 30 天)，则较难于解除滞育；光波段不同解除滞育的效果也不同，蓝光(羽化率 98.9%～100%)＞普通光(羽化率 96.7%～100%)＞紫外线(89.2%～100%)(表 5.4-3)。

表 5.4-3　人工感光对柞蚕蛹解除滞育的影响

(广西蚕业指导所、原广西农学院蚕桑系，1978)

项目	蓝光(h)			普通光(h)			紫外线(h)			对照
	18	17	16	18	17	16	18	17	16	
感光日数(天)	22	25	25	34	24	42	22	22	24	自然明暗
羽化率(%)	100	100	98.9	100	100	96.7	96.9	100	89.2	0

综上所述，光周期是影响柞蚕蛹解除滞育的重要因子，人工感光能有效地解除滞育；将茧柄向上摆放，采用荧光灯感光 17 小时以上是解除柞蚕蛹滞育的有效方法，即是一化二放秋柞蚕蛹解除滞育的种茧保护法。

5.5　暖　茧

暖茧(incubation of tussah cocoon)是指人工加温补湿，促使蛹体适时发育而羽化出蛾的技术措施，河南称大蛾房，贵州称烘种。

5.5.1　暖茧的目的与时期

柞蚕滞育蛹经过冬季的低温保护，滞育被解除而变为活性蛹。解除滞育的活性蛹在适宜的温度、湿度条件下，就会逐渐发育而羽化出蛾。但初春气温和室温较低，蛹体在自然条件下发育缓慢，经历时间长，羽化出蛾、产卵较迟，不能适时孵化出蚕，不仅直接影响春柞蚕生产，而且还对秋柞蚕产生不良影响。由于蛹体发育时间长、营养物质消耗大，还会造成蛹、蛾体质弱，影响卵及幼虫的生命力。因此需要人工加温补湿暖茧，促使蛹体正常发育，保证按时羽化、制种、收蚁。

我国柞蚕产区地域辽阔，各地气候、饲料树种及暖茧标准不同，因此暖茧开始的时期也各不相同。暖茧适期的确定应参照当地历年气候情况、暖茧和羽化出蛾日期，再根据当地的饲料树种、暖茧标准及当时的天气状况预定孵化出蚕日期，然后按照暖茧、制种和卵期(保卵、暖卵)经过时间进行推算。例如，沈阳东陵根据历年情况预定 5 月 1 日出蚕，采用快速加温暖茧法加温暖茧，蛹体发育需 29 天羽化，从出蛾到制种结束约需 12 天，卵期为 15 天，共计需要 56 天，这样就可以将出蚕日期向前推算 56 天，即应在 3 月 6 日加温暖茧。又如，河南云阳预定 4 月 10 日出蚕，采用平温暖茧法加温，约需 20 天羽化，从出蛾到制种结束约需 10 天，卵期保护需 15 天，共计需要 45 天。从 4 月 10 日向前推算 45 天，即在 2 月 23 日加温暖茧。

暖茧时期要掌握适当，保证适时羽化出蛾，暖茧过早，则卵期经过长而导致卵内营养消耗多，影响胚胎发育和幼虫生命力；暖茧过迟，则不能按期羽化、制种和适时收蚁。各地区应根据实际情况，结合气象部门的中长期天气预报确定当年的暖茧时期。在气候正常的年份，各地区暖茧时期如下：

辽宁、吉林等省的大部分地区在 3 月上旬开始暖茧；辽宁南部比北部地区可适当提前 5 天左右暖茧；采用麻栎养蚕的地区，暖茧日期可适当偏迟。

山东省的泰安、临沂、昌潍地区于 2 月中旬开始暖茧；烟台地区于 3 月上旬开始暖茧；荣城、威海等东北部地区可比烟台推迟 7 天左右暖茧。

河南省的信阳、南阳地区在 2 月中、下旬开始暖茧；洛阳地区于 2 月下旬至 3 月上旬开始暖茧。

贵州省的遵义地区于 2 月下旬开始暖茧；毕节地区应在 2 月下旬开始暖茧。

安徽省的皖北地区在 2 月下旬开始暖茧；皖南地区可比皖北提前 7 天左右开始暖茧。

5.5.2　暖茧准备

暖茧前，必须做好暖茧的各项准备工作，保证暖茧工作的顺利进行。

（1）暖茧室　暖茧室是种茧加温补湿的场所，应选用保温性能好、具有加温设备、补湿容易、操作方便的房屋。一般可按每平方米暖茧 10 千粒计算，有时保种室也可兼作暖茧室。

（2）加温设备　各地区暖茧加温设备不同，有火墙、地火龙、火炉、暖气、电暖气及太阳能加热器等。要求加温设备使用安全、成本低、加温效果好。

（3）暖茧用具　30 m² 的暖茧室，需准备茧床 30 张，干湿温度计 4 支，自记温度计 1 台，加温设备如暖气等。另外，还需要补湿设备或用具、水桶、穿茧绳、针、燃料等消耗品。

（4）暖茧室和用具的消毒　暖茧前，应将暖茧室及用具洗刷干净。为消灭病原，防止蚕病发生，在暖茧 7～10 天，将暖茧室和用具进行消毒。

5.5.3　暖茧技术

（1）种茧复摇　种茧经过冬季保种，少部分未选出的劣茧此时已表现出症状，暖茧前应按选茧标准进行复选，剔除不良茧，确保种茧质量。复选时，还应注意雌、雄茧比例，一般掌握雌雄比为 5：5（或雌茧 45%，雄茧 55%），选出的雄茧另作他用或晚加温，待制种后期雄蛾数量少时使用；选出的不良茧应妥善处理，禁止留在暖茧室出蛾增加病原微生物。

（2）调温补湿　暖茧过程中，要经常观察实际温湿度与暖茧标准是否一致，按照暖茧的标准及时间进程及时调节温湿度，防止温度急剧变化影响蛹体发育。

春季天气经常干旱，暖茧室湿度容易偏低，尤其是暖茧后期，应注意补湿到标准湿度。

（3）茧床调位　暖茧室内温度高低不均，为使种茧感温均匀一致、羽化集中，在暖茧过程中，应将茧床调位。一般暖茧前期每 4 天调位 1 次，暖茧中期每 3 天调位 1 次，暖茧后期每 2 天调位 1 次。茧床调位按上、下、左、右进行，同时轻轻翻动茧床内种茧。

（4）通风换气　暖茧时，由于蛹的呼吸作用及暖茧室空气不流畅，会造成室内氧气含量下降而影响蛹体呼吸。为了保持室内空气新鲜，蛹体正常发育，暖茧前期每天换气 1～2 次，后期每天 2～3 次，换气应在室外温度较高时进行，注意保持室内温湿度。外温过低或大风降雨天气停止换气。

（5）穿挂种茧　暖茧开始后，要穿挂种茧，以利通风透气和羽化制种。根据地区、种茧数量以及人力等确定穿茧开始时间，一般情况下，于暖茧开始后 10 天内穿茧结束，将茧串摆放在茧床内，羽化前挂茧。

穿茧方法：母种及制杂交种时应雌雄分开穿茧。穿茧绳长约 1.8 m，穿茧针要斜穿茧底的茧衣，茧柄向外，以便蛾羽化后自茧内爬出。茧串长约 1.3 m，大约穿茧 250 粒。一串茧穿好后，在茧串的两端各绑一个约 5 cm 长的木棒，既方便挂茧，又可防止茧脱落。

注意事项：穿茧要牢固，防止茧从茧串上脱落；避免穿破茧层，影响缫丝生产；茧柄必须向外，茧串不可过长，否则上下温差过大，羽化不集中；茧串上应挂上注明品种、种级的标签。

挂茧有横挂和竖挂 2 种方法，种茧数量少时，可采用横挂，横挂茧串上的茧感温均匀，羽化集中；一般均采用竖挂，竖挂挂茧数量多，适合于大规模制种。母种、原种实行对交区间隔离，杂交种实行品种间隔离、雌雄间隔离，保证做到异区或异品种交配。挂茧时茧串不应过密，既要方便工作，又能防止出蛾时拥挤相互抓伤及落地，一般茧串行距约为 30 cm，茧串距离 5 cm，茧串下端距地面 50 cm 以上，挂茧高度约为 1.8 m。为避免羽化后期雄蛾数量少，可留 10％ 左右的雄茧晚入暖茧室 3～5 天。

5.5.4 暖茧标准和方法

在适温范围内，蛹体发育速度随温度的升高而加快，蛹发育的时间经过短，蛹体消耗少，蛾生命力强；适宜的湿度也是保证蛾体强健的环境因子之一。一般暖茧的适宜温度为 18 ℃～22 ℃，相对湿度为 65%～80%。柞蚕生产地区不同，其暖茧标准和方法也有差异(表 5.5-1)。我国主要柞蚕产区的暖茧标准和方法如下：

1. 辽宁暖茧标准和方法

暖茧前 1 天将室温升到 10 ℃，使种茧先感受中间温度。暖茧第 1 天温度为 11 ℃，以后每天升温 1 ℃，到 19 ℃保持平温，直至羽化出蛾。暖茧前期相对湿度为 70%，中期相对湿度为 75%，暖茧后期相对湿度为 80%。暖茧 28 天，有效积温达到 200 ℃时开始羽化；暖茧 33 天，有效积温达 244 ℃时大批羽化出蛾(表 5.5-1)。东北地区一般采用此种方法。

2. 山东暖茧标准和方法

采用快速变温暖茧法，该法暖茧进程快，22 天即可羽化制种；而且夜间不加温，可节省劳动力和能源；蛾羽化集中，对后代无不良影响。

快速变温暖茧法，从 10 ℃开始每天升温 1 ℃，达 15.5 ℃后每天升温 2 ℃，到 21 ℃保持平温，约 22 天羽化出蛾。每天早 5 时开始升温，10 时升到当天目的温度，到 22 时封火保温，次日仍按此法进行，这样昼夜之间形成变温。无论是用水箱加温还是用地炉加温，夜间经过 7 h，室温最低下降 3 ℃左右，茧床内部温度比室温约高 0.6 ℃。由于暖茧升温进程快、暖茧时间短，因此每天应倒床 1 次，并换气 2 次，后期相对湿度保持 72%～75%，才能使蛹体干温均匀、羽化集中。

3. 河南暖茧标准和方法

采用平温法暖茧，即从室内自然温度(18 ℃左右)起，每天升温 2 ℃，至 22 ℃保持平温，直至羽化出蛾。相对湿度保持 70%～75%。约需 20 天出蛾制种。

4. 贵州暖茧标准和方法

暖茧温度从 10 ℃开始升温，每两天升温 0.56 ℃，干湿差为 5 ℃，至 12 天止，再从 13 天起，每天升温 0.56 ℃，干湿差为 4 ℃～5 ℃，升温至 20 ℃保持平温，干湿差保持 4 ℃，暖茧约 37 天羽化出蛾。

表 5.5-1　春柞蚕暖茧标准

日　序

温度 /℃

辽宁

山东

河南

注：○：见蛾，▲：大批羽化。

5.5.5 暖茧环境与蛹体发育的关系

在暖茧过程中，蛹体的发育进程与暖茧环境密切相关。其中，温度对蛹体发育影响最大，在适温范围内，蛹体的发育速度随温度的升高而加快，从加温到羽化所需要的时间短；反之所需的时间长。湿度也是影响蛹体发育的因素之一，湿度过大，则影响蛹、蛾的生命力；湿度过小，则缩堂蛹增加，蛾的产卵量降低。河南省蚕业试验场研究表明，一化性柞蚕种茧采用不同温度暖茧，其发育速度、羽化整齐度及蛾的生命力等有明显差异，在 15 ℃中暖茧，经 33～36 天羽化出蛾，蛾羽化不齐，而且随湿度增大，卵的孵化率和幼虫生命力降低；在 21 ℃中暖茧，经过 20～21 天羽化出蛾，羽化、产卵、孵化及幼虫期表现均优；在 27 ℃中暖茧，经过时间缩短，羽化也较整齐，但蛾的交配能力差，产卵量少，孵化率低；在 32 ℃中暖茧，大部分蛾不能羽化，生命力极低，而且湿度越大，生命力越低。因此，一化性柞蚕暖茧适温为 21 ℃，湿度以 70%～75%为宜。辽宁省等二化性地区春柞蚕暖茧的适宜温度为 18 ℃～20 ℃，湿度为 65%～80%。

5.5.6 柞蚕蛹的有效积温及羽化调节

1. 柞蚕蛹发育的有效积温

柞蚕蛹感受到一定温度就开始发育，一般认为柞蚕蛹发育的起点温度为 10 ℃，将大于等于 10 ℃的有效温度累加起来即为大于等于 10 ℃的有效积温。柞蚕蛹开始发育至羽化出蛾需要一定的有效积温，一经达到此有效积温便会羽化出蛾。在暖茧过程中，应准确记录蛹体感受的有效积温，并进行解剖学观察，适时调节蛹体发育速度，使之按预定时间羽化出蛾。

暖茧期间蛹体需要的有效积温受多方面因素的影响。首先，品种及化性不同，蛹所需的有效积温不同。如一化性品种蛹发育所需要的有效积温为 178 ℃～195 ℃，二化性品种如黄安东、鲁青的有效积温分别为 206 ℃～217 ℃、195 ℃～211 ℃（表 5.5-2）。

表 5.5-2 柞蚕蛹期发育所需有效积温

（山东省蚕业研究所、沈阳农业大学柞蚕研究所）

品种	从暖茧至羽化出蛾止	经过时间(天)
一化性品种	178～195	28～29
鲁青	195～211	29～30
黄安东	206～217	30～31
胶蓝	211～228	31～33
克岭	211～228	31～33
选大 1 号	210～234	29～34
沈黄 1 号	210～220	30～32

其次，同一品种蛹的大小不同、雌雄不同蛹发育所需的有效积温也不同。蛹体小、雄蛹所需有效积温少。如有的年份秋蚕期气温较高，幼虫期生长发育较快，蚕及蛹的个体小，暖茧时所需的有效积温有减少的倾向；暖茧前期雄蛾较多，暖茧后期雄蛾数量较少等。

最后，冬季保种温度偏高，如经常保持在 2 ℃～3 ℃时，蛹发育所需的有效积温要减少 10 ℃～20 ℃，即可早羽化 1～2 天；相反，冬季保种温度经常在 -2 ℃～-3 ℃时，蛹发育的有效积温则需增加 10 ℃～20 ℃，即晚羽化 1～2 天。

2. 羽化调节

暖茧过程中，应根据生产计划及品种所需要的有效积温及时调节羽化时间，保证种茧按预定时间羽化出蛾。特别是生产杂交种，更应掌握蛹发育的进程，对发育晚的品种及雌雄个体在适温范围内进行调节，如适当增加温度或降低温度，使之发育接近一致。羽化调节是实现按时羽化出蛾，适时交配制种，提高种卵产量和质量，确保柞蚕茧优质高产的重要环节，必须认真做好调节工作。羽化调节方法如下：

（1）根据柞蚕品种蛹期发育所需有效积温的多少，采取不同的暖茧开始时间，使对交品种的羽化期相一致，保证杂交种生产的顺利完成。

（2）在暖茧开始前，选出部分雄茧晚加温或将雌雄茧分别加温暖茧。由于柞蚕蛾羽化，前期雄蛾多雌蛾少，后期雌蛾多雄蛾少，因此为使雌雄蛾同时羽化，暖茧开始时，选出 10%～15% 的雄茧挂在温度较低处或晚加温 2～3 天，使雄蛹感受的有效积温少于雌蛹，保证制种期间羽化的雌雄蛾数量大体相等。

(3)解剖蛹体，调节发育。在暖茧过程中每天要定时解剖蛹体观察内部器官发育情况，判断蛹体发育程度，参照有效积温，通过调节温度来调节羽化日期。蛹体解剖方法如下。

暖茧前期，将蛹体放在开水中浸 2～3 min 以固定内部组织，取出蛹体撕开触角部位，观察头胸部的变化，再撕开蛹体观察体内各组织器官变化。后期可直接解剖蛹体观察，先外观蛹体各部位的发育情况，再用解剖针将蛹背部向上固定在蜡盘中，剪开蛹体壁观察内部器官发育情况。为了避免内部组织器官和血淋巴因氧化而变黑，可滴入 Bouin 固定液固定数分钟，再换入 0.75％浓度的氯化钠溶液进行解剖观察。柞蚕蛹发育与有效积温的关系见表 5.5-3。

表 5.5-3　柞蚕蛹积温与蛹体发育

暖种加温进程							
积温(℃)		0	31.90	71.5	124.8	175.7	211.7
日		0	15	21	27	32	37
发育阶段		暖蚕开始	前期	中期	后期	胸足着色期	蛾翅着色期
头部	顶顶板	湖绿色透明	不透明	淡乳白色	乳白色	乳白色	淡棕色
	复眼	无色透明	无色透明	乳白色或橙色	赤豆色	紫黑色	紫黑色
	触角	芭蕉叶状	柞叶状	双栉裂口,塔形	管状小节(乳白色)	淡橙色	米黄色
胸部	胸足	湖绿色透明	乳白色透明	附节形成	股节胫节边缘呈棕色	胫节淡灰色 节间边缘棕褐色	米色或赭色
胸部	翅缘	透明	半透明	乳白色半透明	乳白色	乳白色	棕色
	翅	透明	半透明	乳白色半透明	乳白色半透明	乳白色绒毛	淡棕色
腹部	中肠(mm)	较硬呈塔形长(1416)	较软呈椭圆型长(144)	较软、平滑、近圆形 长(136)	液化收缩 长(77)	液化、色浅、(圆形) 长(55)	液化减少 (44)
	脂肪体	坚韧呈网状	变软呈豆腐状	豆腐状	丝状	颗粒状	颗粒状
	黏液腺	未见	开始形成	中空无物	中空无物	枣黑色	枣黑色
	直肠囊	未见	开始形成	中空无物	有排泄物(乳白或米黄)	淡墨绿色	麦黄色
卵巢管长(mm)		0.7	1.5~2.0卵室出现	2.0~4.8念珠状	8.0~10.0卵粒形成	14.0~16.0 卵壳较硬	卵粒移动

品种:胶蓝;10℃~21℃暖茧法。引自孙重光、沈孝行,1963,略有改动。

第 6 章

柞蚕制种

柞蚕制种是柞蚕生产最关键的一环，它不仅直接关系到春柞蚕生产，而且还为秋柞蚕生产打下基础。因此搞好柞蚕制种工作、生产优质的种卵对于全年柞蚕生产具有重要意义。

6.1 春柞蚕制种

柞蚕制种是一项工作复杂、时间短、技术性强的工作，需要科学管理，按制种计划做好制种房屋、用具准备，组织好人力、物力，制定科学的操作规程，提高制种工作效率，达到提高蚕种质量的目的。

6.1.1 制种准备

1. 制种室准备

制种室是制种的场所，主要包括：暖茧室(出蛾室)、晾蛾室、交配室、产卵室、保卵室、镜检室等。

暖茧室也称发蛾室，要求便于升温、保温、通风、换气。晾蛾室分雌蛾晾蛾室和雄蛾晾蛾室，雌蛾晾蛾室要求温度保持在 18 ℃～20 ℃、空气流畅；雄蛾晾蛾室要求温度较低，低温冷藏室要求温度在 0～10 ℃；交配室要求温度 18 ℃～20 ℃，光线均匀、环境清洁、空气流畅；产卵室温度要求 18 ℃～20 ℃，补湿方便，空气新鲜，光线黑暗；保卵室分室温保卵室和低温保卵室，室温保卵室温度为 18 ℃～20 ℃，低温保卵室温度为 2 ℃～8 ℃。镜检室要求光线充足，并有照明设备。

2. 制种用具准备

制种用具种类繁多，有的专用、有的兼用。各地区生产方式不同，制种用具也不一样。可分为制种用具和消耗品 2 类。

（1）制种用具

①暖茧用具：挂茧架、挂茧杆等。

②产卵用具：产卵袋、塑料纱、茧床等。

③盛蛾用具：蛾筐、蛾盘、晾蛾架。

④测温用具：干湿球温度计、自记温度计。

⑤升温设备：电热加温器、暖气（电暖气）、火墙等。

⑥消毒用具：消毒缸、塑料盆、水银温度计、脱水机等。

⑦盛卵用具：卵袋、卵盒、塑料纱等。

⑧ 镜检用具：显微镜、盖玻片、载玻片、磨蛾用具、组织捣碎仪等。

（2）消耗品　穿茧绳、穿茧针、产卵袋、燃料、药品（甲醛、盐酸、漂白粉等）。

6.1.2　制　种

制种工序多而且复杂，必须做好制种的组织分工，严格按操作规程进行，保证种卵质量和数量。

1. 羽化

柞蚕蛹经过暖茧加温，感受到一定的有效积温后，便羽化（emergence）为蛾，由羽化孔破茧脱出，此过程称出蛾。由于个体间的差异，羽化出蛾有早有晚，大批制种，出蛾开始至结束约需 12 天。雄蛾羽化早并易爬动，而且还能飞翔，出蛾后易造成早交或在室内飞舞，要注意羽化时刻并及时捉蛾。

（1）羽化时刻　柞蚕蛾羽化规律为先出雄蛾后出雌蛾。为使出蛾齐一、有规律、不出夜蛾，采用"断火"控制出蛾。但因断火的时刻不同，出蛾的时刻也不同。辽宁省多采用在早 4 时升温到 18 ℃～20 ℃，14～15 时开始羽化，16～19 时为盛出期，17 时稍开门窗降温至 14 ℃～15 ℃，21 时捉蛾结束。此法缩短了夜间工作时间，减少了蚕蛾落地、相互抓伤等损失。河南省在 18～20 时升温到 22 ℃，次日 2～3 时开始羽化，6～7 时大批出蛾，24 时出蛾结束，9～10 时断火降温到 14 ℃。此法优点是白天捉蛾，上午拆对选蛾，劳动效率高。缺点是如捉蛾不及时易增加落地和抓伤蛾；少数蛾在串上交配时间过长而易开对。

山东省和贵州省多采用 24 时左右加温，翌日 14～15 时盛出，16～17 时开放门窗稍降温。

(2)羽化调节　羽化调节(eclosion regulation)目的是使雌雄蛾同时羽化出蛾，以利交配。为了解决一天内雄蛾早出的问题，应随出随捉，早羽化的雄蛾放置在低温处控制，保证雄蛾强健，提高蚕种质量。如果采取异品种或异品系杂交，则要根据各品种、品系蛹期所需要的有效积温多少，结合蛹期发育进程进行控制。蛹期经过长的早加温，蛹期经过短的晚加温。见苗蛾后，可将暖茧温度降低为 13 ℃左右，能延迟羽化 2～3 天。

2. 捉蛾、晾蛾

柞蚕蛾羽化后应及时捉蛾(moths gathering)，防止羽化后在茧串上自由交配，尤其是进行杂交制种、异蛾区制种时，应将雌雄蛾分别捉下保存，按生产计划进行交配制种。

捉蛾时先捉雄蛾、后捉雌蛾，可根据品种的特征特性进行初选。因为雄蛾腹部小、蛾体轻，展翅开后即可飞翔，所以应先捉下来放置在蛾筐内晾蛾。将雄蛾均匀地悬挂在筐盖上方，蛾与蛾之间保持一定的距离，防止拥挤相互抓伤。每个蛾筐的晾蛾数量要根据蛾筐的容积而定，一般标准蛾筐每筐晾蛾 100 只。待蛾翅展开后，送到 4 ℃～6 ℃的低温处控制，既能使蛾毛干燥，又可抑制其代谢、防止飞舞。雌蛾捉下后放到晾蛾架的绳上晾蛾，蛾与蛾之间也要保持一定距离，防止相互抓伤。每一标准晾蛾架(120 cm×85 cm)晾蛾 160 只左右，放在 16 ℃～18 ℃左右的晾蛾室内晾蛾，使其鳞毛干燥、卵粒成熟以及促使产生求偶行为。

捉蛾时遇有已交配的蛾对时，可将蛾对提出单独制种；对于交配时间短的蛾对可拆开使其另交。

3. 交配(交尾)、提对

交配(mating)又称"合筐"，有 2 种形式，即当日交配和隔日交配。交配时的保护温度为 18 ℃～19 ℃，温度过高或过低都影响交配效果及孵化率，温度过高易伤热；温度过低则蛾体不活泼，影响交配。交配时间过早，蛾翅未充分展开而易抓伤流血淋巴；交配过迟，雌蛾活动性强而交配困难。因此应掌握交配的时期，即雌蛾 4 翅完全展开，2 后翅边缘相接，4 翅微微震动，尾部频频外伸；雄蛾在蛾筐内震翅有声，标志蛾体已发育成熟，此时为交配适期。

(1)当日(夜)交配　蛾羽化后在 20 ℃左右温度保护下，经过 5~6 h 晾蛾即可达到交配时期，一般于当日 23~24 时开始交配，次日下午 2~3 时拆对。河南、山东多采用当日交配。

(2)隔日(夜)交配　东北地区为了避免夜间工作时间长和增加蛾体内的成熟卵量，多采用隔日交配(copulating on the next night after emergence of the tussah moth)。即当日羽化的蛾不交配，于第 2 天下午 13~14 时交配，第 3 天上午 8~9 时拆对，交配时间 16~17 h。隔日交配的缺点是晾蛾室和晾蛾用具增多，雄蛾需要低温保护室。

交配方法　交配前 30 min，把雄蛾筐移入已加温的交配室内，使之感温活动以利交配。再于交配前数分钟振动晾蛾架使雌蛾受刺激而排泄蛾尿，保持交配时蛾筐清洁，交配效果好。采用木制晾蛾架晾蛾交配时，一人手持晾蛾架(160 蛾)；另 2 人每人各拿一筐雄蛾(100 蛾)，提起约 0.5 m 高稍用力向地面一振，或用力拍打筐盖，使雄蛾受到振动落入筐底，然后迅速打开筐盖，将雌蛾抖落入筐内，盖上筐盖，转动蛾筐，使雌雄蛾均匀分散在筐内，任其自由交配。蛾筐放在 18 ℃~20 ℃的交配室内，按先后顺序放好，便于提对。

雌雄蛾交配合筐 20~30 min 后，筐内震翅声逐渐变小，表明多数已交配不再飞舞求偶，此时可进行提对(gathering of the copulating tussah mothairs)。提对时，打开筐盖，先捉未交配的雄蛾或雌蛾放入空筐内使其再交，将已交配的蛾对轻轻提起放到筐盖上，然后放到晾对器具上，拿到晾对室晾对(hanging of the copulating tussah moth-pairs)。注意提对应提雌蛾，不要提雄蛾，否则易开对。一批蛾应提 2~3 次，3 次以后的蛾应淘汰。

晾对按雌蛾在上方、雄蛾在下方，将蛾对晾在挂起的塑料纱或蛾筐里，晾蛾密度以蛾翅间不相互接触为宜。

注意事项：晾对室要保持安静，防止激烈震动；避免强光、高温等刺激，防止开对。晾对的蛾筐及塑料纱应距地面和墙壁 30 cm，防止低温影响交配。晾对室温度为 16 ℃~18 ℃，相对湿度为 75%。光线要均匀，保持空气新鲜。随时检查室内情况，如有震翅飞舞的声音，表明有开对的散蛾活动，应及时巡视检出，防止影响其他蛾对。

4. 拆对

在 16 ℃~18 ℃的环境中，交配 13～17 h 便可拆对(separation of copulating moths)。拆对时手要轻稳，不要强拉，避免损伤蛾的生殖器官影响产卵。左手轻压雌蛾腹部背面，右手捏住雄蛾 4 翅基部，向雌蛾头部方向一提即可开对。拆对后，选择体色鲜明、鳞毛整齐、强健的雄蛾每 120 只为 1 筐，放到温度为 3 ℃~5 ℃的环境中保护，以备再次交配。雌蛾每筐放 90 只左右送到选蛾室进行选蛾。

拆对应防止品种、批次混杂，淘汰病劣蛾；低温保护的雄蛾应标明品种、批次、拆对时间、已交配次数等；拆对的速度应与选蛾的进度相一致，否则会因选蛾、装袋不及时而损失蚕卵。

5. 选蛾

(1)选蛾的目的和依据　选蛾(moth selection)的目的是淘汰病、劣蛾，提高柞蚕种质量，实现高产、稳产。由于不同品种的特征特性有差异，因此选蛾的标准也不一致。如白蚕血统、蓝蚕血统、青黄蚕血统的蚕品种血淋巴色浅淡并清晰，而黄蚕血统和红蚕血统品种的血淋巴颜色较黄或红黄色。外观渣点中的病渣都是针尖大小、黄褐色或黑褐色等，固定在肌肉、脂肪体、卵管上不能活动。在体壁上、血淋巴中活动的不正形的黑色或灰色小点或小块，则大多是变态过程中没有被吸收的残留物质。因此选蛾应严格区分蛾体内的渣点是病渣还是残留物，准确淘汰病劣蛾，保证蚕种质量。

① 外观　体色鲜明、体形饱满、健壮活泼、鳞毛丰厚、四翅伸展、环节紧凑、腹大卵多、成熟卵多为优良蛾。

体形肥大、腹部松软、环节外拖、卵量少、石肚子、水肚子、绿肚子都是病弱蛾。主要原因是蚕期饲养过程中营养条件和技术处理不当。如蚕期缺食、造成跑坡或取食嫩叶多，则易造成蚕体肥大虚弱，蛾期腹部也肥大松软，蛾体不健壮。

蛾体虽健壮活泼、成熟卵多，但蛾体小、卵少，卵粒不饱满，欠充实。这种成熟卵多而产卵量少的原因，主要是蚕期饲料老硬、天气干旱以及叶子缺水所致。在选择抗旱品种时，选择这种蛾继代，次代蚕能适应较恶劣环境，但其产卵量少、茧质差，不是理想的丰产品种。

有些蛾血淋巴中有紫褐色、乳汁状的斑点或斑块，俗称"米肚子""紫肚子"，这种蛾不一定是病蛾。大多是因出蛾过程中蛾体受创伤，使直肠囊或黏液腺受剧烈震动而破裂，蛾尿和黏液腺分泌物流入血淋巴中所致。它虽非病劣蛾，但严重创伤蛾也要淘汰。

　　蛾体腹内绿卵有多、有少。这是因为有后形成的少部分未成熟卵，如果卵管中未成熟卵部分露在表面，表现绿卵就多；相反，绿卵部分压在成熟卵管的下面，则因看不到绿卵而表现绿卵少。绿卵的多少经实际饲养证明对后代无不良影响，因此不能说绿卵多的蛾质量差。

　　② 渣点　透视节间膜观察内部肌肉、脂肪体、卵管等组织器官，有不规则的、数量不同的红褐色、褐色针尖状的小渣点，这可能是微孢子虫寄生后破坏组织而形成的病症，肉眼看似红褐色的渣点。若将脂肪体上不能活动的渣点放在显微镜下观察，如观察到有密集的微孢子虫孢子群，则可以确定为病蛾。有些病蛾背血管的两侧由于围心细胞（pericardial cell）吸收了血淋巴中的颗粒杂质，出现了颜色较深区域，这是悬浮在血淋巴中的病原物或崩溃细胞的残余物，被围心细胞吸收后积累在背血管的两侧，当积累到一定量时，在背血管两侧就表现出隐约不清的黄（黑）褐色双线，俗称"双杠"。

　　③ 血淋巴　血淋巴色泽应具有本品种固有的特征、特性。健蛾的血淋巴清晰透明，病蛾的血淋巴因混有微孢子虫孢子而改变了折光性，使血淋巴的透明性较差；而且血淋巴中的营养物质被微孢子虫破坏和吸收，导致病蛾的血淋巴混浊不透明。

　　（2）选蛾的步骤和方法　肉眼选蛾可分为串上选、对前选、拆对选3 步。

　　① 串上选　捉蛾时进行初步选择，淘汰蛾翅卷缩、鳞毛不全、体形不整、焦头、烂尾、腹部绵软拖尾、排红色尿液的病劣蛾。

　　② 对前选　淘汰病劣蛾，减少晾蛾设备、工具及工作量。此时蛾尿尚未排尽，体内不甚清晰。除淘汰第 1 次选蛾遗漏者外，透视体内背血管，将背血管两侧颜色偏红或有 2 条红褐色线的蛾、腹部松软、水肚、绿肚、环节肿胀、石肚、卵量少者淘汰。

　　③ 拆对选　拆对时选蛾是肉眼选择最重要的一环，也是雌蛾病症表现最明显的阶段，因此要对全部雌蛾进行肉眼选择。

　　选蛾应先看外观，从体形、体色、活动状态等方面来观察。一手捏蛾四翅基部；另一只手轻压尾部背面，使尾部缓缓向腹面弯曲，透视腹部背面第 3、4、5 环节的节间膜，凡血淋巴颜色浑浊、肌肉组织粗糙、卵管、背血管、脂肪或肌肉组织上有红褐色或褐色针尖状渣点，而且位置固定，手捏随组织移动者为感染微孢子虫病症，应淘汰。选蛾时应以内部为主，外部次之，外观卵粒为辅助条件。内部应以血淋巴颜色、浑浊程度为主。

健蛾特征：蛾体强健，体形端正，行动活泼，体色鲜明；体形大而丰满，鳞毛丰厚；四翅平展，质地厚，翅脉挺直；腹大饱满，环节紧凑，蛾尿乳白或淡黄色；透视体内，卵粒多且成熟卵多，血淋巴清晰为本品种固有特征，肌肉、脂肪体细腻。

雄蛾应选 2 次。第 1 次结合捉蛾进行，刚羽化的雄蛾翅较软，腹部环节还未收缩，此时易于观察。第 2 次是在交尾前进行，选留体形端正、环节紧凑、鳞毛丰厚、血淋巴清亮，蛾尿乳白或清白、淡黄色，无红褐色小渣点的为健蛾。

6. 产卵

经选留的雌蛾，剪去 2/3 左右的翅后，迅速投入产卵容器内产卵（oviposition），以避免蚕卵损失。

(1)产卵时刻　柞蚕蛾自然产卵的盛期在 21～23 时，白天产卵很少。由于人工控制羽化、交配时间和剪翅等刺激，白天也可产卵。但产卵盛期仍在上半夜，后半夜产卵逐渐减少。第 1 夜产卵量最多约占总产卵量的 85％以上；第 2 夜次之，约占总产卵量的 10％，第 3 夜产卵量更少，以后尚有少量遗腹卵。产下的卵重以第 1 夜最重，以后渐轻。一般生产上采用产卵 2 昼夜。为了提高幼虫孵化整齐度，也可只产 1 昼夜。

(2)环境条件与产卵　柞蚕蛾的产卵速度及产卵量与环境条件有密切关系。影响柞蚕蛾产卵的环境条件主要有温度、湿度、光线和气流。产卵温度过高(30 ℃)，虽有加速产卵的作用，但因温度过高卵管蠕动过分强烈，以致个别卵粒从卵管下移时，位置不正或产生逆转，精子难以进入卵内，造成不受精卵增多，并影响卵及蚕的生命力。产卵温度低于 18 ℃，产卵缓慢，产卵时间长，胚胎发育不齐，影响幼虫孵化整齐度。产卵室的温度，辽宁采用 19 ℃～20 ℃，河南采用 22 ℃。湿度对产卵也有影响，在适湿范围内，湿度偏低，不受精卵增多；过于干燥，产出的卵水分大量蒸发，影响胚胎的正常发育，而且遗腹卵也增多。一般相对湿度为 75％～85％。光线对产卵也有明显的作用，产卵室保持安静和黑暗状态能加速产卵，并能增加产卵量和良卵率。微风、空气流通是雌蛾产卵所需要的条件，风速在 1～2 m·s^{-1}时产卵速度快，风速在 1～3 m·s^{-1}时，向风处产卵随风速增大而产卵量多。同时，产卵期间雌蛾呼吸作用较强，消耗氧气的量增多，产卵室应保持空气新鲜。

产卵中应检查产卵室的动静，如蛾翅震动声音过大，说明产卵不正常，应查找原因进行调节。这种情况大多是由于高温、气流不通畅或光照过强所致。如蛾静止不动，产卵室声音很小，则可能是由于温度过低，雌蛾不活泼所致。蛾翅震动声音均匀说明产卵顺利。

(3)产卵方法　柞蚕蛾产卵有单蛾产卵和混合产卵 2 种方式，一般单蛾母种、双蛾母种及原种采用单蛾产卵；普通种生产则采用混合产卵。

① 单蛾产卵　单蛾产卵多采用塑料纱制成的产卵袋产卵。产卵袋的规格为 14 cm×16 cm 或 12 cm×15 cm 的小袋，每袋装剪翅雌蛾 1 只，用书夹、大头针或绳(或乳胶皮套)封好袋口，排列在茧床上或挂在产卵架上产卵。目的为了便于显微镜检查，防止微孢子虫的母体传染，保证蚕卵无病。单蛾产卵手续复杂、工作量大，适合于繁育母种和原种。

② 混合产卵　混合产卵一般采用塑料纱袋产卵，产卵效率高，工作简便。在基本上消灭了微粒子病的地区可采用此法产卵，该法只能进行抽样检查。

用塑料纱袋制成 30 cm×40 cm 的产卵袋或产卵笼，内用铁丝、竹篾、荆条或柳条等弯曲成圆形框架撑起，两端用细绳封紧，每袋或笼放入 30～40 只蛾产卵。也可采用长 94 cm、宽 15 cm 的塑料纱袋装蛾产卵，在袋中间缝一道与袋长缝垂直的横缝线，将袋分成 2 个小袋，每袋内装 30～40 只雌蛾，将两端袋口折叠后用大头针等固定，再将袋口两端缝合线上的绳圈挂在产卵室内，产卵 1～2 天后收蛾(collection of female moth after oviposition)镜检。

产卵袋横挂，适合蛾的产卵习性，产卵速度正常；由于产卵袋可多层悬挂，能充分利用空间并节约产卵室，比较适合于大规模制种。产卵袋多用塑料纱制作，通气性好，不积蛾尿，卵面不宜粘鳞毛及鳞片，塑料纱光滑，剥卵省工，卵量容易称重；保卵、运输方便，浴种和卵面消毒效果好。缺点是散卵不适合雨天收蚁。

(4)产卵不良蛾发生的原因及防止　产卵到规定时间，往往有不产卵蛾和产卵很少的蛾，应找出发生的原因并妥善防止，提高制种量。

① 雌蛾产卵不良或只产少量未受精卵，大多是由于交配室中管理不当，即交配的蛾对受到激烈震动、高温或突然强光的刺激而使蛾对开

对，未达到交尾目的所致。要加强交配室的管理工作，防止高温、强光、激烈震动等刺激。加强巡查，如有蛾对开交，及时捉出再交；否则，会影响其他已交配蛾对的正常交尾，影响产卵和受精。

② 交配室温度过低(15 ℃以下)，雄蛾不活泼，交配不良，造成不产卵或产卵很少。所以要加强产卵室温度管理，保证在适合的温度范围内交配。

③ 暖茧中温度过高，湿度过低，室内过于干燥，空气不流畅。蛹体失水过多，蛾发育不协调，羽化的蛾呈焦头烂尾状，并排泄较浓的红色尿液，影响次代蚕的强健程度，这种蛾应淘汰。在暖茧过程中，应严格掌握温度和湿度，并注意保持暖茧室空气流畅。

④ 产卵多呈叠卵，颜色为黑色，卵壳颜色浓淡不匀，这是因为产卵环境不良，如高温、干燥、空气不流通或茧床距热源较近所致。这种卵孵化出的蚕瘦小，逆出蚕较多。应加强产卵室温湿度管理，保持空气新鲜。

⑤ 拆对过于粗糙，雌蛾生殖器受到损伤，也是造成不产卵蛾或产卵少蛾的发生。拆对时手要轻、稳，不要强拉硬拆，防止生殖器受到机械损伤。

7. 雌蛾微粒子病的显微镜检查

显微镜检查(inspection of pebrine by microscope)是在严格目选的基础上，用显微镜检查产卵后的雌蛾腹部组织，进一步淘汰微粒子病(pebrine)蛾卵，它是杜绝微粒子病母体传染、提高蚕种质量的重要措施之一。单纯依靠肉眼选择，不能彻底选出微粒子病蛾，有些感染较轻或晚期感染的蚕，蛾期病症往往不太明显、难以识别；卵面消毒也不能杀灭卵内微孢子虫孢子。母种和原种制种必须进行显微镜检查，有条件的普通种制种也要进行显微镜检查。

(1)镜检准备　显微镜检查是一项任务量大、工作重、时间短的工作，必须认真做好准备工作。

① 镜检室准备　镜检室应是具有水泥地面、光线充足、有洗涤设备、有水源及排水方便的房屋，中央布置拿蛾、掐蛾、磨(挑)蛾、点板台等，在窗口附近设镜检台。

②镜检采用600～700倍的显微镜，各种镜检用具在使用前必须充分洗涤，盖玻片、载玻片等用盐酸浸渍消毒。

③盐酸、漂白粉、氢氧化钠等药品准备。

(2)镜检的组织分工　检验人员分初检和复检两种，每 4 席初检可设 1 席复检；初检有单检和对检 2 种。普通种采用单检，原种和母种采用对检。镜检人员技术要熟练，工作应细致。附属工作有收发蛾、挑蛾或磨蛾、制片、洗涤 3 部分。

(3)雌蛾检查方法　磨碎(挑取)供检雌蛾，把磨碎液按顺序点在载玻片上盖片检查，镜检程序如下：

① 收发蛾　由专人到产卵室领取已够时间(24 h 或 48 h)的卵袋，写明产卵日期、品种、数量，交给镜检人员检查。镜检后将良卵袋和病卵袋以及检验单交回，将有病和无病卵袋分别交剥卵室剥卵，病蛾卵应及时消毒处理。

拆开蛾袋，取出雌蛾，在腹部第 4～5 环节处撕下，按乳钵上的编号放置其中，磨碎供检；或者直接用细木棍在雌蛾腹部背面第 2～3 环节处挑取不带卵粒、蛾尿的内部组织直接点片。

② 磨蛾　每孔乳钵内加入 1%的氢氧化钠溶液，每孔用一对应的乳棒研磨雌蛾的腹部至黏糊状止。应注意乳钵内的液体不要外溢，否则影响镜检的准确性。磨好后乳棒放置在乳钵内。

③ 制片　用乳棒蘸取磨碎液点在载玻片上，点液不可过多，每滴标本液直径为 0.6～0.7 cm。要求浓淡适度、无杂质。如用木棍挑取雌蛾腹部组织，则直接点在事先点有氢氧化钠的载玻片上即可。点片后盖上盖玻片，并用手指轻轻压实。载玻片放在专设的检种板上，每板点 10～15 蛾，蛾袋、乳棒(木棍)、载玻片按一定顺序排列，防止出现混杂。点片前先用乳棒在磨碎液中研动一下，使液体上下混合均匀，防止微孢子虫孢子因沉淀而漏检。全板点好后送镜检员检查。

④ 初检　将镜检的标本按号取片检查，每个标本观察 3～5 个视野。在光学显微镜下，柞蚕微孢子虫孢子呈长椭圆形，前端稍细，后端稍粗，大小为 $4.57\pm0.49\ \mu m \times 1.88\pm0.26\ \mu m$，折光性强，呈淡绿色，作布朗运动。检查后将有病载玻片和盖玻片分开放置，便于洗涤处理。要求镜检速度要快，检查结果要准确。将初检结果记入检种单，有微孢子虫孢子的标记为"○"，没有的记为"×"。有病卵袋和无病卵袋应分别放置，待复检后无病卵袋送剥卵室剥卵，有病卵袋集中消毒处理。统计每张检种单上的结果。

⑤ 复检　由制片员凭初检单抽查无病蛾重新制片，点片后连同初检单送复检员进行复检。复检有病，退回初检席重检；复检无病，即可

进行剥卵、洗涤。

⑥ 洗涤　复检无病，将乳钵、乳棒、载玻片、盖玻片等用清水冲洗清洁，擦（晾）干待用；有病蛾片及乳钵、乳棒等浸入 10％盐酸中浸泡 15 min 以上，再进行冲洗，这样可以溶解微孢子虫孢子，防止影响复用时的镜检结果。

⑦ 镜检整理工作

镜检结束后，有微粒子病的病蛾、蛾袋等必须妥善处理，清查载玻片和盖玻片，记录破损情况。统计镜检结果，记录品种、批号、数量、有微粒子病蛾数、不产卵蛾数等。

$$微粒子病率 = \frac{微粒子病蛾数}{受检总蛾数 - 不产卵蛾数} \times 100\% \qquad (6.1\text{-}1)$$

（4）提高显微镜检查效果的方法

微粒子病是影响柞蚕生产的主要病害之一，尤其是对蚕种生产威胁更大，因此应加强该病诊断及防治工作。为了提高微粒子孢子的检出率，有效地控制胚种传染，提高蚕种质量，可以采取改变受检材料的环境条件，使受检材料中的芽体、裂殖子转为孢子体，以及增加孢子密度、改进检查方法等。主要方法有：

① 推迟检查法　将产卵后的雌蛾在 20 ℃环境下放置一段时间推迟检查，使微孢子虫发育到孢子体阶段，增加孢子密度，便于检查。

② 烘干检查法　将产卵后的雌蛾在 60 ℃的高温下烘 24 h，在蛾体迅速失水的情况下，微孢子虫也能转变为孢子阶段，从而提高检出率。

③ 沉降检查法　通过自然沉降或离心沉降等方法，集中孢子、增加孢子密度，提高检出率。将雌蛾研磨液放入试管中，塞上棉塞，将试管倒置 24 h，然后用棉塞点片；或用 2 000 r·min^{-1}离心 20 min，取沉降物点片。

④ 抗原、抗体检查法　制备微孢子虫孢子的抗血清，利用抗原-抗体反应进行检查。将含微孢子虫孢子的溶液注入实验动物（如兔）体内，然后提取抗血清，与受检雌蛾的血淋巴进行抗原-抗体反应，从而判断受检雌蛾是否含有微孢子虫。

⑤ PCR 技术检测法　采用斑迹抽提法提取柞蚕微孢子虫 *Nosema pernyi* 基因组 DNA，琼脂糖凝胶电泳分析表明其基因组 DNA 大小在 15 kb 左右。选用已报道的微孢子虫属 16S rRNA 基因的保守序列设计 P1/P2 和 N1/N2 两对 PCR 引物，对柞蚕微孢子虫基因组 DNA 进行

PCR 扩增。选用的两对引物 P1/P2 和 N1/N2 对柞蚕微孢子虫的基因组 DNA 分别扩增出 1 条大小不同的特异谱带。应用 PCR 技术可有效检测出感染柞蚕幼虫、蛾中的微孢子虫，有望应用于柞蚕微粒子病的早期诊断(邓真华，2010)。

6.2　秋柞蚕制种

秋柞蚕制种的目的是繁殖秋柞蚕生产用种。一是为生产商品茧提供种卵，这一部分数量比较大；另一部分是繁殖下一年种茧生产用种。秋柞蚕制种又称夏(伏)季制种，制种时间短、任务重、规模大、敌害多、气候条件差。因此搞好秋柞蚕制种，是柞蚕茧优质高产的关键。

6.2.1　秋柞蚕的制种时期和特点

1. 秋柞蚕制种时期

春柞蚕摘茧后，在自然条件下保护约 10 天即开始羽化。辽宁省和山东省的胶东半岛等二化性地区的制种时期为 7 月中旬，生产经验为："头伏蛾子，二伏蚕"。北部地区如吉林省等地，为防早霜危害应掌握在 7 月 15 日前后羽化制种。南部地区如山东省的泰安、昌潍等地，因春蚕较早，7 月初就开始制种。二化一放秋柞蚕的制种时期以 7 月上旬为宜。只有适时制种，才能适时养蚕，获得优质高产的柞蚕茧。

制种过早，则收蚁早，易发生不滞育蛹，出现三化蛾；同时，蜂害严重，蚕期温度高蚕发育快，茧轻质量差，产量低。适当晚制种、晚养蚕，使大蚕在较低温度下生长发育，蚕食叶时间长、摄食量大、积累多、茧质好、产量高。不同制种时期对柞蚕化性及茧质的影响见表 6.2-1、表 6.2-2。

表 6.2-1　不同制种时期对柞蚕化性的影响(冯绳祖等，1957)

产卵日期	品　　种	蛾区数 (蛾)	收茧粒数 (粒)	三化蛾数 (粒)	三化率 (%)
7 月 16 日	鲁杂 2 号×青黄 1 号(F₂)	3	213.3	24.0	11.3
7 月 16 日	青黄 1 号×鲁杂 2 号(F₂)	3	216.0	38.0	17.6
7 月 17 日	青黄 1 号	10	149.4	4.4	3.0

续表

产卵日期	品　　种	蛾区数 （蛾）	收茧粒数 （粒）	三化蛾数 （粒）	三化率 （％）
7 月 18 日	青黄 1 号	8	115.1	0.4	0.3
7 月 19 日	青黄 1 号	3	119.8	0.0	0.0
7 月 20 日	青黄 1 号	6	131.3	0.0	0.0

表 6.2-2　不同制种时期对柞蚕茧质的影响（冯绳祖等，1967）

产卵日期	品　种	蛾区数（蛾）	全茧量(g)	茧层量(g)	茧层率(％)
7 月 16 日	青黄 1 号	1.5	8.88	0.82	10.37
7 月 20 日	青黄 1 号	8	8.28	0.92	11.10

2. 秋柞蚕制种的特点

（1）环境特点　秋柞蚕的制种时期在 7 月中旬，此时的环境特点是温度高、湿度大、敌害多。而柞蚕蛹、蛾、卵的生理特点是不耐高温闷热，易受病、虫、鼠类等敌害的危害。因此应根据具体情况采取有效技术措施，加强对种茧、蛾、卵的管理和保护。首先，种茧、蛾、卵严格按其对环境的要求标准保护，不要堆积，防止因呼吸作用等造成伤热。其次，制种室应保持通风良好，防止闷热。最后，选出死笼茧、油烂茧等劣茧，杜绝病原，防止病、虫、鼠等敌害的危害。

（2）秋柞蚕制种特点　秋柞蚕制种时间短，制种量大，任务重。春蚕茧蛹期约 18 天，实际上春蚕茧摘茧后仅 7 天左右开始羽化。在此期间必须完成剥茧、选茧、茧质调查、穿茧、挂茧等工作，时间非常紧迫。而且，秋柞蚕放养量是春柞蚕的 5～8 倍，每把投种量也是春柞蚕的 2～3 倍，因此制种数量多，任务繁重，必须做好一切准备工作。

二化一放秋柞蚕的制种以自然温度为主，但如温度低于 20 ℃时，可采取加温制种，适温 20 ℃～25 ℃，湿度 75％。二化一放秋柞蚕可以通过调整种茧出库时间来掌握适时制种，而二化性柞蚕如果春蚕温度低，夏季保种、制种时期气温也低，防止霜冻措施就是早采春茧、加温保种以及加温制种。

一化性地区的四川省采用二化二放秋柞蚕，制种期在 7 月中旬，正值高温伏旱季节，这不仅对制种不利，而且对小蚕也不利。现在采用一化二放秋柞蚕后，制种期推迟到 8 月 20 日左右，这就减轻了高温伏旱对制种期和小蚕期的危害。当高温伏旱严重时，应采用给种茧、蚕卵及小蚕补湿的方法，以减轻高温伏旱的危害。

6.2.2　秋柞蚕制种准备

1. 制种室准备

制种室包括出蛾室、晾蛾室、交配室、产卵室、镜检室以及彻底消毒的保卵室等。针对当时是高温、多雨、多湿、易闷热的气候特点，各类制种室都要选用南向或东向、地势高燥、南北有窗而且通风良好的房屋。专用的秋用出蛾室和产卵室，最好装有电扇以利加强通风换气。有条件的专用交配室和产卵室，最好应有吸尘装置。高温蚕区的专用出蛾室为调节发育，南面应设内走廊以防日晒；地面要适于用水冲洗和排水良好；并有冷库控制蛹及雄蛾。北部低温蚕区，则应有补温设备。一般 50 千粒种茧需要出蛾室 30 m²。

各类蚕室，在使用前要进行洗刷和消毒。特别是放置卵面消毒后蚕卵的保卵室，更应严格消毒。为防空气接触传染，消毒的保卵室应远离制种室，并设专人负责。

制种用具及消耗品准备见本章 6.1 春柞蚕制种，采用纸面产卵，则应准备质量好的牛皮纸。

2. 种茧准备

秋柞蚕生产的用种量因地区不同而有差异，一般一个人的用种量标准如下：丝茧生产应准备种茧 4 000～5 000 粒，或者准备 2～2.5 kg 种卵（1 000～1 300 粒蛾卵）；普通种准备种茧 3 000 粒（或 800 粒蛾卵）；原种准备种茧 3 000 粒或种卵 1 kg；母种准备种茧 1 000 粒（或 120～130 粒蛾卵）。各地区要因地制宜有所增减。

3. 穿、挂种茧

种茧运到制种室后，为防止高温多湿、闷热的不利因素，应立即进行选茧、穿茧和挂茧。要防止不良气体及农药等有害物质危害。种茧穿、挂方法与春季制种相同，因秋季制种是在自然温度条件下进行，上下温差小，茧串可偏长，每串可穿 300 粒左右。一般茧串多为竖挂，为防止高温闷热，通风良好，也可将茧串横挂。茧串的行距应比春季稍宽。为防雄蛾前期多及后期少，应选出约 10% 的雄茧挂在低温处，便于出蛾调节和交配。

6.2.3 秋柞蚕制种

1. 羽化、捉蛾、晾蛾

(1)羽化 秋蚕制种时期的温度、光照等条件与春季不同,与春季羽化特点相比,一是秋期羽化时刻偏晚;二是秋季羽化集中。羽化时刻通常在15~16时,18~20时羽化最盛,21~22时逐渐减少至结束。一般柞蚕雄蛾比雌蛾羽化时刻偏早(表6.2-3)。

表 6.2-3 性别与羽化时刻的关系(秦利,1985)

性别	0~12时	12~14时	14~16时	16~18时	18~20时	20~22时	22~24时
雌蛾	0	0.4	6.5	38.2	48.2	6.1	0.6
雄蛾	0	1.0	24.0	30.5	42.5	1.9	0.1

(2)捉蛾、晾蛾因羽化晚而略推迟 夏季制种温度高,蛾羽化后易上爬,蛾体易抓伤及落地,还易早交配。同时,雄蛾飞舞会造成品种混杂,因此应早捉蛾、晾蛾,随出随捉。雄蛾捉住后悬晾在筐盖上,以利展翅并防止抓伤流出血淋巴。雌蛾悬晾在晾蛾架的绳上等待展翅。刚羽化的雌蛾容易晾住;早出晚捉的雌蛾因胸足不抓绳而难以晾住,可少量装筐晾蛾。所以夏季制种应及时捉蛾、晾蛾。由于夏季气温高,雄蛾每筐应比春季少装10%左右。

捉蛾、晾蛾时,应进行选蛾,选留活泼、强健、无病的蛾,淘汰畸形蛾及病蛾。

2. 交配、提对、晾对

(1)交配 因气温高,雄蛾保管有困难,秋柞蚕制种采用当夜交配法。当夜交配不仅可避免高温条件下难于保管雄蛾的困难,而且又能防止因抑制导致蚕蛾的死亡。

交配时期,雌蛾两翅展平,后翅覆盖腹部,雄蛾在筐内有震翅的响声,即为交配时期。晴天气温高时,交配时期可比春季早,一般交配开始时间约在23时。阴雨天或气温低,羽化迟、展翅慢时,交配时间应偏晚,否则交配不良并容易导致出血蛾多。

交配前应先震动晾蛾绳,使雌蛾受震动刺激而排尿。然后雌蛾放入已震动过的雄蛾筐中进行交配。每筐雌蛾数量比雄蛾少10%,每筐蛾数与春季相比也应适当减少。交配室应安静,保持自然明暗。

注意同品种的异地交配及品种间交配，最大限度地发挥杂种优势及异地复壮作用，提高柞蚕生命力及产茧量。

(2)提对、晾对　雌蛾放入雄蛾筐中 20 min 左右即可提对。夏季气温高、制种量多，提对应迅速、快捷。揭开筐盖后，应先抓住未交配的雄蛾，放入另一加盖的空筐内，再把未交配的雌蛾也放入此筐内使之继续交配。然后把已交配的雌雄蛾对提出放在筐盖或筐内，及时送往晾对室晾对，将蛾对晾在塑料纱或席子上，蛾对之间以不相互接触为宜。经过 3 次提对后，将剩下的极少数未交配蛾淘汰。提对、晾对时，要防止雄蛾从筐中飞出。应将晾蛾室内未交配的雄蛾捉净，防止其飞舞造成已交配的蛾对开对。

秋柞蚕制种的当夜交配时间比春季隔夜交配时间短，一般 23 时交配，翌日 14 时左右拆对，交配经过时间约 15 h。理论上交配 5 h 左右即可正常产卵，但随着交配时间的延长，总产卵数及 1～2 天的实用产卵数增多(表 6.2-4)。

表 6.2-4　交配时间与产卵的关系(朝鲜　1951 年秋)

交配时间	蛾数	第 1 日	第 2 日	第 3 日	第 4 日	第 5 日	1～2 日和	合计
5	10	131	13	10	10	6	144	170
10	10	138	17	14	9	5	155	183
15	10	157	12	13	8	6	169	196
20	10	158	12	11	9	5	170	195

二化一放秋柞蚕制种时，如采用隔夜雌蛾与当日雄蛾交配，21 时交配，翌日 14 时拆对，交配时间达 17 h，此法能增加产卵量，并减少夜间工作时间(杨明怀，1973；佟秀云，1978)。

3. 拆对、选蛾

拆对一般在翌日 14 时进行，根据制种数量可适当调节拆对时间。拆对方法与春制种相同。因秋期气温高，剪翅后容易早产卵，装袋等工作应迅速；而且每筐装蛾数量应比春期少，防止蚕蛾堆积造成蚕卵损失。

选蛾的标准和方法基本同春期，但秋期蛾体较小、卵量少，选蛾时应注意。另外，丝茧生产的选蛾标准应比春期适当放宽。柞蚕微粒子病是柞蚕生产的主要病害之一，为预防胚种传染并保证蚕种质量，减少养蚕环境中的柞蚕微孢子虫孢子的基数，应重视秋柞蚕制种中的选蛾工作。

4. 产卵

产卵是制种工作中的重要环节。秋柞蚕产卵已开始使用室内产卵法。室内产卵法主要有塑料纱袋等装蛾产卵法及柞蚕蛾纸面产卵法。

(1)柞蚕蛾装袋产卵

具体方法见本章 6.1 春柞蚕制种。

(2)纸面产卵

柞蚕蛾纸面产卵(paper surface oviposition)是室内产卵方法之一，既具有室内产卵的优点，又适合于挂卵收蚁。1967 年，黑龙江省蚕业研究所开始在生产上试验推广，辽宁省蚕业科学研究所(1971)也进行了试验并证明了效果良好。此法是雨天收蚁及防病保苗的好方法。

①纸面产卵准备　纸面产卵要求有产卵室或产卵棚、产卵纸、产卵框。产卵室(棚)要求清洁、通风、防雨、防潮；产卵纸要求遇雨、水、药、不破烂的牛皮纸等，1 把(1 200 蛾)秋柞蚕需用牛皮纸(160 cm×140 cm)6 张。可裁成 12 小张(47 cm×41 cm)，每小张投 25～30 蛾混合产卵，也可裁成 12 cm×12 cm 单蛾产卵。为了使蛾产卵在固定面积的纸面上，可用木板、高粱秸等制作产卵框。产卵框应略小于产卵纸，也可以将牛皮纸的四边叠起 2 cm 高以代替产卵框。

②纸面产卵方法

a. 剪翅、剪足　为了防止蛾爬动以及产生卵块，应对雌蛾进行剪翅、剪足。将蛾翅剪去 2/3 左右，前翅前缘脉应多剪去一些，可防止震翅时产生落卵；同时剪去 3 对胸足的跗节或全部胸足。

b. 投蛾产卵　用纸的粗糙面产卵有利于蚕卵黏附。将产卵纸铺平并放上边框，将经目选的雌蛾投入产卵框中产卵。

c. 产卵管理　为了防止雌蛾成堆、产附不均、产卵成块，应加强产卵管理，及时调整蛾的密度，使之分布均匀；保持产卵室温度、湿度，使之符合产卵的标准，室内要黑暗或自然明暗，以防蛾向光产卵不均。

d. 收蛾　由于秋柞蚕制种期温度高，以及剪翅、剪足的刺激，雌蛾产卵速度快，1 昼夜产卵量多，因此产 1 夜卵即可收蛾。收蛾时，应检查产卵纸上的标签，写明品种、产卵日期、产卵蛾数等。将产卵纸穿挂在晾卵绳(铁丝)上。晾卵绳应设在离地面 2 m 高的室内或棚内，保持空气新鲜、通风良好。

纸面产卵的缺点是叠卵多、卵面消毒时落卵多，这还有待于进一步研究改进。

5. 平面制种技术

平面制种技术是黑龙江省花园蚕种场何正等根据剪翅、剪足纸面产卵技术改进而来。主要方法是雄蛾剪翅后与剪翅、剪足的雌蛾进行交配，其后同纸面产卵技术。雄蛾羽化展翅后，边捉蛾边剪翅。应掌握剪翅时期，剪翅早了容易流出血淋巴，剪翅迟了容易飞逃。雌蛾展翅后即可进行剪翅，雌蛾剪去翅的 2/3，雄蛾剪去翅的 1/2，剪翅后即可放在交配盒中交配。交配盒采用规格为 60 cm×25 cm×5 cm 的四周有孔的长方形木盒。

优点：制种用室、用具少；制种环境清洁，鳞毛等灰尘少。适合农村秋柞蚕制种。

6. 环境与产卵

(1)温度与产卵

①低温控制与产卵　将羽化的雌雄蛾在 5 ℃～13 ℃环境中，分别冷藏 2 天、4 天、6 天，调查对交配、产卵、孵化等影响(表 6.2-5)。

表 6.2-5　低温控制与产卵的关系(指数)

处　理		交配蛾数	产卵蛾数	产受精卵蛾数	产卵数	孵化率
冷雌×雄	2 天	108	108	104	90	92
	4 天	85	85	85	92	90
	6 天	104	96	80	96	99
雌×冷雄	2 天	100	100	92	96	100
	4 天	112	108	96	99	97
	6 天	104	100	85	91	93
冷雌×冷雄	2 天	85	85	84	94	98
	4 天	85	84	76	93	91
	6 天	80	72	56	80	89
对照区		100	100	100	100	100

注：冷即冷藏。

由表 6.2-5 可见，低温冷藏雌蛾 6 天，产卵蛾和产受精卵蛾数明显降低；雄蛾冷藏对各性状影响较小；雌雄蛾都冷藏，对各性状影响较大。因此秋柞蚕制种中，制种后期可采取冷藏雄蛾的方法解决雄蛾不足的问题。

②室温控制与产卵 将雌蛾放在 18 ℃～20 ℃的室温中控制 2 天后交配时，对交配、产卵、受精、孵化等机能没有大的影响；控制 4～6 天后交配，产卵、受精等机能显著下降。室温控制雄蛾后交配也有相似的倾向。雌雄蛾都室温控制则对交配、产卵、受精等影响较大（表 6.2-6）。

表 6.2-6 室温控制与产卵的关系（指数）

处 理		交配蛾数	产卵蛾数	产受精卵蛾数	产卵数	孵化率
放雌×雄	2 天	93	93	93	98	97
	4 天	67	67	67	91	98
	6 天	83	53	50	80	100
雌×放雄	2 天	87	87	87	107	101
	4 天	73	73	73	94	101
	6 天	75	75	75	100	101
放雌×放雄	2 天	83	83	83	99	101
	4 天	75	75	75	95	100
	6 天	0	0	0	0	0
对照区		100	100	100	100	100

注："放"指自然室温下放置的蛾。

由此可见，雌蛾是室温保护比低温保护好，雄蛾是低温保护比室温保护好；秋柞蚕制种雌蛾的保护适温为 10 ℃～18 ℃，雄蛾的保护适温为 4 ℃～10 ℃。

（2）光线与产卵

光线对产卵有较大影响。未剪翅、剪足的雌蛾经交配拆对后，在自然明暗条件下，一般天黑后才开始产卵，产卵盛期为黄昏至 21 时；翌日天明后，产卵暂停，天黑后再继续产卵。光照强度为 75 米烛光即对柞蚕蛾产卵有抑制作用，因此产卵室应防止连续强光照射。雌蛾在黑暗条件下，拆对后立即产卵，产卵量多，产卵盛期也提前，表明黑暗对柞蚕雌蛾产卵有促进作用（表 6.2-7）。

表 6.2-7　光线对秋柞蚕蛾产卵的影响

产卵时刻/时	对照区		光照区		黑暗区		温度（℃）	湿度（%）
	光照强度（米烛光）	产卵率（%）	光照强度（米烛光）	产卵率（%）	光照强度（米烛光）	产卵率（%）		
16～17	明	0.0	明	0.0	0.0	12.66	26.5	82
17～18	105	0.0	105	0.0	0	41.65	26.0	86
18～19	0	2.75	75	0.0	0	5.76	26.0	90
19～20	0	51.04	75	0.0	0	10.69	26.0	90
20～21	0	33.62	75	0.0	0	16.91	26.0	90
21～22	0	6.18	75	0.0	0	6.14	26.0	90
22～23	0	3.25	75	0.0	0	0.67	26.0	90
23～24	0	0.27	75	0.0	0	1.51	26.0	90
0～1	0	1.04	75	0.0	0	0.88	26.0	90
1～2	0	1.08	75	51.29	0	3.03	26.0	90
2～3	0	0.99	75	18.45	0	0.08	26.0	90
3～4	渐明	0.0	75	0.74	渐明	0.0	26.0	90
4～5	明	0.0	明	0.0	明	0.0	26.0	86
5～6	明	0.0	明	29.52	明	0.0	—	—
6～7	明	0.0	明	0.0	明	0.0	—	—
合计		100.0		100.0		100		

（3）风与产卵

风对柞蚕蛾产卵有影响。西村国男等（1960）进行了风向、风速与柞蚕蛾产卵关系的研究，结果表明，在密闭室内产卵无一定倾向；如开一侧窗户，则大部分个体在开窗侧半面产卵，而在对侧产卵很少。人工送风（1 m·s^{-1}）产卵 1 夜时，约 90% 的卵都产在向风侧。风速为 3～4 m·s^{-1}时，产卵很少或不产卵；风速为 1～2 m·s^{-1}时，与无风时相同，即多数产卵；风速在 1～3 m·s^{-1}范围内，风速越大，在向风侧产卵的比例越高。说明空气流动有利于柞蚕蛾产卵，风速过大则抑制产卵。

（4）产卵容器与产卵习性

冈卓郎等在辽宁省熊岳进行了产卵容器与产卵关系的研究。结果表明，柞蚕蛾在球形容器中产卵时，80% 左右的卵产在球形容器的上半球周围，而且大部分是产在球形容器的顶端中心附近，即柞蚕蛾的产卵行动大部分是采取向上姿势进行产卵。柞蚕蛾产卵定位是因产卵经过而有变化，产卵初期上半球产卵的比例大，中期略有减少，末期再增加；同时，上半球产卵的比例在 10～25 cm 范围内，随直径变小而上半球产卵量增多。球形容器的大小与实用产卵量有关，直径为 15 cm 的产卵容器实用产卵率最高，直径为 25 cm 区最低。因此采用塑料纱袋作产卵容器时，应尽量使塑料纱袋隆起形成一定的空间。

在温度 25 ℃、湿度 70%、无风条件下，柞蚕蛾产卵行动约需 6 天，最初 2 天产卵数占总产卵数的 85% 左右。一般先产下的卵孵化率高。

(5)茧重与产卵

柞蚕茧的重量与产卵量的关系极为密切，全茧量高，则产卵量多（表 6.2-8）。

表 6.2-8   柞蚕茧重与产卵量的关系（朝鲜，1951，秋）

全茧量 (g)	供试蛾数 (只)	第 1 日	第 2 日	第 3 日	第 4 日	第 5 日	总产卵数 (粒)	指数
6.5～7.0	30	150	48	12	12	12	234	100
8.0～8.5	30	196	70	15	15	13	269	115
9.5～10.0	30	195	53	22	20	18	308	131
11.0～11.5	30	196	87	20	21	22	346	148
12.5～13.0	30	173	78	45	45	10	351	150

综上所述，柞蚕蛾产卵量的高低、产卵速度的快慢，与产卵环境条件密切相关。当然，茧重是决定因素。因此要重视产卵环境条件，加强管理提高实用产卵率；在柞蚕种繁育中，严格按良种繁育规程操作，提高春蚕茧质量。

雌蛾微粒子病检查同 6.1 春柞蚕制种。

第 7 章

柞蚕卵保护

7.1　保卵

柞蚕卵期保护简称保卵(egg of protection)，即柞蚕卵产下后至暖卵前的合理保护。柞蚕卵无滞育期，接触 7.5 ℃以上的温度即开始发育。胚胎发育与环境条件有密切关系，如卵期过长，会因胚胎发育、呼吸、营养物质的不断消耗而增加死卵或造成幼虫生命力下降；保卵期也是调节柞蚕收蚁的关键时期。为了使蚕卵在适合其生理需要的环境下生长发育，提高胚胎的生命力及孵化率，减少死卵，确保蚕体健壮，优质高产，必须加强柞蚕卵的保护工作，使之在适宜的环境条件下度过胚胎期。

7.1.1　室温保卵

室温保卵是指蚕卵从产卵后到低温保卵前在产卵室内室温中的保护。此时正是卵内的精核与卵核结合形成合子并发育成早期胚胎阶段，是对外界环境抵抗力较弱的时期，也是容易产生不受精卵和早期死卵的时期，应做好这一时期的保卵工作。

(1)室温保卵时间　卵产下后，在 18 ℃～20 ℃的环境中保护 2 昼夜(48 h)，使蚕卵在适宜条件下正常受精并保证胚胎正常发育。

(2)室温保卵标准　温度 18 ℃～20 ℃，湿度 75％左右；保持室内空气新鲜、无不良气味；防止鼠类等动物危害。

(3)室温保卵方法　保卵室要求前后设有走廊，便于调节温度、湿度，地势高燥，便于换气等。蚕卵放在室内中间，距地面、墙壁应有 0.5 m 的距离，以防止过低的温度和湿度；蚕卵平摊于保卵容器内，厚度约 0.5 cm，防止卵堆积过厚内部温度高产生伤热。保卵容器可用专用的保卵盒，规格为 60 cm×40 cm×5 cm，或放在铺有塑料纱的茧床上。

保卵应有专人负责，按保卵标准调节温、湿度及换气，防止农药、化肥等有害物。

7.1.2　剥卵

剥卵是将产在容器上的柞蚕卵剥离下来的操作。散卵便于正确衡量卵量、浴种和卵面消毒，而且也有利于种卵保护和运输。

柞蚕卵产出时，卵壳外面黏附一层褐色的黏液，使蚕卵黏附在容器上，干燥后较坚硬。目前多采用塑料纱制容器产卵，比较容易剥卵。剥卵动作要轻，不使蚕卵跳动，以免震坏胚胎，造成胚胎死亡。

剥卵应在卵产下后的第 3 日进行，即产卵 2 昼夜，第 3 日收蛾进行显微镜检查后即可剥卵。此时胚胎发育到最长期或附属肢发生期。剥卵温度 18 ℃～20 ℃，注意分清品种、批次及产卵日期。

7.1.3　低温保卵

春柞蚕制种规模较大，有时采用分批制种，早批蚕卵如果在室温下发育会提早出蚕，在不影响胚胎健康发育的前提下，采用合理的低温条件保护蚕卵即为低温保卵(low-temperature egg protection)，目的在于控制胚胎发育，使之与柞树的生长发育相一致，适时出蚕并孵化整齐。

(1)低温保卵的时期与标准　蚕卵长期在低温中保护，必然会导致胚胎发育不良，蚕体虚弱，容易发生病害，造成结茧率低、茧质量差，并影响秋柞蚕生产，因此低温保卵时间不宜过长，最好控制在 12 天以内。低温保卵一般在产卵后第 3 天进行，即产卵 48 h，温度为 2 ℃～8 ℃；防止接触有害气体，避免阳光直射蚕卵。

(2)低温保卵方法　将经室温保卵后的蚕卵以 2～3 粒厚摊放在盛容器内。盛卵容器一般用保卵盒、卵筛或铺有塑料纱的茧床。种卵出入低温保卵室，最好先经过中间温度保护数小时，避免蚕卵从较高温度下直接进入 8 ℃以下的低温环境，使蚕卵受到温度剧变的刺激，影响孵化率。

（3）低温保卵对柞蚕生产的影响　卵期低温保护时间长，卵内胚胎不断进行新陈代谢，消耗卵内营养物质，会降低胚胎及幼虫的生命力，严重者在胚胎期死亡；有的即使勉强孵化，幼虫生命力低、减蚕率高。研究表明，低温保卵 10 天、20 天、30 天的蚁蚕，在 2～3 级风的环境里，遗失蚕率分别为 31.8％、60.6％、100％，说明低温保卵时间长，蚁蚕生命力低、抓着力差，遗失蚕率高。

蚕卵在低温下保护超过 13 天，则幼虫发育不齐。低温时间越长，蚕期发病率越高，如低温保卵 20 天比 10 天的蚕期发病率高 7.5％、蛹期发病率高 11.4％。低温保卵时间越短越好。

7.1.4　秋柞蚕卵保护

夏季气温高、湿度大，胚胎发育速度快，蚕卵产下后经 9～10 天即可孵化。

研究表明，秋柞蚕卵对温湿度的适应性与春期不同。当温度从 22 ℃降到 18 ℃时，卵期延长为 10 天；温度为 30 ℃时，卵期发育经过为 8 天；温度为 32 ℃时，则发育速度减慢；温度超过 34 ℃时，蚕卵发育不良。因此秋柞蚕卵发育的适温范围为 22 ℃～26 ℃。在适温范围内，湿度低不利于胚胎的生长发育，湿度高或湿度为 100％也没有不良影响，反而会促进蚕卵孵化整齐。秋柞蚕卵发育的适湿范围为 75％～90％（表 7.1-1、表 7.1-2）。

表 7.1-1　温湿度对秋柞蚕卵胚胎发育的影响/天

湿度（％）	卵期经过				
	32 ℃	30 ℃	26 ℃	22 ℃	18 ℃
100	—	8.0	9.0	10.0	19.0
75	10.5	8.0	9.0	10.0	20.5
55	11.5	8.5	9.3	10.0	20.4
20	—	—	10.5	11.2	—

表 7.1-2　温湿度对秋柞蚕卵死亡率的影响

湿度(%)	死亡率(%)					
	34 ℃	32 ℃	30 ℃	26 ℃	22 ℃	18 ℃
100	100.0	100.0	65.0	1.0	4.5	30.0
75	100.0	32.0	21.0	2.5	2.0	4.5
55	100.0	80.0	10.0	0.0	2.0	5.5
20	100.0	100.0	99.0	44.5	16.0	97.5

池田正五郎在辽宁进行了异常温湿度对秋柞蚕卵孵化率的影响研究，结果表明，秋柞蚕卵对高温高湿的抵抗力较差，尤其是发育后期的胚胎对不良环境的抵抗力更弱(表 7.1-3)。

表 7.1-3　不同温湿度条件对柞蚕卵孵化率的影响

卵龄(天)	孵化率(%)		
	干热区	湿热区	低温区
1	86.7	98.5	96.6
2	77.1	94.1	91.4
3	85.7	76.9	96.9
4	86.0	20.0	90.0
5	98.0	0.0	84.0
6	72.0	0.0	94.0
7	90.0	4.0	94.0
8	84.0	0.0	84.0
9	84.0	0.0	86.0
10	80.0	0.0	78.0

秋柞蚕卵保护主要是防止高温危害。可采取通风换气的方法减轻高温对蚕卵的不良影响。湿度低会造成蚕卵发育经过延长、孵化不齐、蚁蚕瘦小不活泼、生命力弱等。保卵期间应经常补湿，纸面产卵可直接向产卵纸背面补湿，尤其是孵化前 1~2 天补湿尤为重要。补湿用水应清洁无病原物，水温与气温相似。

7.2　卵面消毒

7.2.1　卵面消毒的意义与要求

卵面消毒(disinfection of egg surface)是采用化学药剂消灭卵面黏附的病原微生物的过程。柞蚕卵面黏附有鳞毛、蛾尿、灰尘等脏物，还有大量的病原微生物，蚁蚕孵化时会随着卵壳被一起食下，造成蚕体感染病害，因此幼虫孵化前必须进行卵面消毒。目前柞蚕生产上的主要病害如脓病、软化病和微粒子病等还难以治疗，因此贯彻"预防为主、综合防治"的方针尤为重要。

(1)重视消毒工作　各种病原物普遍存在于环境中，尤其是刚制种结束的环境中病原微生物较多。不仅重视卵面消毒，而且对保卵的房屋、用具等也要消毒灭菌，保持无菌状态，防止消毒后再感染。

(2)严格控制消毒温度　卵面消毒必须在一定的温度条件下才能发挥对病原物的杀灭效力。如甲醛消毒，消毒液温度为 23 ℃～25 ℃；用盐酸或硫酸消毒，消毒液温度要保持 20 ℃；漂白粉消毒液温应掌握在 18 ℃左右。早春气温低，消毒时应有加温设备，保持规定的液温。

(3)消毒药液浓度要准确　卵面消毒药液浓度过高，影响胚胎生理；过低，则影响消毒效果。市售的药品应测定其成分含量，再按标准浓度配制。有时消毒前先进行浴种，再消毒时会带入少量水分进入药液；消毒结束提出蚕卵时又会带出少量药量。所以消毒蚕卵应尽量使带进的水量、带出的药量降低到最低程度。为了保证消毒液浓度，配制 1 次消毒液进行多次消毒时，应逐次补足药量或更换新的消毒药液。

一般 500 mL 甲醛原液经稀释后可消毒 2.5 kg 左右的蚕卵，3% 甲醛每消毒 2.5 kg 蚕卵应补加原液(36%)50 mL。

(4)消毒时间　不同药液的消毒时间不同，应严格掌握消毒时间。一般比标准时间提前 1 min 左右将蚕卵从消毒药液中提出，然后用接近消毒药液温度的清水冲洗至无药味为止。

7.2.2　卵面消毒的标准与方法

1. 卵面消毒标准

根据柞蚕生产病害发生的情况，选择适合的消毒药液按标准消毒，甲醛和漂白粉主要以防治脓病与微粒子病为主；盐酸和硫酸则主要以防治软化病为主；甲醛和盐酸混合液则对脓病、微粒子病及软化病均有较好的消毒效果。常用药剂的消毒标准见表7.2-1。其中，盐酸、甲醛混合液消毒法也可采取先用3％的甲醛消毒30 min后，再用10％的盐酸消毒10 min。

表 7.2-1　柞蚕卵面消毒标准

药剂	药液浓度（％）	时间（min）	药液温度（℃）	备　注
甲醛	3	30	23～25	36％的0.5 kg稀释后消毒3 kg卵
漂白粉	1	5	18	20％的0.5 kg稀释后消毒5 kg卵
盐酸	10	10	20～22	35％的0.5 kg稀释后消毒2 kg卵
硫酸	5	10	20～22	80％的0.5 kg稀释后消毒5 kg卵
甲醛、盐酸混合液	3、3	30	23～25	35％盐酸、36％甲醛各0.5 kg稀释后消毒3 kg卵

2. 卵面消毒方法

(1)浴种　柞蚕卵产下后3～5天或出蚕前1～2天，将蚕卵装入塑料纱袋等能漏水的容器内浸入清水中浴种，水温与自然温相同，轻轻揉搓洗去卵面附着物。或采用0.5％～0.8％的氢氧化钠溶液洗卵55 s，洗去卵面的胶着物质并有消毒作用，然后用清水冲洗干净，空去水分。采用氢氧化钠浴种因其对卵壳有溶解作用，应严格掌握浓度和时间。也可不进行浴种直接消毒。秋季一般在孵化前一天下午消毒，消毒后立即拿到蚕场放到树上。防止阳光直射蚕卵，影响孵化。

(2)卵面消毒　将经过浴种并漏去水分的蚕卵浸入到标准温度和浓度的消毒药液中消毒，浸至标准时间前1 min时提出蚕卵，漏去药液，用接近消毒药液温度的清水冲洗蚕卵，直至无药味为止。最后将蚕卵放在已消毒的无毒保卵室中自然阴干。

秋季气温高，酸类不适合做消毒药物，以采用甲醛或漂白粉为好。由于秋季多采用纸面产卵，因此秋季除采用甲醛消毒外，还可采用甲醛、高锰酸钾气体卵面消毒法。

于溪宾等(1977)研究认为，甲醛、高锰酸钾气体消毒同甲醛液体消毒一样具有良好的防病效果。该消毒方法安全可靠，适当加大药量或延长消毒时间，不会对蚕卵造成药害；技术简单，容易掌握；而且对纸张要求不严，可用报纸等廉价的纸产卵，制种成本低。

消毒标准和方法 在 0.83 m³ 的消毒罩内，挂产卵纸 40 张，温度为 22 ℃～30 ℃，湿度 70% 以上，用高锰酸钾 30 g、甲醛 50 mL，消毒 60 min。

消毒在孵化前 1 天的下午进行，消毒罩应密闭并防止阳光直射；产卵纸之间应有 2 cm 的距离，保证烟雾畅通；蚕卵消毒后立即拿上山破放在柞墩上，防止消毒后再感染病原。

(3) 蚕卵保护 经脱去水分的蚕卵应薄摊在已消毒的容器内阴干。一般容器底铺上干净的塑料纱，便于水分散发，卵的厚度为 2～3 粒，即蚕卵 1～1.5 kg·m^{-2}，每隔 2～3 h 翻动蚕卵 1 次，促使蚕卵干燥，避免蚕卵黏附在塑料纱上并能减少胶着卵。消毒后的蚕卵要尽快使之阴干，防止阳光直射；防止消毒后的蚕卵再感染病原，有条件的应准备无毒保卵室。

(4) 注意事项

① 使用酸类药液消毒时，不要使用金属容器，防止发生化学反应。

② 保证消毒药液的温度，准备直接或间接加温设备。

③ 防止品种、批次等混杂。

④ 尽量不要在阴雨天进行卵面消毒，如果进行卵面消毒应及时阴干。

3. 卵面消毒后的蚕卵管理

(1) 消毒后的蚕卵应摊放在已消毒的无毒保卵室内，设专人管理，严防再感染病原。

(2) 液体消毒的蚕卵，应迅速使其自然通风干燥，如遇阴雨天，可用电风扇等使其干燥。防止蚕卵因久湿不干，造成胚胎呼吸障碍，导致生命力下降或死亡 (表 7.2-2)。

表 7.2-2 柞蚕卵在水中浸渍时间对孵化率的影响 (%)

卵龄 (天)	浸渍时间 (h)				
	1	3	6	12	24
2	85	100	82	82	62
4	78	85	75	68	74
6	75	78	84	31	2
8	73	80	65	50	2

由表 7.2-2 可知，柞蚕卵浸水时间在 6 h 以上，孵化率明显下降；刚产下的卵比发育 6 天以上的卵较耐水浸。

(3)各批蚕卵应标明品种、批次、产卵日期及预计收蚁时间。

(4)纸面产卵或单(双)蛾袋制种的产卵在孵化前一天的下午经消毒后，直接送到山上挂卵。

7.2.3 蚕卵运输

1. 蚕卵的分装

经卵面消毒干燥后的蚕卵应分装在小的盛卵容器内，便于管理、销售和运输。盛卵容器多采用无毒的塑料纱制成，根据需要可制成规格为 30 cm×20 cm、26 cm×16 cm 等，每袋盛卵 0.5～1.0 kg。袋子中间分成几个格，防止蚕卵堆积造成伤热。也可用木框和塑料纱制成标准的卵盒，规格为 30 cm×20 cm×5 cm、35 cm×25 cm×5 cm 等，每盒盛卵 0.5～1.0 kg。袋或盒贴上有标明品种、数量、产卵或孵化日期的标签。

2. 蚕卵运输

柞蚕卵在胚胎早期运输比较安全，因此时呼吸强度低，呼吸产生的热量少。运输应在早晚或夜间气温低时进行。运输途中，注意防止蚕卵受到挤压，要通风透气、防止闷热。到达目的地后，立即将蚕卵逐袋(盒)摊开，加强管理。

7.3 暖 卵

暖卵(incubation of tussah eggs)是使蚕卵在适合胚胎发育的温度、湿度和空气中顺利发育，适时孵化出蚕的技术措施。柞蚕卵产下后，在自然室内温湿度下也能发育并孵化出蚕。但室内自然温湿度难以满足柞蚕胚胎发育所要求的合适条件，如发育时间延长，胚胎营养消耗过多，孵化不齐，幼虫生命力低等；而且也不能按时孵化出蚕，影响生产计划。因此必须采取人工加温、补湿等措施，保证卵内胚胎在最适条件下发育，使蚁蚕孵化整齐、蚕体强健、孵化率高、适时出蚕。

7.3.1 暖卵准备

1. 暖卵室及用具准备

暖卵室应建在远离制种室、地势高燥、不受寒流侵袭、周围环境清洁的地方；室内光线要均匀、保温效果好，并应有加温、补湿设备。同时，还应设置茧床、暖卵盒、自记温度计、干湿温度计等。

2. 暖卵室及用具的消毒

暖卵室及用具在使用前 10 天左右进行洗刷消毒。房屋及用具充分洗刷后，用毒消散或甲醛气体消毒。毒消散消毒用药量为每立方米容积 5 g，室内温度保持在 22 ℃以上。采用高锰酸钾和甲醛混合消毒时，二者配比为高锰酸钾 30 g、甲醛 50 mL，消毒时先在容器中放入甲醛，然后倒入高锰酸钾，用量为每立方米容积用高锰酸钾 20 g、甲醛 30 mL，温度保持在 22 ℃以上。这两种消毒方法要求消毒房屋必须密闭，并保持一定的湿度。也可采用 1%的漂白粉或 2%～3%的甲醛喷雾消毒，要求喷雾均匀，药量要充足，达到彻底消毒的效果。

7.3.2 暖卵时期

暖卵开始时期决定着幼虫孵化的日期，直接关系到春柞蚕生产的开始日期。应根据当年气候和柞树发芽情况，再参照历年暖卵时期决定暖卵开始日期。首先，根据当年使用蚕场柞树发育情况和气候确定幼虫孵化日期，再从胚胎发育程度、暖卵方法推出暖卵经过时间，由此确定暖卵开始日期。如果出蚕过晚，则养蚕收蚁推迟，一化性地区到了大蚕期，正值环境高温、叶质老硬，蚕体虚弱，在病原微生物存在下易诱发病害；二化性地区春蚕收蚁过晚，则秋蚕推迟，容易遭受早霜危害。如果孵化出蚕过早，则易遭受早春低温或晚霜的危害，而且小蚕也没有饲料。

一般麻栎冬芽膨大如豆，先端吐绿；辽东栎或蒙古栎芽叶似雀口形为暖卵开始日期。辽宁南部和山东胶东半岛约在 4 月 20 日开始暖卵；辽宁北部、吉林的二化性地区约晚 2～3 天。河南省、安徽省在 4 月初即开始暖卵。贵州省、四川省约在 4 月中旬。

7.3.3 暖卵环境与胚胎发育的关系

胚胎发育与环境条件有密切的关系，影响蚕卵胚胎发育的环境因素有温度、湿度、光线、空气等，温度是主要因素。

柞蚕胚胎在 7.5 ℃以上的温度下才能发育(有学者认为是 9 ℃)。因此把 7.5 ℃以上的温度称为柞蚕胚胎发育的有效温度。将胚胎每日感受的温度减去 7.5 ℃，剩余的温度才能有效地促使胚胎发育，每天有效温度的总和称"有效积温"(积温)。柞蚕一化性品种胚胎发育所需的有效积温约 165 ℃，二化性品种胚胎发育所需要的有效积温约 120 ℃(以发育起点温度为 10 ℃)，即柞蚕胚胎接触到发育所需的有效积温才能孵化出蚕，根据有效积温可以预测孵化出蚕日期，通过观察胚胎发育特征，适时调整暖卵条件。

1. 胚胎发育观察方法

(1)煮沸法　将 10％浓度的氢氧化钠溶液煮沸后移去热源，把放在纱布或纱网中的蚕卵浸于溶液中，待卵色变成绿色时，立即取出蚕卵放入清水中，用吸管吸水冲洗蚕卵，借水流冲击破碎卵壳露出胚胎，将胚胎移于载玻片上，用显微镜观察，即可判断胚胎发育进度。

(2)胚胎简易识别法　在胚胎发育后期，直接用解剖针刺破卵壳可挑出胚胎，观察胚胎的颜色、黏稠度和形态，判断胚胎发育变化。该法简单易行，比较适合生产操作。

2. 温度与胚胎发育的关系

贺康(1954)以青 6 号和青黄 1 号为材料研究了柞蚕胚胎各发育阶段与积温的关系，结果见表 7.3-1。

表 7.3-1　柞蚕胚胎各发育阶段与积温的关系(贺康等，1954)

日期 (日/月)	产卵后时间 (h)	暖卵中积温 (℃)	胚胎发育进程
19/4	24	0	胚胎初步形成，呈月牙状
20/4	36	6.5	胚胎有头尾褶内生，18 环节明显
20/4	48	13	胚胎较前伸长，达最长期
21/4	60	19.5	胚胎各节发生突起，达突起发生期
22/4	72	26	胚胎渐渐缩短，胸部突起发达，达附属肢发生期
23/4	84	32.5	胚胎缩短，幅增宽，达缩短期
24/4	108	45.5	胚胎反转，背沟渐渐愈合，神经系统、丝腺开始发生，消化系统也开始发生

续表

日期 （日/月）	产卵后时间 （h）	暖卵中积温 （℃）	胚胎发育进程
25/4	132	58.5	胚胎背沟愈合，前中后肠开始连贯，呈幼虫状态，反转终了
26/4	156	71.5	胚胎呈幼虫状态，体外初生刚毛，胸腹足生出沟爪，头部可见单眼，气管已形成，发生卵鸣
27/4	180	84.5	幼虫单眼和胸腹足沟爪变淡褐色，幼虫开始吞食卵黄
28/4	204	97.5	幼虫头部褐色，体壁灰白色，单眼和沟爪深褐色
29/4	228	110.5	幼虫头部深褐色，体壁灰黑色，刚毛褐色，卵黄少量
30/4	240	117	蚁蚕形成，蚕体黑色，刚毛完整，孵化
1/5	246	120	蚁蚕形成率100％

（1）胚胎形成期（梯形期）（period of germ band formation）：产卵后30～40 h。积温 15 ℃～18 ℃。

胚胎开始呈梯形。进而体形伸长，中央出现纵行的原沟，头褶膨大。继而胚体又伸长，头褶向两侧突出，环节开始出现（图 7.3-1）。卵粒饱满，内容物略有黏性，呈淡绿色。此期约为整个胚胎发育过程的1/10。

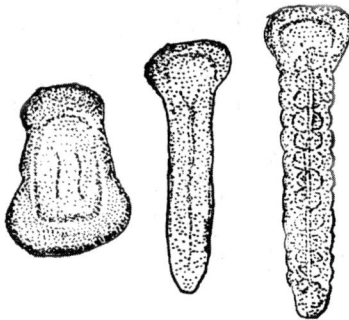

图 7.3-1　胚胎形成期（梯形）

（2）最长期：产卵后 42～54 h，积温为 22 ℃～25 ℃。

胚体细长并最长。胚体 18 各环节明显，头褶微有凹陷（图 7.3-2）。卵粒饱满，内容物同前，但黏稠度较大。

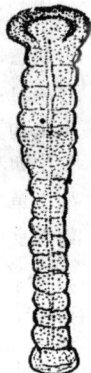

图 7.3-2　最长期

（3）附属肢发生期：产卵后 54～66 h，积温 22.5 ℃～27.5 ℃。

胚胎前部环节发达，第二环节特别突出，环节更加明显，头部明显凹陷（图 7.3-3）。

（4）附属肢发达期：产卵后 66～90 h，积温 27.5 ℃～32.5 ℃。

胚胎前部环节的突起伸长，形成口器及胸足的雏形，腹足略显痕迹，肛门开始陷入。进而头褶宽大，腹足明显（图 7.3-4）。卵粒饱满，内容物可挑出 2 m 长的黏丝。此期为全期的 2/10。

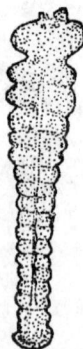

图 7.3-3　附属肢发生期　　　图 7.3-4　附属肢发达期

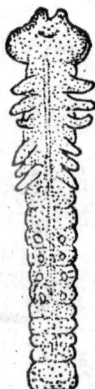

（5）缩短期：产卵后 90～114 h，积温 32.5 ℃～47.5 ℃。

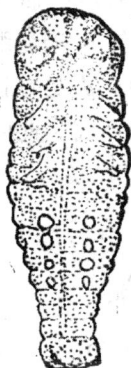

胚胎第二节附属肢开始向头部靠拢，继而第 2、3 节附属肢与头褶合拢，第 4 节在上，胚体出现 16 环节。尾端原 17、18 两节相互靠拢，进而原 1～4 环节发育形成头部，胸足伸长，腹足明显。可见气门陷入，中、后肠已能透视，尾端 3 节合并形成尾部，胚体最终成为 13 环节（图 7.3-5）。卵粒饱满，内容物可挑出较粗的黏丝。此期为全期的 3/10。

（6）反转期（period of blastokinesis）：产卵后 114～150 h，积温 47.5 ℃～62.5 ℃。

图 7.3-5　缩短期

反转初期，胚体较短，腹面、腹足突出，胸足外伸，尾部向腹面弯曲，作反转准备。气门及中、后肠明显，并可见贲门与幽门部分。进而胚体略伸长呈"S"形，此时可见脑与各环节的神经球（图 7.3-6）。卵面略凹陷，内容物同前。

（7）反转终了期（period of embryonic reversal completion）：产卵后 150～174 h，积温 62.5 ℃～72.5 ℃。

胚体呈弓形，腹面向内弯曲（图 7.3-7）。卵面凹陷稍深，此期约为全期的 4/10。

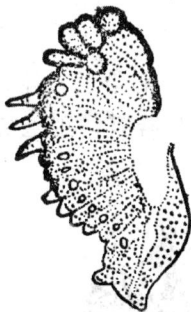

图 7.3-6　反转期

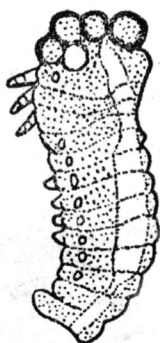

图 7.3-7　反转终了期

（8）外形形成期：产卵后 174～198 h，积温 72.5 ℃～82.5 ℃。

胚体显著肥大，刚毛出生，隐约可见，前肠较发达（图 7.3-8）。卵窝凹陷加深，可挑出乳白色糊状黏条。此期约为全期的 5/10。

（9）气管形成期：产卵后 198～232 h，积温 82.5 ℃～97.5 ℃。

气管发达，明显可见。卵面凹陷突然鼓起并发出响声，称卵鸣（tussah egg creak），俗称"炸籽""叫籽"。此时约为全期的 6/10。继而单眼着红色，气管肢遍布全身，刚毛发达，口器开始着色，腹足趾钩明显，胚体染色困难（图 7.3-9）。卵面饱满，部分卵仍残留卵窝。此时可挑出着红色单眼的白色蚕体，肉眼可识。此期约为全期的 7/10。

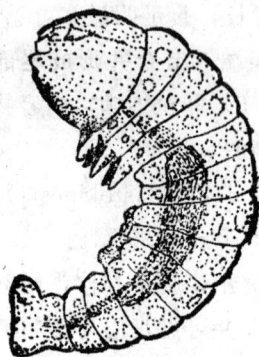

图 7.3-8　外形形成期　　　　图 7.3-9　气管形成期

（10）头壳变色期：产卵后 232～258 h，积温 97.5 ℃～107.5 ℃。

内部气管透视困难，不宜染色。继而头壳由黄色变为赭黄色，趾钩为黄色，趾钩尖及口器尖端呈暗赭色（图 7.3-10）。此期约为全期的 8/10。卵内容物与蚕体形态基本相同，只是体色为乳白色。

（11）体色变青期：产卵后 258～282 h，积温 107.5 ℃～117.5 ℃。

胚胎消化管为青绿色。继而几丁质形成，逐渐不能染色，体色变青，逐渐变为青黑色。体区半透明，不能透视内部器官，刚毛完整（图 7.3-11）。此期约为全期的 9/10。

图 7.3-10　头壳变色期　　　　图 7.3-11　体色变青期

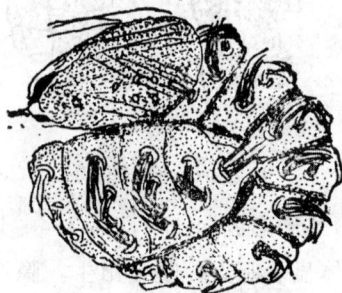

(12)蚁蚕形成期：产卵后 282～294 h，积温 117.5 ℃～122.5 ℃。

胚体呈黑色，瘤状突起呈现白斑。头壳赤褐色，具有蚁蚕形状（图 7.3-12）。产卵后 285 h，积温 123 ℃时，孵化为蚁蚕。

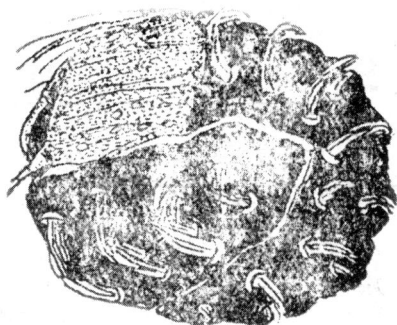

图 7.3-12　蚁蚕形成期

7.3.4　暖卵标准和方法

1. 暖卵标准

暖卵环境条件对卵内胚胎发育影响较大。采用合理的暖卵标准能使胚胎按生产计划顺利发育，而且还决定卵期经过长短、蚁蚕孵化的整齐度、幼虫的体质强健性以及蚕茧产量和质量。

柞蚕卵发育的最低界限温度为 7.5 ℃，但也有人认为是 9 ℃。研究表明，在高温(32 ℃)的情况下暖卵，仅有少数蚕卵能够孵化(3%)，而且孵化出的蚁蚕生命力极低，基本上丧失了取食能力；在低温(15 ℃)条件下暖卵，卵期经过显著延长，约经过 21 天，比对照延长 6～7 天，尤其在湿度大(90%)的情况下，孵化率更低(67.5%)，而且孵化也不整齐；如果在 26.5 ℃的条件下暖卵，则暖卵经过较短约为 8 天，当湿度为 90%时，暖卵经过更短，但孵化率较低(89%)。而在 10 ℃～25 ℃的范围内，随温度升高，卵期经过缩短，并有提高蚕茧产量和质量的趋势；在室温范围内，采用偏低的温度暖卵，有提高蚁蚕生命力、减少发病率的倾向。因此暖卵温度不要过高。各地区暖卵标准如表 7.3-2、表 7.3-3。

表 7.3-2 春柞蚕暖卵温湿度标准

地　区	温度(℃)	湿度(%)
辽宁、吉林等	19	70~75
山东、贵州	20	70~75
河南	20~22	70~75
安徽	21	70~75

表 7.3-3 辽宁省春柞蚕暖卵标准

日/月	21/4	22	23	24	25	26	27	28	29	30	1/5	2	3	4	5	6
温度(℃)	1天	2天	3天	4天	5天	6天	7天	8天	9天	10天	11天	12天	13天	14天	15天	16天
20																
19				•	•	•	•	•	•	•	•					
18												•				
17			•										•			
16																
15		•														
14																
积温(日·度)	24				64				104				121(出蚕)			

2. 暖卵方法

根据卵量的多少采取合理的暖卵用具,暖卵室内设置自记温度计、干湿温度计以及加温补湿设备。依据暖卵标准准确地调节温度、湿度,并做好通风换气工作。

暖卵时,将蚕卵薄摊在经彻底消毒的环境中,并立即解剖蚕卵检查胚胎,确认当时胚胎所处的发育阶段。取样时,要根据不同品种、批次分别随机取样,每个样本检查完整胚胎 10 个左右。根据胚胎的发育阶段决定开始加温日期和温度,暖卵开始的起点温度各地区略有不同,辽宁省、山东省为 15 ℃,河南省为 17.5 ℃,安徽省为 15 ℃~18 ℃。每天升温 1 ℃,辽宁省升温到 19 ℃保持平温,山东省升温到 20 ℃保持平温,河南省升温到 20 ℃~22 ℃,安徽省升温到 21 ℃,以后都保持平温暖卵至孵化。湿度保持在 70%~75%,并保持室内空气新鲜。

蚕卵感温均匀是孵化整齐的关键,暖卵中要经常调换蚕卵位置,经常翻动蚕卵,注意补湿及保持自然明暗。

7.3.5 孵化时期和时刻的调节

由于气候变化及暖卵温度等的变化，孵化日期与气候及饲料因素不一定相符，还必须进行孵化调节。

1. 孵化时期的调节

暖卵中，必须经常调查柞芽的发育情况并解剖卵观察胚胎的发育，看二者的生长发育是否相适应。有时遇到气候突变、气温下降、柞树发育受到抑制或遭遇霜害等，如按原计划进行暖卵，势必因蚕与柞树发育不符，而导致蚕孵化无叶可食。此时，应适当延迟出蚕，使胚胎发育与柞树发育一致。控制方法如下：

(1)如果胚胎发育快、柞树发育迟，则停止加温。此时外温较低，可使室温逐渐降低(不低于 10 ℃)，可抑制 2～3 天；如果外温高而室温不易降低，可将蚕卵移至 7 ℃～8 ℃的低温处抑制 3～5 天，并不影响孵化率。生产中常用降低温度的方法控制胚胎发育，达到适时出蚕的目的。

(2)如果柞树发育快、柞蚕胚胎发育迟，可根据外温变化情况将暖卵温度提高到 20 ℃～22 ℃，能提前 1～2 天孵化出蚕。但要注意必须在通风换气的条件下进行，同时还要注意补湿。

2. 孵化时刻调节

蚕卵在自然条件下，一般天明见光时即开始孵化。由于采用人工加温暖卵，而且多采用恒温等方式暖卵，可能打破了胚胎自身的生物钟，使蚕卵孵化出蚕时刻发生紊乱。如出蚕不齐、出蚕时刻偏早或偏晚等。出蚕过早，早晨温度低，蚕上树后不食不动，遗失蚕率高，因此不易过早上山收蚁；收蚁过晚，蚕在室内爬动互相抓伤，易感染病原微生物。所以应对孵化时刻进行调节，使之适时孵化收蚁。

(1)暖卵期间，白天保持目的温度或升高 1 ℃，夜间降低 2 ℃～3 ℃，可将孵化时间推迟到早晨 6～7 时，此时外温已经升高，收蚁后蚕上树、取食快，有利于小蚕保苗。

(2)在出蚕的前一天停止升温，到夜间 10 时左右升温到目的温度，夜间将暖卵室的门窗严密遮光，使蚕卵处在黑暗环境中，翌日早晨 6 时左右除去遮布使之感光，促使蚕卵迅速孵化。注意出蚕前一定要保持黑暗环境。

7.3.6 不孵化卵产生的原因及防止

不孵化卵又称"哑巴卵"。产生不孵化卵的原因有很多，了解并掌握不孵化卵发生的原因，对于采取相应的技术措施防止其发生、提高蚕卵的孵化率具有重要意义。

(1)交配时间过短而不能正常受精　由于捉蛾不及时在串上早交配，或晾对室管理不当等造成早开对，从而未达到有效交配时间，影响正常受精。制种中应加强管理及时捉蛾，防止不良环境因素影响交配受精。

(2)雄蛾交配能力低　雄蛾低温控制时间长、控制温度过低或重复交配次数多，雄蛾不活泼而影响正常受精。要严格掌握雄蛾低温控制温度(4 ℃~8 ℃)和时间，防止雄蛾生命力低造成不孵化卵。

(3)室温保卵时间短，受精未充分完成　蚕卵产下后，室温保卵时间短或温度低，受精过程未充分完成，卵核和精核不能结合形成合子而成为不受精卵。应加强蚕卵保护，严格按室温保卵标准进行，低温保卵应在蚕卵产下后，在室温中保护48 h后进行，出入库应先接触中间温度，防止低温的冲击。

(4)蚕卵低温保护不当　蚕卵低温保卵时间过长，超过25天以上；或冷藏温度过低，造成胚胎生命力降低，容易发生胚胎死亡。要严格控制低温保卵时间、温度。

(5)产卵室温度过高或过低，影响受精和孵化　产卵室温度控制不当，如果温度过高(超过24 ℃)，则产卵速度加快，受精囊中的精子未能进入卵内，使不受精卵增多；温度过低(低于18 ℃)，雌蛾产卵速度缓慢，产卵时间延长，造成胚胎发育不齐，影响孵化率和孵化整齐度。

(6)浴种及卵面消毒操作不当引起胚胎死亡　浴种及卵面消毒温度或时间超过其耐受程度，或者卵面消毒后未及时脱去水分造成窒息死亡。因此浴种和卵面消毒应严格按标准进行并及时晾干。

(7)剥卵动作震动过大造成早期胚胎死亡　由于春蚕制种任务重，剥卵过急、动作过大，使刚形成的胚胎受激烈震动而死亡。所以剥卵动作要轻，必要时可向容器上补湿，然后轻轻搓下。

第 8 章
柞蚕饲养

8.1　春柞蚕饲养

春柞蚕饲养(spring tussah rearing)因各地的生态环境不同，故有很大差别。自然条件下可分成一化性柞蚕区、二化性柞蚕区、不同纬度柞蚕区和不同海拔柞蚕区。各柞蚕生产地区的生态环境不同，因此饲养时期、饲养方法等都有明显的区别。

8.1.1　春柞蚕饲养的目的与形式

1. 一化性地区春柞蚕饲养的目的与形式

(1)一化性地区春柞蚕饲养的目的

一化性地区，在自然条件下不养夏秋柞蚕，只进行春柞蚕饲养。其目的主要是获得优质高产的丝茧(大茧)，同时还要为明年春柞蚕生产准备数量足够的优质种茧。

(2)一化性地区春柞蚕饲养的形式

一化性地区春柞蚕的饲养形式，因各地区的气候条件、饲料条件及饲养目的而有明显差别。常用 4 移饲养法和多移饲养法。在自然条件下放养春柞蚕时，有时会遇低温冷害、多风等危害，小蚕损失较多。采用春柞蚕小蚕保护性饲养，大大提高了春柞蚕的收蚁结茧率。

①4 移法　全龄期移蚕换场 4 次。首先将 1 龄蚕场养的蚕移入 2 龄蚕场。再将 2 龄蚕场养的蚕移入 3 龄蚕场。第 3 次移蚕，把 3 龄蚕场养的蚕移入 5 龄蚕场。第 4 次移蚕，把 5 龄蚕场的蚕移入茧场。

②多移法　一化性地区春柞蚕的饲养期，常为干旱、少雨，并常有干热风影响，使柞树、柞蚕遭受高温干旱的危害，致使柞叶老硬不适合柞蚕取食。当 4 移法不适合春柞蚕需要时，则应增加剪移次数。一般每龄剪移 1 次，有时采用双 5 龄场。

③春柞蚕保护饲养　河南省有的蚕区利用专用蚁场饲养 1 龄蚕，2 龄进入 2 眠场，可提高保苗率 30%～50%。一化性地区为防低温冷害、风、鸟等的危害，可采用小蚕室内饲养，既可提高保苗率，又能使蚕在人工控制的温湿度条件下生长发育，获得优质高产。一般在室内饲养到 1 龄眠前或 2 龄起后，移入蚕场。

2. 二化性地区春柞蚕的饲养目的与形式

（1）二化性地区春柞蚕饲养的目的

二化性地区春柞蚕饲养的目的，完全是为秋柞蚕准备蚕种。不适应供秋蚕用种的冷凉地区，可饲养晚春蚕，生产的鲜茧供食用。

（2）二化性地区春柞蚕饲养的形式

春蚕期正值干旱时期，小蚕期常伴有低温冷害。同时，干旱的环境条件还会造成柞叶老硬，不适合蚕的生长发育。为了使春蚕在不良环境条件下生存营茧，并获得优质高产，必须采取科学的饲养方法，趋利避害，选用适合当年气候、叶质的饲养技术。随着技术的改进和创新的积累，便形成了适合于各地区自然条件的春柞蚕饲养形式。

①2 移法（rearing method of twice transferring tussah silkworms）全龄期移蚕 2 次，2 眠起移蚕 1 次，见有老熟蚕时，再移进茧场。优点：省工、省时，可适当增加养蚕数量。缺点：遗失蚕多，单产低，不稳产。

②3 移法（rearing method of three transferring tussah silkworms）全龄移蚕 3 次，2 眠起后移蚕 1 次。早蚕见老眠进行第 2 次移蚕。5 龄蚕接近营茧时，再进行第 3 次移蚕。优点：比 2 移法保苗率高，发育齐，蚕体强健，单产高。缺点：比 2 移法费工费时。

③1 匀（并）3 移法　将柞墩的下半墩绑把，收蚁并养蚁于把上。1 眠起，打开把并使附着有蚕的柞枝并靠在上半墩柞枝上，蚕爬向上半墩柞枝间觅食，即为 1 匀（并）。3 眠前进行第 1 次移蚕，4 眠前进行第 2

次移蚕，5龄后期蚕老熟见茧时，进行第3次移蚕。

优点：2龄起后以匀蚕代替移蚕换蚕场，有利于保苗；比移蚕省工、省时；不剪枝，保护柞树。缺点：蚕由旧枝爬向新枝的时间不一致，容易造成蚕发育不齐。

④多移法　春旱叶子老硬时，应采用多移法养蚕，使蚕多取食含水量高、营养丰富的上部柞叶，有利于抗旱保苗。一般每龄眠前剪移1次，5龄在见茧时移蚕，全龄移4次蚕。辽宁省西部、河北省冀东等干旱地区易采用多移法，甚至采用5移法。优点：移蚕次数多，蚕多食营养丰富的嫩叶，有利于抗旱保苗；可合理选择蚕场，小蚕期先用阳坡，后用阴坡，大蚕期避免高温闷热蚕场；缺点：费工、费时，使用蚕场面积大。

⑤小蚕保护饲养　在低温冷害和春风较大的蚕区，选用阳坡、日光充足的地方建立小蚕专用保苗场(蚁场)，养蚕效果好；也可采用河滩插枝育、土坑育、室内育等保护性饲育方法，这是提早养蚕、避免自然灾害及利用山区零散柞叶的有效途径。

(3)饲养量

丝茧生产的饲养量通常以千粒种茧数、雌蛾数、千克卵数来计算。由于种茧的千粒重及雌蛾的大小不同，用之计算饲养量准确性较低。丝茧生产的饲养量应统一以千克卵量计算，既准确、合理，又符合标准。

种茧生产因繁育蚕种技术上的需要，可采用雌蛾数或千克卵量两种计算饲养量的单位。

饲养量应根据各地气候、饲料、饲养形式、劳动力强弱及技术熟练程度等而定。如一化性地区的河南、安徽、贵州、四川、广西等省区，1个劳动力的饲养量为普通种卵0.5 kg；二化性地区的辽宁、吉林等省，1个劳动力的饲养量为1.0 kg种卵。山东省每人饲养的种卵量约为0.5 kg。

8.1.2　饲养准备

首先必须根据当年的气候特点确定适宜的饲养时期，才能获得柞蚕茧的高产、优质和高效。为了保证饲养工作的顺利进行，还必须做好物质准备、蚕场准备。

1. 春柞蚕饲养时期

春柞蚕饲养时期，由当年气候状况和柞树种类及其发芽实际情况来决定。春季常常干旱，收蚁时期宜偏早。干旱地区和干旱年份，应不失时机抓住偏早收蚁饲养。否则将因干旱蚕体虚弱和遗失蚕多而减产。各地要因地制宜、因时制宜，选定对柞蚕幼虫生长发育有利时期饲养。除高寒山区、冷凉地带和易发生低温冷害地区外，均宜适时偏早收蚁。

春柞蚕饲养时期，还要根据当地柞树种类的发芽情况来确定。例如，以蒙古栎作为饲料时，以叶长 3 cm 收蚁为适期；用辽东栎收蚁饲养时，以叶长 2 cm 为收蚁饲养适期。

春柞蚕饲养时期，还要考虑避免晚霜危害，又要防止秋季的早霜危害。此外，还要考虑市场的需求，6～9 月份市场供食用蛹奇缺，因此可饲养一部分早春蚕供生产早秋蚕茧用，还可在高山冷凉地区饲养晚春蚕供食用。

二化性地区山东、辽宁、河北及吉林等省的春蚕收蚁，一般在 4 月 25 日至 5 月 7 日收蚁。一化性地区河南省春蚕收蚁，曾习惯于"清明见蚕"，并流行"春蚕难得早"的谚语。由于"清明"（4 月 5 日）前后，常有寒流入侵，而且多风、雨，有时还有霜冻。因此收蚁时期宜在 4 月中旬。

2. 物资准备

养蚕应准备的物资如下：

①盛卵用具：卵盒、收蚁盒等。

②控温装置：温湿度计、加温设备。

③移蚕、匀蚕用具：蚕剪、蚕筐。

④蚕药：甲醛、氢氧化钠、灭蚕蝇 1、3 或 4 号、灭蚁粉、灭线磷等。

养蚕用具尤其是小蚕保护育的用具和蚕室，在使用前要彻底消毒。

3. 蚕场准备

柞蚕饲养必须准备足够数量的蚕场，饲料不足将影响蚕茧的产量和质量。应根据蚕场面积、柞树密度、树势、产叶量和春蚕需叶量来确定饲养量。蚕场准备，既要依据丝茧育和种茧育的标准，又要根据蚕的发育程度合理划分为小蚕场和大蚕场，还应根据蚕生长发育的需要选择蚕场的坡向和海拔高度，并进行蚕场清理和绑把。

（1）蚕场面积

1 个人养蚕需用的蚕场面积因丝茧育和种茧育而不同。同为丝茧育，又因南北蚕区、海拔高度和劳动力强弱而不同，故所需蚕场面积也有很大差异。种茧育则根据种级和各省的柞蚕良种繁育规程来确定合适的蚕场面积。

东北蚕区，丝茧育饲养量为 1 kg 种卵时，需蚕场面积 3～4 hm²。普通种为 0.75 kg 种卵时，约需蚕场 2～2.5 hm²。原种用种卵量 0.5 kg 时，约需蚕场 3 hm²。单蛾母种用 50 蛾的卵量或双蛾母种用 60～65 区繁种时，应准备蚕场 1～1.5 hm²。

河南省、湖北省用 0.5 kg 种卵时，应准备 2.5 hm² 蚕场。柞树郁闭度大、土壤条件好、树形为中干放拐树形及树势旺盛的蚕场，面积可偏小；否则，蚕场面积就需要大些。

（2）蚕场的划分

通常把蚕场划分为小蚕场、大蚕场和茧场。

①小蚕场　收蚁和饲养 1～3 龄蚕的蚕场，要求用 2 年生柞树。二化性蚕区的辽宁省收蚁饲养 1 龄蚕的小蚕场面积约占蚕场总面积的 5％～10％；收蚁饲养 1～2 龄蚕的小蚕场面积约占总面积的 15％；收蚁饲养 1～3 龄蚕的小蚕场面积约占总面积的 20％。

一化性蚕区的河南省收蚁饲养 1 龄或 1～2 龄的蚕坡，其面积约占总面积的 10％～20％。用 2～3 年生老柞树时，所需蚕场面积约占总面积的 13％～18％。

②大蚕场　饲养 4～5 龄蚕的场所。二化性蚕区的辽宁省利用 3～4 年生柞树，蚕场面积为总面积的 60％～70％；山东省利用 2～3 年生疏枝柞时，需蚕场面积也为总面积的 60％～70％。一化性蚕区的河南省则用 1 年生芽柞（火芽）时，约需蚕坡总面积的 70％。

③茧场　供 5 龄蚕继续食叶与营茧用的场所。二化性蚕区的山东省用 2～3 年生柞树时，约需总蚕场面积的 12％；辽宁省采用 4～5 年生柞树时，约需蚕场总面积的 20％。一化性蚕区河南省的茧场面积约需总面积的 12％。

（3）蚕场的选择

根据春蚕需要、气候特点和环境条件来选择蚕场。地势上，应越养越高，即从山的中、下坡向上顶放；方向上，要由南向北，即小蚕选用阳坡，大蚕选用北坡；从山的部位上看，先中后低，后期用高处，即小蚕饲养在山腰，大蚕饲养在山巅，3 眠左右围着山脚转。

山区的地形、地貌和气候条件复杂多样，既决定柞树的树种组成、叶量和叶质，又决定柞蚕的生长发育和柞蚕茧的产量和质量。柞蚕的不同龄期对气候和饲料的要求不同，因此要根据不同蚕龄的需求来划分蚕场与合理选用蚕场。

①小蚕场的选择利用　蚁蚕体小、生长发育快、遗失率高。饲养中，要给予适宜的生存环境和合理的技术措施，避免晚霜、低温冷害及高温干旱等不良环境，提高保苗率、生命力和强健度，为高产、优质、高效奠定基础。

a. 养1龄蚕的把场　应选择避免北风的向阳温暖的蚕场。根据雪封高山、霜打洼地的事实，高纬度、高海拔和寒冷山区，早春收蚁应避低洼山脚，以免遭晚霜和低温冷害。应选用阳坡、日出先受阳光照射而早升温处收蚁。虽阳坡山脚升温快，但日落降温既快且幅度大而一日温差大，对蚁蚕不利，故选用阳坡时应避开山脚低洼处。坡度以15°以内为宜。树种应先选用发芽早、成熟快的辽东栎或蒙古栎。

b. 养2龄蚕的蚁场　2龄蚕也可在把场饲养，但应尽早松把，防止把内柞叶因热变质；并及时匀蚕，调节饲料。否则，蚕久食把内柞叶，生长发育不齐，体质差。可于2眠起移入蚁场。

c. 养3龄蚕的蚁场　3龄蚕仍需要防止北面来的冷风袭击，应选择背风向阳的蚕场。此时山脚的气候条件和叶质已经最适合蚕生长发育用。树种，辽宁省仍以辽东栎、蒙古栎为好；河南省则以麻栎为最好。树龄以2年生柞(枝)为好。

②大蚕场的选择利用　4龄时，天气常常高温干旱；5龄期间，则为炎热干旱，而且经常刮西南风。河南的大部分蚕区还常遇干热风危害，柞叶普遍老硬，而此时又是蚕大量取食的时期，为此应根据当时环境与蚕的需求，选择利用地势高爽、通风良好、不受西照阳的山顶蚕场或北坡蚕场。东北蚕区和河北省蚕区以2～3年生柞(枝)为好。气候和叶子适宜时，也可采用4年生的柞(枝)。山东省、河南省、湖北省蚕区应采用一年生柞(芽柞)。

③茧场的选择利用　蚕进入茧场时，正是炎热季节，应选择通风良好、地势较高的蚕场，以减轻高温的危害。树龄二化性地区选择3～4年生柞(枝)，一化性地区则以1～2年生柞(枝)为好。

(4)清理蚕场

清理蚕场的目的是为了保护树势、提高柞蚕保苗率。它是抚育柞林、增加柞林郁闭度及安全生产、提高柞蚕茧产量的有效措施。

①清理乱石、洞穴等　蚕场内的乱石妨碍护柞保蚕，影响养蚕操

作，还潜藏敌害。应进行清理，填平坑穴或修筑山涧防水墙等。

②清理蚕场内的高大杂树、保护柞树间的灌木及草本植被　为了提高柞树的郁闭度、提高单位面积的柞蚕茧产量和质量，必须清除蚕场内高大的杂树。清理杂树后，才能补种橡实或移栽柞树，增加单位面积柞树株数，使柞蚕场实现可持续发展并高效利用。蚕场内生长的小灌木及草本植物是水土保持、涵养水分、增加土壤有机质含量及调节蚕场内小气候的重要因素，尤其是要保护豆科植物。但对与柞树争水、争肥的杂树应进行清理，确保柞树枝繁叶茂。

③清理柞墩、减少病虫害　柞蚕柞树害虫及其虫卵常常潜藏于柞墩，应进行清理，消灭虫卵；柞树的病原微生物尤其是枝干病害的病原是病害扩大传染的传染原，通过清理柞墩，除去病枝、伤枝、横生枝、下垂枝、徒长枝及虫害枝等，保护树势、提高叶质。

（5）绑把（捆枝）

绑把是指用绳、树皮等将柞枝按养蚕需要捆绑在一起的技术操作。目的是为了防风保苗，便于收蚁放蚕。柞树枝条大多是斜立向上或直立向上，收蚁、撒蚁、匀蚕放引枝时，不易放置牢固，容易造成蚕落地损失；春蚕收蚁时，春风比较大，而小蚕尤其是蚁蚕的把握力较弱，收蚁的引枝容易被风吹落。风吹枝动，枝条间相互碰撞，会造成小蚕被风吹落或碰落、擦伤。因此养蚕收蚁时，应在养蚕 1～2 天前进行绑把，以利于提高产量。

①绑把形式

绑把应根据当时的气候情况、地势地形及柞树发育等进行，还应依据种茧育和丝茧育、树种、树龄和饲养形式等而变化。常用的绑把形式有：

a. 绑立把　将柞敦内松散的柞枝捆绑成 1 把或 2 把，便能明显减轻风害，起到防风保苗的作用。

b. 绑顺风把　根据风向、风速，将柞敦内松散的柞枝捆绑成顺风的顺风把，即可有效减轻风害损失。

c. 绑双层把　山肥土沃处的柞枝生长势强，枝条高大。绑常规的立把或顺风把保苗效果不佳时，可将较长的枝条捆绑成上下 2 层的双层把。

d. 绑交叉把　既要通过绑把来防风保苗，又必须避免或减轻把内柞叶因呼吸热而变质。因此可将柞枝相互交叉绑成交叉把，可有效防止把内柞叶变质，提高柞叶利用率。

e. 绑下半墩把　将较高大柞墩的下半墩枝条捆绑成 1 把或数把。收蚁、撒蚁搁放引枝于下半墩把内，待食叶近半时，松开把并使柞枝靠向未绑把的上半墩枝条，蚕便会爬向新枝。

②绑把注意事项

a. 绑把时间要适当　过早绑把，把内芽叶通风透光差，易产生呼吸热使叶质变劣。以收蚁用叶前一天绑把为好。

b. 清除枯枝、徒长枝及杂树，然后再绑把　可避免小蚕爬上枯枝、徒长枝或杂树而影响取食及遗失。

c. 绑把松紧要适当　绑把过紧，影响柞叶呼吸及光合作用；过松，起不到防风效果。

d. 绑把数量与蚕场条件及养蚕数量有关　一般饲养 0.5 kg 卵量时，约需绑把 200 把。

8.1.3　收蚁

收蚁(beginning of silkworm rearing)是指将从卵内孵化的蚁蚕收集起来放到饲料树上或饲育容器内给饲料饲养的过程。蚁蚕体小体弱，易抓伤、遗失。收蚁应及时、迅速并严防抓伤遗失。

1. 收蚁准备

收蚁必须在短时间内完成，延迟，易造成蚁蚕疲劳、饥饿、体质削弱、抓伤体壁及遗失。因此，收蚁前必须做好准备工作。

(1)收蚁场所准备

春蚕收蚁时，早春的山林晨露未干，气温较低，有时甚至有霜冻。收蚁时遇低温，会抑制蚁蚕取食、活动，严重者会削弱蚕体质或诱发蚕病。

孵化的蚁蚕，应随时用引枝引蚁。收蚁室距离撒蚁的饲育林近时，可把暖卵室兼作引蚁室。要求收蚁室的光线要均匀，否则易造成因蚁蚕趋光性而互相抓伤和爬行遗失。收蚁室与饲育林相距较远时，可在场内林间搭设收蚁棚，上盖塑料薄膜，有利防雨保温、防风保湿，防止逆出蚕和不孵化卵发生。由于早春气温较低，蚁场养蚁蚕时，收蚁室的温度不宜过高，应控制在 16 ℃～18 ℃。

室内养蚁蚕时，收蚁可在暖卵室或饲育室进行。收蚁室温度为 19 ℃～20 ℃。收蚁后的小蚕饲育温度为 22 ℃～24 ℃，蚕室蚕具条件及饲养技术好的地方，为使春蚕早而快，1 龄蚕的饲育温度可提高为 26 ℃，但不应高于 27 ℃。

(2)收蚁用具

①收蚁用具：彻底消毒的收蚁盒、鹅毛、蚕筷、干湿球温度计，显微镜及观察胚胎发育用的器具；收蚁用房屋应在收蚁前 10 天彻底消毒。

②引枝：指引蚁蚕用的带叶植物小枝。引枝应选用发芽早、开叶快、蚕喜集但不取食、萎凋快、叶面积大和无特殊气味的植物枝叶。东北蚕区常用榛条、珍珠梅(山高粱)作引枝，也可用柞树枝条；河北蚕区也用榛条作引枝；河南蚕区以艾蒿、柳枝。引枝在收蚁前一天傍晚采取，并插于盛水容器内。既可防止引枝凋萎，又可避免带露水的引枝粘卵损失。

2. 收蚁时间

研究表明，蚁蚕落地遗失率与收蚁上树前绝食时间呈正比。因此必须适时收蚁。

(1)东北蚕区的收蚁时刻

春蚕一般黎明开始孵化，日出后孵化渐多，8 时为孵化盛期，9 时后渐少，10 时孵化基本结束。有时 13 时还有少量蚕孵化。此后不再孵化，待到翌日黎明再孵化。

刚孵化出来的蚁蚕，体躯先静止，约经数分钟后，开始食卵壳，趋光觅食，此时便是收蚁适期。

收蚁过早，外温较低，蚕不易活动和上树取食，遗失蚕多；收蚁过迟，蚁蚕容易饥饿及相互抓伤，还易因爬动消耗体力而削弱体质，同时容易诱发蚕病。因此要抓住适期，及时收蚁。

(2)河南省蚕区的收蚁时刻

蚁蚕孵化于黎明开始，6 时孵化最盛。如及时收蚁，必遇过低的外温。采用变温孵化法可适当推迟孵化时刻。收蚁前一天停止加温，20～22 时升温到 20 ℃，这样孵化时刻可推迟 1 h，于 8 时带卵上山，9 时左右开始收蚁，此法还有促进孵化齐一的效果。

3. 收蚁方法

收蚁方法应简洁方便、及时快速，又要不伤蚕体、不粘卵损失。

(1)丝茧育收蚁方法

春季的丝茧育主要在一化性蚕区的河南省和湖北省。二化性蚕区的春蚕饲育，实质上完全是为秋蚕丝茧育提供种茧。

①引蚁：主要有引收法和网收法。

a. 引收法　黎明，打开卵盒盖使卵感光，促使孵化整齐。将引枝剪成 10~15 cm 长并均匀地撒放在卵面上。最好先在卵盒上排列些细高粱秸，然后在高粱秸上放置引枝，引枝不压卵、不粘卵，使叶尖和部分叶面接触卵面，便于蚁蚕爬上引枝。待蚁蚕爬上引枝适量时，用蚕筷夹取附有蚁蚕的引枝，放置于送蚁盒或已消毒的蚕筐内，送上山并撒在已绑把的柞树上。重复操作，直至收蚁结束。

b. 网收法　黎明，打开卵盒盖使卵感光，促使孵化整齐。先铺 2 片收蚁网于卵面上，再撒放引枝于网上。待蚁蚕爬上引枝适量时，将上层网连同引枝一同放于收蚁盒或收蚁筐内，送至山上撒蚁。然后再放 1 片网于卵面上，重复操作。

②送蚁：将已放置适量附有蚁蚕引枝的收蚁盒快速、稳妥地运送到山上撒蚁场所。送蚁途中，应防止蚁蚕爬出损失，并避免蚁蚕过密而抓伤损失，防风、防雨、防日晒。

③撒蚁：将带有蚁蚕的引枝放到柞树上的过程。撒蚁(setting newly hatched tussah)应做到稳、准、匀和撒。

a. 稳　引枝应水平放置于把内枝条较多的枝杈处，防止引枝和蚁蚕落地损失。

b. 准　选柞墩、柞把及撒蚁数量要准确。估准蚕场内、柞墩内的叶量和撒蚁数量。蚕多叶少时，需多匀蚕、移蚕，既费工，又会增加遗失蚕数。叶多蚕少时，则浪费饲料，撒蚕面积大遗失蚕多，不便管理。一般直径 1 m 的柞墩(可砍柴 2 kg)，可撒蚁蚕 250 头左右，食叶到 2 龄起齐。

c. 匀　撒蚁要均匀。树冠、柞把上蚁蚕分布均匀，蚁蚕才能获得相同的取食机会。将引枝放置于柞墩或柞把的偏下位置，蚁蚕上树自然分散；引枝接触柞树枝叶的面积大，便有利于蚁蚕分散上树。

d. 撒　蚁蚕上树后，及时撒去引枝。当引枝上还有少量蚁蚕时，应将撒出的引枝另置于无蚕的柞把枝叶间；逐墩检查并及时拾回落地蚕；检查蚁蚕在柞墩上的分布情况、调整密度。收蚁当日下午应撒出全部引枝，这有利于蚁蚕上树均匀、避免引枝上积留蚕粪，还可避免蜘蛛等敌害潜藏于柞把内危害蚁蚕。

(2)种茧育收蚁方法

种茧育的收蚁方法，因种级不同而有差异。普通种按规定的用种卵量采用分批收蚁饲养法；原种采用分区饲养法；双蛾母种以双蛾产卵为饲养区进行分区收蚁饲养；单蛾母种以严格选留的单蛾产卵进行单蛾区饲养，以便进行选择、淘汰和择优去劣。种茧育的收蚁方法主要有如下2种：

①挂卵袋收蚁法　孵化当日将卵袋挂在柞树枝条上或使之坐在柞把的中间，在采用小蚕保护育地区可将卵袋或卵直接放在养蚕袋中收蚁。双蛾母种，则以2个蛾的卵为1区进行分区收蚁。挂袋收蚁应选用向阳避风和偏下方枝叶多处挂袋。打开袋口将收蚁袋挂放或坐放于向阳的枝叶间，为防风保苗，可用大头针等固定卵袋。此法简单易行，适合于单蛾育或双蛾育时使用。收蚁结束撒卵袋时，应及时调整袋口附近过密蚁蚕，使之分散均匀。

②换袋收蚁法　孵化后，将袋内的未孵化卵及卵壳倒入新袋继续暖卵。将附有蚁蚕的旧袋折叠袋口防止蚁蚕爬出，然后送到蚁场进行挂袋收蚁。优点：既不损伤蚁蚕，又可使未孵化卵继续感温暖卵，有利于出蚕集中。缺点：换袋费工，未孵化卵会受到一些震动。

(3)收蚁注意事项

①收蚁应不损伤蚕体、不遗失蚁蚕及不产生未孵化卵。

②收蚁要防止蚁蚕逸散损失，使蚁蚕分布均匀，取食机会均等，保证良叶饱食、蚕生长发育整齐。

③加强收蚁管理，检查拾回带蚕的落地枝；及时匀蚕，消灭敌害。

④防止未孵化卵感受低温、低湿，避免延迟孵化和不孵化卵的发生。

⑤为了防止病害发生，不宜用上1年发病重的蚕场收蚁。

收蚁是养蚕的重要环节，应在现在应用的收蚁方法基础上，积极探索利用蚁蚕的生活机能进行收蚁，调控适宜的温度、湿度和光线等环境条件快速高效收蚁。

8.1.4　小蚕饲养

小蚕(young silkworm stage)体弱。小蚕期极易因风、鸟、虫、旱和低温等不利环境条件而大量损失，小蚕期的减蚕率约为全龄的50%，1龄蚕的减蚕率约占小蚕期的60%以上。朝鲜桂应祥(1948)采用1 kg卵(101 080头)的蚁蚕调查各龄的减蚕率，结果表明1龄约为30%，2龄约为10%，3龄约为7%，4龄约为5%，5龄约为8%，营茧约为5%。小蚕保护饲育(protective rearing of yorng tussah)指在有特定的保护措施和环境条件下饲育 1 龄或 1～2 龄柞蚕的方法。目的是保护蚁蚕免受低温冷害、风害等不利环境因素的影响,促进蚕的生长发育,为春柞蚕优质、高产、高效奠定基础。常见的柞蚕保护饲育的方法为室外小蚕保护饲养法:

室外小蚕保护饲养是指在把场或蚁场养 1～3 龄小蚕。一般采用在把场收蚁养至 2 龄起齐后移入蚁场,有的在把场一直养到 3 龄才移入蚁场。

(1)把场养蚁

①把场全墩养蚁　养蚕前 1～2 天在把场绑把,绑把数量 1 kg 卵 400～500 把。要对已绑把的蚕场逐墩进行检查,一看风吹时枝叶的动态,查明防风实效;二看柞树发芽动向,查明开叶的大小,以便确定先用何处的柞墩、柞把;三看蜘蛛等敌害的潜藏情况,以利于采取有效的防治措施;四看坡向、树种和树龄,查明是否叶适蚕需,以便确定如何利用;五看柞把内枝条分布情况,如有分布不均匀应进行调整,以防枝叶过密发生呼吸热使叶质变劣;并震动使枯枝、托叶落下,以免蚁蚕爬上无叶可食;发现枯枝及徒长枝时应进行剪除,防止耽误蚁蚕食叶及枝高招风遗失蚕。

收蚁时必须做到随出、随收、随送、快放引枝撒蚁。迅速准确地将引枝稳妥地放置在柞把的中部枝叶密集处,使蚕均匀上树栖息与取食以及适时收蚁早食叶,是防止蚁蚕相互抓伤、防止病害发生、避免蚁蚕因疲劳损失、保证蚁蚕健壮的有效措施。同时还要保证蚁蚕分散均匀,每头蚕都有足够的营养面积,有利于蚕健壮齐一。养蚁蚕头数每墩 2 年生柞树约为 260 头。

②把场偏墩养蚁蚕　偏墩养蚁是指将蚁蚕饲养在柞墩的下半墩把内。优点:蚁蚕有上半墩柞树挡风,能避风害有利于减少落地蚕;随着蚕食叶,下半墩柞枝叶量不足时,可将密处的蚕匀移到上半墩柞枝上,移蚕距离近不影响蚕取食生长,也不损伤蚕体。缺点:把场、蚁场的面积大,管理费工;蚁蚕密放养在下半墩柞把上,易稀密不匀,造成蚕生长发育不齐;1 kg 卵应具备 2 年生柞树 400 墩左右。

(2)小蚕专用保苗场饲育

这是为保护蚁蚕、防风保苗及促进蚕健壮生长的专用于饲养 1～2 龄小蚕的保护育方法。华德公(1984)调查山东省、河南省蚕区认为:小蚕专用保苗场养小蚕,1 龄保苗率可达 94%,而山上蚕场养蚕仅为

75%左右。

①小蚕专用保苗场建设　在小蚕专用保苗场柞林的上方设置活动船式棚架，棚架上覆盖塑料薄膜以利于保温。准备草帘，白天去掉草帘可增温，夜间覆盖草帘可保温；日照强时，可通过覆盖草帘来调节温度。

②促进柞树早发芽　棚架上覆盖塑料薄膜，有利于提高棚内地温及气温，促使柞树早发芽。收蚁前 10 天罩膜，可使棚内柞树早发芽2～3天。阳光充足时，棚内温度可保持 30 ℃左右。棚内温度过高时，可打开棚架两端的膜通风降温或遮盖草帘调节。阴雨天及夜间覆盖草帘保持棚内温度。

③棚内饲养小蚕　棚内小蚕专用保苗场饲养小蚕与把场养蚕基本相同。苗圃式专用小蚕专用蚁场，因其株行距较密及肥培管理等，柞树枝繁叶茂，养蚕密度可适当密些。由于有棚膜保护，有利于提高温度和促使蚕生长快、壮、齐，应确保蚁蚕分布均匀，使每头蚕都有足够的营养面积。棚内养蚕，可以避免低温、风、雨、鸟、虫等不利环境因子的危害。棚内养蚕于 2 龄或 3 龄起后上山放养。

(3)河滩插柞饲育

①选滩筑畦　在蚕场附近选择避风、向阳、近水的沙滩(河底最好是泥土)，筑成长约 10 m、宽约 1 m、深约 0.3 m 的畦。畦间距为0.5 m。畦周围用土或沙筑成 0.5 m 高的坝，也可用树枝或作物秸秆设防风障。畦上挖一水道引水入畦，再将水排出，使畦涵而不漏水。

②插柞　选择 5 年生以上发芽早的柞树枝条，剪取枝长 1 m 左右，然后将数枝捆成一束插入畦内，用沙子固定。每畦插 3 行，行距0.25 m，株距 0.2 m。再用树枝叶或草将插穴填平，以便保护落地蚕。也可在畦上插柞上方设棚架，并覆塑料薄膜以利于增温和保温。膜上再设草帘以利于夜间覆帘保温及光照强时遮光避温。

③养蚁　当畦内柞叶生长到 2～3 cm 时，便可用来养蚁。养蚁方法与棚内养蚁基本相似，但应防止蚁蚕过密，2 眠前移入蚁场放养。

(4)罩把养蚁

田荣乐(1980)、姜波等(1981)研究了塑料薄膜罩把养蚁法，1 龄蚕的保苗率比未用塑料薄膜罩把的把上养蚁提高约 1 倍。

选择向阳温暖的场地，将打苞尚未绽芽的枝条绑成大把并剪去徒长枝，把的松紧要适当，保持把内通风、透光，把上罩上塑料薄膜。这样可保温、催芽，达到提前养蚕及保苗的目的。

收蚁后，白天阳光充足时，打开塑料薄膜，防止膜内温度过高影响蚕生长发育。傍晚温度低时，将塑料薄膜罩上保温。此法养小蚕，春季风大时，塑料薄膜破损影响生产，因此应选择避风的蚕场罩把养蚕。

（5）土坑育

土坑育（outdoor rearing in sunken pit）即采用塑料薄膜覆盖在土坑上饲养1～2龄蚕。

①准备土坑　在蚕场附近选择避风、平坦、地势高燥的地方，挖长6 m、宽1 m、深0.3 m的槽形土坑。土坑在养蚕前10天挖好并晾干。

②覆盖塑料薄膜　在坑的两侧每间隔约0.5 m用条材设弓形骨架，架顶与坑底的距离约为0.8 m。坑上面覆盖塑料薄膜。并备有草帘，以供夜间遮盖保温、白天气温高时遮盖降温用。

③养蚁　养蚕前应将养蚕用具进行彻底消毒。采用蚕场边缘零星柞树枝叶收蚁，引蚁一定量时，移入铺干草或干沙的坑内定座给叶饲养。每日2回育，早晨给叶量应多些，夜间温度低食叶量少，傍晚给叶量略少些。龄初、龄末给叶量应偏少。眠中则停止给叶。盛食期给叶量应多些。给叶时，上下枝条呈"井"字形摆放，并注意匀蚕扩座。饲育0.5 kg卵的蚕座面积，1龄约为9 m^2，2龄约为25 m^2。根据残留叶和蚕沙量决定除沙次数，眠前必须除沙1次。坑内温度控制在26 ℃以内，温度高时，可用遮盖草帘或揭开薄膜通风降温。为保持蚕座干燥，眠中、晴天应适当打开薄膜排湿。饲育到2龄起后移入蚕场放养。

（6）室内育

室内育是保苗效果良好的小蚕保护育方法之一，目前东北地区主要采用此法饲养春季小蚕。

室内育又可分为室内插枝育和室内容器内饲育。室内插枝育的方法与室外插枝育基本相同。不同的是室内插枝育的环境条件可以人为控制，给予适合柞蚕生长发育所需要的生态条件，满足柞蚕的生理要求，实现优质、高产、高效。

室内容器内饲育因采用的容器不同，又可分为塑料薄膜育、防干纸育、塑料袋育、塑料盒育、塑料盆育及合成袋育等。现以塑料薄膜育为例简介养蚕方法：

①蚕室、蚕具准备　根据养蚕数量准备足够的蚕室、蚕具及消耗品。蚕室用具在使用前5天要进行彻底消毒，可采用含有效氯1％的漂白粉或3％的甲醛喷雾消毒，也可采用甲醛和高锰酸钾混合气体消毒，

消毒后蚕室应密闭 2～3 天。

②收蚁　孵化时，用引枝引集蚁蚕。将引集的蚁蚕置于塑料薄膜内，给叶后包育。

③饲育　采用全芽叶饲育，柞叶长为 1～5 cm 时为最佳养蚁适用叶。给叶时，将新鲜柞枝剪成 15～20 cm 呈"井"字形放于蚕座，用塑料薄膜将蚕包起防止蚁蚕爬出，每天给叶 2 回，每次给叶前打开塑料薄膜排湿，再扩座、匀蚕、给叶。

④饲育环境条件　1～2 龄春柞蚕的饲育适温为 22 ℃～24 ℃，温度不应高于 26 ℃或低于 20 ℃。由于塑料薄膜保湿效果好，因此不需另外补湿，雨天应将湿叶晾干后再给叶或包膜。饲育室内光线要均匀，防止因小蚕趋光性强而局部密度过大。

⑤蚕座面积　室内饲育应掌握合理的蚕座面积，饲育 100 蛾的蚕卵所需蚕座面积如下：

收蚁当时的蚕座面积应为 2 m²；1 龄蚕的最大蚕座面积为 5 m²；2 龄蚕的最大蚕座面积为 8 m²。单蛾育的蚕座面积约为 0.022 5 m²。

⑥除沙(bed-cleaning)及眠期处理　室内饲育温度较高，蚕食叶速度快、蚕沙多。因此除沙次数比土坑育等多。一般 1 龄除沙 1～2 次，2 龄除沙 2～3 次。通常在眠前除沙，以防蚕座多湿不利健康；眠中应打开塑料薄膜排湿，保持蚕座干燥，结合除沙淘汰弱小蚕。眠起后，应偏早给叶，防止起蚕久爬疲劳。

⑦上山放养　室内育的上山时期以 2 龄起齐为适，天气晴朗无风时进行最好。上山时间应尽量偏早，防止太阳照射使膜内温度升高，造成蚕体伤热而影响蚕体健康。

8.1.5　大蚕放养

1. 春柞蚕大蚕期的环境特点

(1)高温

春柞蚕的大蚕期(grown silkworm stage)正是高温季节，环境温度经常在 30 ℃以上，而柞蚕的大蚕期却不耐高温。近些年来，由于"厄尔尼诺"现象的影响，使部分地区发生持续高温，给当地的柞蚕生产造成严重影响，如 1997 年，因"厄尔尼诺"现象影响，辽宁省从 6 月 12 日开始，高温热害长达 65 天之久，日最高温度大于等于 30 ℃的日数全省平均为 42 天，部分地区的最高温度达 40 ℃以上，高温热害给辽宁省辽南、辽西和辽北蚕区带来严重灾害，造成春柞蚕大幅度减产。

(2)干旱

干旱与柞蚕大蚕期有密切关系。桂应祥(1958)认为，柞蚕生长发育的适宜湿度小蚕期为85%～90%，大蚕期为80%～85%。低于75%时，蚕的龄期经过延长；低于50%时，蚕不易蜕皮。持续干旱时，蚕因水分不足而常四处乱爬，甚至落地。在河南省蚕区，5月下旬至6月中旬，常有不同程度的干热风出现，造成土壤干旱、柞叶失水多、叶质硬化快，影响蚕体水分代谢，导致蚕体生理障碍，影响茧质量和产量。

(3)柞叶易老硬

各蚕区、各树种大蚕期的叶质均易老硬，尤其是河南省、湖北省等地的大蚕期叶质老硬更明显。老梢(2、3年生柞)仅适用于小蚕期和4龄期；火芽(1年生柞)含水量多，较适合大蚕期。

2. 春柞蚕大蚕期的特点

(1)食叶量多　研究表明，1头春柞蚕的食叶量，1龄约为0.155 g，2龄约为0.586 g，3龄约为2.55 g，4龄约为7.37 g，5龄约为37.69 g，全龄食叶量约为48.35 g(桂应祥，1956)。由此可见，大蚕期的食叶量占全龄的90%以上。以放养1 kg卵量、营茧35 000粒茧计算，春柞蚕所需总叶量约为3 686.9 kg。其中，1龄期用叶13.32 kg，2龄期用叶38.5 kg，3龄期用叶145.7 kg，4龄期用叶376.2 kg，5龄期用叶1 676.3 kg，全龄用叶量为2 250 kg。加上4龄以后食叶中浪费的碎叶片4龄蚕为7.52 kg，5龄蚕为33.5 kg；剪移时用叶量，3龄期为242.6 kg，4龄期为291.1 kg，5龄期为266.9 kg，营茧时用叶量为490.3 kg。由于春柞蚕的食叶量主要在大蚕期，因此应准备足够量蚕场，并及时调节饲料，保证良叶饱食。

(2)蚕生长发育不齐　由于蚕孵化有先后、收蚁也有早晚、柞树发芽有早迟、叶位有上下、叶质有老硬、蚕场地理位置不同等，因此容易造成春蚕生长发育不齐。

(3)春季大蚕多爬动　柞蚕的生活习性是"春蚕好动""秋蚕好静"。当叶量不足或叶质不适时，蚕必然为选食而迁移。发生在柞墩内、枝条上的选食迁移称"窜枝"(tussah silkworm moving from branch to branch)；表现在山坡上的迁移称"跑坡"(tussah silkworm moving from tree to tree through foothill slope)。同时也是避害迁移，当日出、光强、炎热并光强时，常会发生"避害迁移"或"趋利迁移"。特别是3眠起后的 4 龄蚕，既不耐高温，也不耐低温，当温度不适蚕的需求时，必然会出现爬行迁移。

3. 春柞蚕大蚕期的放养技术要点

(1)大蚕期的移蚕次数多　大蚕期食叶量多，要求移蚕次数也多。辽宁省等二化性地区大蚕期一般移蚕 2～3 次。山东省蚕区因干旱、气温高、叶质老硬，4 龄眠前和起后各移蚕 1 次，5 龄蚕在起后、盛食期和见茧期各移蚕 1 次，即大蚕期应移蚕 5 次。河南省大蚕期需移蚕 4 次，即 4、5 龄起齐后各移蚕 1 次，5 龄蚕食叶 5～6 天再移蚕 1 次，见茧时将柞蚕移入茧场。

(2)大蚕期对叶质要求严格　春季常因少雨而干旱，故柞叶老硬快。山东省、河南省、河北省及辽宁省西部地区，常因柞叶老硬快蚕只取食柞梢顶部嫩叶而不取食老叶，故为防春蚕窜枝、跑坡等选食迁移，应适当增加移蚕次数以适蚕需，并且注意选择适熟叶来满足蚕生长发育的需要。如山东地区为改善叶质，应采用疏枝的方法供给柞蚕适熟叶，并掌握食叶量不超过疏枝柞的 1/3 叶量。河南省等干旱地区，老梢(2、3 年生柞)常因发芽早、柞叶含水量少，而不适应大蚕期食用，5 龄蚕应给予发芽迟、含水分和蛋白质丰富的火芽(1 年生柞)的叶。

(3)大蚕期的放养密度适当

5 龄蚕每墩柞可放养 50～60 头。为确保蚕良叶饱食、生长健壮，大蚕期的放养密度应适当偏稀。辽宁省春柞蚕的放养密度见表 8.1-1。

表 8.1-1　辽宁省春柞蚕的放养密度

蚕 场 与 龄 期	柞树的枝龄(年生)	每墩柞的养蚕数
小蚕场把场养 1～2 龄蚕	2	250
小蚕场蚁场养 3～4 龄蚕	2	80～100
大蚕场养 4～5 龄蚕	3	60
茧场养 5 龄后期蚕及供营茧	4～5	70

具体养蚕数量应根据柞墩的大小、生长势和产叶量来确定，并做好匀蚕、防病、除虫和驱鸟等工作，保证柞蚕健康生长发育。

8.1.6　饲料调节

饲料调节(feed adjusting)是根据柞蚕的生长发育及柞树的叶质情况，及时调整蚕头密度、树龄及蚕场坡向。

饲料是柞蚕的生存条件，柞蚕食下、消化、和吸收柞叶的数量和质量，直接影响到柞蚕的生长发育快慢、体质强弱、产茧量高低与优劣。饲料调节不仅对当代产生影响，而且还会影响下一代的产量和质量。应根据当地当时的气候特点、饲养的蚕品种及不同生长时期进行，合理选用场内的树种、枝龄、适熟叶，以适应柞蚕的生长发育。

1. 春蚕期饲料调节的原则

(1)叶适蚕需

根据当地春柞蚕对饲料的总需求，做到叶适蚕需。

(2)饱食良叶

重点掌握各龄蚕的适熟叶，及时调节，满足柞蚕生长发育对营养的需求，做到良叶饱食。

(3)合理选用蚕场

自然界存在多种柞树天然次生林，又人工营造了适于放养柞蚕的麻栎、辽东栎等。不同树种、不同枝龄上生长的柞叶叶质有显著差异，应合理选用各蚕龄的适宜树种和适宜枝龄。

(4)根据气候条件选用蚕场

天气干旱时，应选用适熟偏嫩叶，如疏枝老柞发出的叶，晚蚕也可食芽柞。若多阴雨天，也可用老柞放养到营茧。

(5)看柞放蚕

一般先用薄山、后用肥山；先用阳坡、后用阴坡；春蚕从山下向山上放，越放越高；高温、干旱时，将蚕移至阴坡避暑。

(6)优化利用

根据不同蚕区的春旱程度和柞叶易老硬的特点，采取合理的技术措施，人工控制柞树叶质使之适合蚕的食用，确保各龄蚕有适熟叶可食用。研究合理的柞蚕饲养体系，合理利用柞林资源，提高叶丝转化率和叶蛹转化率。

2. 春蚕期饲料调节的方法

饲料调节包括2个方面：叶量调节和叶质调节。

(1)叶量调节

①确保春柞蚕各龄幼虫有足够数量的柞叶供蚕食用。不仅要做到蚕叶平衡，而且应使蚕饱食良叶，还要留有余地。

②采用无停食饲育法或无停食放养法，做到常有良叶供蚕随时饱食。

③将光墩、光枝上的蚕带枝剪下，匀到无蚕或蚕少的柞墩上。

（2）叶质调节

①良叶标准　良叶标准因蚕龄、地区而不同。良叶有时间性、地区性。收蚁用的适熟良叶，辽宁地区春期用辽东栎或蒙古栎收蚁时，以叶长 2～3 cm 为宜。河南春期用栓皮栎和麻栎叶时，以叶长 2 cm 为宜。辽西、冀东地区春期用槲收蚁时，以叶长 3～4 cm 为适，这样做春蚕常高产，但秋蚕一般难以高产，因此春蚕不宜长时间用槲叶养蚕。在半干旱地区也不应采用易老硬的槲栎收蚁和养小蚕。辽西、冀东半干旱地区春季应采用辽东栎或蒙古栎收蚁和养小蚕。一般 2 龄蚕的适熟叶，以叶形充分展开、叶色较绿的嫩叶为好。3 龄蚕适熟叶则以叶质柔嫩、叶色深绿的软叶为好。4 龄蚕用叶，以叶质成熟、叶色浓绿的叶为好。5 龄蚕用叶，以叶质成熟、叶色浓绿和叶片肥厚的叶为良叶。

②叶质　蚕对叶质的要求因小蚕期和大蚕期而不同。小蚕期需要易于食下、消化、吸收和富有营养的叶质老嫩适当的适熟叶。春蚕，不可用叶质过于肥嫩和老硬的柞叶。蚕取食过于肥嫩的柞叶，外观上蚕长势肥胖，但实质上蚕体虚弱，后期易发病害，对种茧生产更为不利；如以较老叶养蚕，则蚕生长发育不齐、遗失蚕多。在高温、干旱和叶易老硬处，应采取偏早收蚁养蚕，用 2 年生枝发出的芽叶收蚁养蚕；河南省蚕区常采用土质瘠薄蚕场的嫩叶收蚁养蚕，可减少干旱造成的损失。

大蚕期，不仅要维持体躯持续生长及供生殖细胞发育，而且还要为蛹蛾期积累营养，丝腺也在加速生长并积累丝蛋白。应选用富含碳水化合物并蛋白质充足的成熟叶。但在干旱地区或特殊干旱的年份，若用老叶养蚕会影响产茧量和茧质。所以河南省蚕区需要用火芽（1 年生柞枝发出的芽叶）养蚕。

③辽宁省等二化性蚕区的饲料调节　该地区常用蒙古栎、辽东栎 2 年生嫩枝发出的嫩叶收蚁养小蚕。用 3 年生柞枝发出的芽叶放养 4～5 龄蚕。茧场用 4～5 年生柞枝发出的叶放养 5 龄后期蚕及营茧。天气干旱时，可用发芽晚的麻栎抗旱催育。传统抗旱催育常用槲，由于其含水量多、叶质差以及茧质差，故母种及原种生产一般不宜采用。

④河南省蚕区的饲料调节　一般用发芽早的栓皮栎叶收蚁和养 1 龄蚕。2、3 龄蚕，用叶质较嫩的麻栎。栓皮栎，发芽早 1～2 天，硬化迟，多用于养 1、2 龄蚕和大蚕。麻栎，发芽迟 1～2 天，硬化早，多用于养 2、3 龄蚕和 4 龄蚕。槲叶粗糙、含水较多、营养价值低，一般多用于大眠场。老梢（2、3 年生柞枝）发芽早、叶含水量少，常用于小蚕

期和 4 龄蚕。火芽发芽迟、含水多，一般用于大蚕期。大蚕期如果蚕早、坡肥、叶质尚可时，可多用老柞。大蚕期用薄坡时，则应多用 1 年生枝。天气干旱，应多食嫩芽。雨水多时，应多取食薄坡老柞。高温干旱时，雨、露不足，蚕体水分耗量大，蚕需水也多，应给以含水量多的偏嫩叶。蛋白质和水分较多的嫩叶，生产的茧茧层厚，因此适用于丝茧生产。而较成熟的偏硬叶，其碳水化合物含量丰富，有利于充实蚕的体质，故适用于种茧生产。

⑤山东蚕区的饲料调节 小蚕期可用发芽早的老柞，4 龄蚕适逢天气干旱和柞叶老硬，应采用轻疏枝老柞或专为抗旱准备的 3 龄柞，5 龄蚕则用重疏枝老柞放养。部分蚕营茧后，再用老柞或轻疏枝老柞窝茧。

8.1.7　匀蚕及移蚕

1. 匀蚕

匀蚕是指在同一蚕场内，将蚕从叶量不足、叶质变劣和密度过大的枝条上或柞墩上转移到无蚕的柞墩或枝条上，使之均匀散开的技术处理。

(1)匀蚕目的

①随着蚕的取食、生长发育，柞墩、枝间必然会出现叶量不足、叶质较差和局部蚕头过密等现象。通过匀蚕，调整叶量、叶质及蚕的密度，使群体蚕分布均匀合理。

②防止窜枝、跑坡等选食迁移现象发生，避免因饥饿而诱发蚕病，使蚕生长发育良好。

③防止蚕场出现剩余柞叶，又可防止食叶过重影响柞树生长发育，同时又有利于移蚕等技术处理。

(2)匀蚕时间

①整个蚕期每天都可进行匀蚕。做好眠前及眠起后的匀蚕，重点做好盛食期前的匀蚕工作。

②一天中随时都可匀蚕，但日中、雨前、风雨中和露大时不匀蚕。应掌握在上午和下午温度较低时匀蚕。

③各龄期均可匀蚕，防止光墩、光枝等局部蚕过密的发生，主要应做好 2 龄起齐后及每次移蚕后的匀蚕。

（3）匀蚕方法

①匀蚕时，不抓光枝，以免损伤蚕体。采用拉枝引蚕、搭桥及搭铺等方法。为保护柞树，匀蚕应剪小枝条，禁止剪顶梢、大枝。

②匀出小蚕留大蚕、匀出弱蚕留强健蚕、匀出下部蚕留上部蚕、匀光墩及光枝等蚕过密枝条上的蚕，放置于无蚕或少蚕的柞墩上。

③根据各龄蚕的饲料标准进行，选择适宜枝龄和适熟叶多的柞墩。

④匀出的蚕应撒匀、放稳、防止遗失蚕。

2. 移蚕

移蚕（transferring of tussah）是指将蚕从无叶的蚕场转移到新蚕场的剪移处理。移蚕是柞蚕放养中的主要操作过程，通过移蚕处理，达到良叶饱食、防病高产的目的。

（1）移蚕目的

①蚕在蚕场连续食叶，必然使蚕场内叶量减少、叶质下降。蚕食叶不足，致使饥饿，易诱发蚕病发生；蚕久食叶质变劣的残存叶，导致蚕相对饥饿，这也是蚕发病的诱因。另外，由于蚕的取食，残存叶片失水量增大，不利于春季抗旱保苗。应及时移蚕、换场换树，以利蚕健康生长发育。

②春季柞芽初发时，其芽叶适合蚕生长发育。随时间经过，柞树叶老硬程度变化很大，下位叶叶质低于上位叶。蚕久食下位不良叶、虫口取食过的不良叶、蚕已取食的不良叶，蚕便生长缓慢、蚕体偏小和体重较轻。小蚕期更应少吃和不吃下位叶等不良叶，才能确保春蚕健齐。

③春蚕好动，尤其是干旱时更加明显。由于柞叶不适合蚕的取食，蚕便为选食而"窜枝"爬动，其选食迁移的目标是趋向适龄柞和适熟叶。有时也为选择适宜的温湿度等生存条件而迁移。蚕"窜枝"爬动影响取食和营养积累，蚕体质弱，而且遗失蚕增多。春蚕放养必须常换树转场，给予适龄柞和适熟叶等基本生存条件，使之良叶饱食、蚕体健壮。

④移蚕不及时，光枝、光墩上的蚕易遭受强光照射及风雨袭击，不仅容易诱发病害，而且还可直接造成损失。因此及时移蚕，可提高产量和质量。

（2）移蚕次数

移蚕次数应按各地区的春蚕放养标准决定。移蚕次数过多，剩余柞叶多，不仅浪费柞叶、人工，而且易造成蚕体受损伤。移蚕次数过少，蚕常取食叶质较差的柞叶，不利于其生长发育。移蚕次数既要根据蚕的生长发育需要，又要依据天气状况、蚕场状况和饲料老硬等条件决定。

①柞蚕生长发育的需要　春柞蚕1、2龄小蚕期，用2年生枝饲养。在辽宁省等二化性地区，只要掌握偏早收蚁1～3天，也可以用3年生枝或4年生枝饲养。根据柞蚕生长发育、天气状况及叶质老硬程度决定移蚕的时间及次数。一般采用3移放养法，即2龄起齐移入蚁场，早蚕见老眠移入二把场，老眠起4～8天或早蚕见茧移入茧场。天气高温、干旱及叶质老硬时，应采用4移放养法。山东地区常移蚕7次，即2龄、3眠前、4龄起后及眠前各移蚕1次，5龄起、盛食期、见茧时各移蚕1次。河南蚕区常移蚕5～6次，即2龄、3龄、4龄起、5龄起、5龄中各移蚕1次，进入茧场再移蚕1次。

②气候　天气干旱时，应偏早收蚁、偏早移蚕。高温干旱，柞叶易老硬，应偏早移蚕，并适当增加移蚕次数。也可采用偏嫩的柞叶。

③蚕场　蚕放于土质瘠薄的蚕场时，用阳坡或西南坡向时，宜偏早移和多移。大蚕期采用土质肥沃或阴坡蚕场时，可偏晚移或减少移蚕次数。

④叶质　叶柔软肥嫩时，可少移或偏晚移。叶老硬时，应多移或偏早移。

(3)移蚕时间

①眠前移蚕　群体蚕中有少量就眠，大批蚕处于减食期时移蚕。蚕在新的柞墩上食少量柞叶即进入眠期。眠前移蚕，有促进就眠(molting)的作用，防止眠蚕因无叶遮阴而被阳光晒烤；并能保证起蚕早食良叶，避免起蚕"窜枝""跑坡"。

②起后移蚕　起蚕后1～2天便可移蚕。过早移蚕，体壁嫩，易受创伤。过晚移，久食残余叶，易致使饥饿，影响蚕体健康。河南蚕区多在起后移蚕。

③破梢剪、窜枝移　当蚕取食柞枝顶梢数片叶时，其下部叶便迅速老硬蚕不喜食，故易发生"窜枝""跑坡"等选食迁移信号，表明此时的老硬叶已不适蚕食用。干旱时蚕食破顶梢后，应剪移换树转场。

④移蚕适宜时刻　移蚕应温度较低、湿度偏高时进行，一般在10时前及15时后移蚕。注意：日中气温高时不移蚕，有雨、多露时不移蚕，大风天气不移蚕，刚起蚕和眠蚕不移蚕。

(4)移蚕方法

移蚕过程可分为剪枝、装筐运蚕、撒蚕和撒撒枝等。

①剪枝 将附有蚕的枝条剪下,尽量少剪顶枝或长枝,剪枝长 15~20 cm。注意不要使枝条及蚕体震动,防止损伤蚕体及蚕受刺激吐出消化液;如震动过大,会使蚕落地或擦伤蚕体。

②装筐 将剪下的枝条装入筐内,从筐的一侧有顺序竖立排列。装筐时枝条松紧要适当,过紧时,容易使蚕吐消化液或挤伤蚕体;过松时,枝条易动而擦伤蚕体,而且每筐装蚕数量也少,影响移蚕效率。每筐装蚕数量,2、3 龄蚕为 1 000~1 500 头;4 龄蚕为 800~1 000 头;5 龄蚕为 600 头左右。装蚕的筐应放于无日照的树阴下或运送到新的蚕场。运蚕要快、稳,防震动和日晒。

③撒蚕 撒蚕(setting tussah)是将带有蚕的枝条放到柞树上去,位置应靠主枝。撒蚕高度随蚕的生长而逐渐下降;撒蚕密度应根据蚕的生长发育、柞墩的大小及蚕在该蚕场的时间而定。一般将枝条放置于主枝的枝杈密集处。撒蚕要求"快""稳""匀""稀"。撒蚕密度,一般先密后稀、起密眠稀。撒蚕时,应在蚕场内留 5%~10%的柞墩不撒蚕,以备匀蚕等用。

④撒撒蚕枝 待蚕全部上树后,应逐墩检查撒出撒蚕枝。一是防止撒蚕枝成为害虫潜藏的场所;二是避免眠蚕和弱小蚕留在撒蚕枝上;三是将撒下的撒蚕枝围立于叶质肥嫩的柞墩下,使落地蚕爬上柞墩取食。

移蚕后及时寻找蚕场内剩下的蚕,剪下后移入新蚕场,此过程称捞蚕。捞蚕一般在移蚕的翌日进行,捞蚕不及时,会增加弱小蚕和遗失蚕,导致蚕发育不齐。

8.1.8 齐蚕与选蚕

1. 齐蚕

齐蚕是指促使蚕生长整齐一致的技术处理。

(1)春蚕不齐的原因

春柞蚕极易大小不一,甚至龄期不一。即使同一天收蚁、采用同一养蚕技术处理的同批蚕,其生长发育也不齐。其原因如下:

①品种及杂交组合间存在差异 不同蚕品种的生物学特性及经济学性状存在差异,同一品种内的个体间也存在明显的个体间差异。目前的柞蚕品种大部分来自地方品种,地方品种本身就是一个混杂的群体,虽经多代的选择已经成为遗传上的纯种。但从生产实践上看,柞蚕品种中确实存在纯种不纯的现象。例如,幼虫体色不一,蛾色较杂等。另外,

在养蚕、繁种中的机械混杂、自然界中的不良因素引起的变异等都是导致品种不纯的重要原因。要采用科学的育种及繁种方法，选育并繁育生物学性状和经济学性状一致的蚕品种，保证饲养中发育齐一、经济学性状一致。

柞蚕品种间杂交存在不同程度的杂种优势，柞蚕杂种优势以 F_1 代最强，而且正反交杂种优势率不同。由于柞蚕生产的特殊性，生产中正反交均同时使用，而且有些情况还使用 F_2 代，这便是杂交组合蚕发育不齐的原因之一。

②饲料的影响　柞树种类、柞树枝龄、叶位、疏枝修剪程度和叶质老硬等不同，以及蚕场水肥条件、柞墩稀密等不同，其柞树的产叶量、叶质就存在差异。群体蚕中个体所得到的营养条件不同，这是导致柞蚕生长发育不齐的主要原因之一。

③蚕场气候不一　蚕场的地形、地貌、植被、海拔高度等不同，造成蚕场内不同部位间的小气候差异。因此蚕生长发育的环境条件不同，其生长发育难以齐一。

④养蚕管理不一　蚁蚕孵化有先后、眠起有早晚、放蚕密度有稀密及移蚕早晚等养蚕管理的差异，是造成蚕发育不齐的另一原因。

（2）齐蚕措施

①选用柞蚕优良品种及强杂种优势组合的杂种 1 代。

②选用适宜树种、适龄柞、适熟叶养蚕，满足柞蚕对营养的需求，保证柞蚕生长发育整齐一致。

③分批收蚁、分批促齐。为防止"窜枝""跑坡"，按蚕眠起先后分批移蚕，早批蚕按常规放养或给予适当偏老的叶子；晚批蚕给予适熟叶放养。

④剔迟催育。眠前移蚕后，待 70％～80％蚕就眠时，将未眠蚕剔出集中放于叶质良好的柞墩上放养，促进迟蚕生长发育迅速就眠。在进行起后移蚕时，可将眠蚕剔出放于叶质优良的柞墩上催育。

2. 选蚕

选蚕（silkworm selection）是柞蚕良种繁育重要的一环，通过蚕期选择，能够降低微粒子病并提高蚕种质量。选蚕一般在 3 龄和 5 龄盛食期各进行 1 次，以 5 龄盛食期选蚕为主。

（1）群体选择法　以群体蚕为选择单位，观察群体蚕的生长发育情况，3 龄期间的选择以群体选择为主。群体健蚕特征：

①蚁蚕　健康蚁蚕体色鲜明，蚕体黑色；行动活泼，刚毛挺直。

②2、3 龄蚕　体形整齐，体色油润。眠起齐速，蚕眠在枝叶上如列队状。无病斑，发育齐一，食叶整齐。

(2)个体选择法　在群体选择的基础上，选择体质强健的个体继代留种。个体选择以 5 龄盛食期为主。个体强健蚕特征：

①蚕体饱满，体色鲜明、油润，有闪耀光泽；体壁光洁柔嫩，无针尖状渣点及辉点；血淋巴颜色清晰，具有本品种固有颜色。背血管色泽清亮，气门线狭直，有光泽。体壁突起健壮、粗大、充实，并略向前伸。

②刚毛密而直，不卷曲，不脱落，细长而密，尖端有疙瘩，向前斜伸，无半截毛和三色毛，毛色丰润。

③蚕体形前方粗壮，环节紧凑，坚紧有力，手捏有弹性。静止时，前部昂举。手捉尾部时，头部昂举并左右摇摆，口气喋喋有声，不易吐消化液。

④咀嚼力强，食叶连叶脉一起食下。尾端直肠内常有硬粪 1~2 粒，盛食期粪粒绿色、坚硬、周围有 6 条匀整深沟(6 棱粪)。

淘汰的劣蚕应妥善处理，患传染性病害的蚕应集中烧掉。生长缓慢的蚕可隔离放养，以良叶催育，供丝茧或食用茧用。

8.1.9　窝茧与摘茧

1. 窝茧

将分散在大蚕场的将老熟营茧的蚕集中移入茧场(tussah cocooning yard)的过程称为窝茧(cocooning of tussah)。蚕在大蚕场已取食了足够的成熟叶，个别已开始吐丝(spinning)营茧，此时将蚕移入茧场可为蚕提供新鲜的成熟叶起到催熟的作用，促进蚕吐丝营茧。同时，减小了茧场的面积，便于防害、摘茧等养蚕操作。

(1)窝茧时间

当蚕场内熟蚕(mature larva)占 3%~6%时，便可将蚕移入茧场，时间为 6 月中旬。窝茧时期要适当。过早，蚕在茧场久食老硬叶，不仅推迟营茧，而且茧质也差。过晚，则茧场外营茧多，采茧操作费工。

(2)窝茧密度

窝茧密度应稀密适当。密时，多营双宫茧等不良茧；过密，叶量不足，需再次移蚕，费工、费树。过稀，茧场面积大，不利于管理，采茧较难。一般可砍鲜材 2 kg 的柞墩约放蚕 30 头。熟蚕移入茧场，取食 2 天便可营茧，食去柞叶 30％时营茧结束，即为窝茧适宜密度。

(3)窝茧方法

春蚕老熟营茧适逢炎热时期，选用地势高燥、通风良好的中高坡、阴坡作为茧场。茧场柞树以 2 年生以上的中干柞树为好，用中干柞窝茧有利于防止兽害。山东省等干旱地区则应选用 1 年生芽柞窝茧。可先在柞墩中间枝杈较多的地方用杂草搭铺，然后将蚕放于铺上，可防止放在树上的蚕落地。

当茧场内约 80％的蚕营茧时，剔出未营茧的蚕另放于叶质优良的柞墩，促进其成熟营茧。

(4)柞蚕饰腹寄蝇防治

在柞蚕饰腹寄蝇 *Blepharipa tibialis* 危害的地区，结合窝茧进行防治。

①用灭蚕蝇 1 号或高渗灭蚕蝇 1 号喷叶杀蛆 春蚕 3 眠起 4～5 天，用 25％的灭蚕蝇 1 号的 400 倍，用喷雾器将药液均匀喷在柞树叶上(连同蚕体一起喷药)，喷至叶尖滴水为止。注意每墩树上放的蚕不宜过多，保证蚕吃喷药的柞叶 4 天以上。4 眠起 4～8 天，再用灭蚕蝇 1 号 300 倍药液喷洒 1 次。

②灭蚕蝇 3 号浸蚕灭蛆 在柞蚕 4 眠起 5～8 天，采用 20％的灭蚕蝇 3 号乳油的 800 倍液(0.025％)浸蚕杀蛆，浸渍时间为 10 s，控过水后迅速摊开并及时窝茧。若蚕发育不齐，应分批浸药，防止刚起蚕中毒。也可使用灭蚕蝇 4 号浸蚕灭蛆，浸蚕时期、浸蚕药液浓度、浸渍时间及注意事项等与应用 20％灭蚕蝇 3 号相同。

③灭蚕蝇 1 号喷洒及灭蚕蝇 4 号浸蚕联合防治 春蚕 3 眠起 4～5 天，用 25％的灭蚕蝇 1 号的 400 倍药液喷洒防治；4 眠起 4～8 天内，采用灭蚕蝇 4 号乳油的 600～700 倍药液浸蚕防治。

(5)茧场管理

①蚕进茧场后，要及时检查、巡视茧场，随时拾起落地蚕，并及时调整蚕的密度。

②加强茧场管理，防止鸟、兽、虫等的危害。

2. 摘茧

摘茧(harvesting cocoons)是将柞蚕在蚕场中营的茧收回的过程。摘茧可在化蛹前进行，也可在化蛹后摘茧。

(1)化蛹(pupation)后摘茧 晴天可在营茧后第 9 天进行，阴天可在营茧后第 10 天开始，可以避免嫩蛹受伤。但由于茧久挂山野柞枝上受烈日照射、风吹雨淋、虫鼠等危害，因此损失较重。

（2）化蛹前摘茧 在茧场损失较重的蚕区，为避免柞蚕茧受到损失，可在化蛹前摘茧。如河南省蚕区摘茧时，正是第 1 代寄生蜂寄生时期，已营的茧在茧场内易受寄生蜂危害。因此在化蛹前摘茧。晴天在营茧后 3～5 天吐丝完毕后摘茧；阴天在营茧后 4～6 天进行。此时茧壳已变硬定型，蚕尚未蜕皮，蚕的体壁对摘茧的影响抵抗性较强。此时是化蛹前摘茧的适期。

采用化蛹前摘茧不宜过早，否则不仅影响蚕继续吐丝营茧，而且茧壳湿软易受挤压变形甚至损伤蛹体。过晚摘茧，则会因蚕刚化蛹蜕皮，嫩蛹极易受伤流出血淋巴，影响茧的质量并增加蛹的死亡率。

摘茧应在一天中气温偏低时进行。中午日照强、温度高时不宜摘茧；雨天不摘茧。摘下的茧放入盛茧容器内（筐）置于阴凉通风处，使蚕茧散热散湿，防止高温日晒、蛹体伤热。将茧运回保种室后，2～3 粒厚摊在茧床或席上，及时剥去包着茧的柞叶，防止其影响蚕茧散湿及蛹体呼吸。

剥茧同时要剔出油烂茧（dark dirty inside stained cocoon）、薄茧（thin shelled cocoon）、干涸茧（calcified tussah cocoon）、双宫茧（double tussah cocoon）、鼠害茧和再羽化茧等。摘茧后要进行捞茧。

8.2 秋柞蚕放养

秋柞蚕放养（autumn outdoor rearing of tussah silkworms）是指二化性地区放养的第 2 次柞蚕或早秋柞蚕。春季饲养的柞蚕羽化制种后，所产的卵经 10 天左右的合理保护便继续孵化。

8.2.1 秋柞蚕放养形式与准备

1. 秋柞蚕放养目的

秋柞蚕放养的目的是为纺织工业提供原料茧（丝茧、大茧）及为市场提供食用茧，同时，还有一定数量的繁种任务。

2. 秋柞蚕放养的时期

秋柞蚕的收蚁时期，一般从 7 月 25 日～8 月 5 日。蚕期经过约 50 天，于 9 月中下旬营茧结束。为满足食用蛹市场的需要，可采用南繁早春蚕种供早秋蚕用。早秋蚕的收蚁日期可提早到 7 月 5 日前后；也可采用"二化一放"低温控制种茧法，更早收蚁养蚕。辽宁蚕区，7 月 25 日至 8 月 5 日收蚁养蚕，容易获得高产、优质。8 月 6 日以后收蚁，则适合于气温较高、叶质不易老硬的地区。应根据当地具体情况，适时收蚁。种茧育收蚁适期应比丝茧育偏晚，防止不滞育蛹的发生。

3. 秋柞蚕期间生态环境

(1)秋柞蚕放养的有利条件　秋柞蚕放养期间，气温及相对湿度由高向低渐变，光照时间由长向短渐变。这些生态因子的变化趋势与柞蚕生长发育要求相适应。因此，秋蚕期气候宜蚕，叶质适蚕需要；并且风害较小，有利于保苗和高产。秋蚕省工、好养，一个人的放养量多、产茧量高、茧质也好。

(2)秋柞蚕放养的不利条件　小蚕期害虫多、雨多、高温、闷热、病原多且毒力强；有时易遭秋旱、早霜及柞树早烘等危害。为获得优质高产，要合理用树，提高蚕场利用率；要选用良种，提高柞蚕生活力和抗逆力。加强保苗管理，提高收蚁结茧率和单产。

4. 秋柞蚕放养法

秋柞蚕放养法和过程虽与春柞蚕放养类似，但因秋季的气候、叶质、病虫敌害等与春柞蚕不同。所以在稀密程度、剪移次数、蚕场利用、树龄利用、收蚁方法等方面都与春蚕放养不同，秋蚕稀放少移与春蚕密放多移即是放养法的主要区别。在秋蚕放养中，又因地区、气候、叶质、病虫敌害及种茧育和丝茧育而有不同。山东、辽宁、黑龙江等省蚕区，丝茧生产多采用 1 移的稀放法；敌害多、叶质老硬、天旱、蚕晚、霜早或种茧育，采用 2 移或 3 移放养法。

(1)1 移放养法　又称大破稀放法。幼虫期，只移蚕 1 次，即收蚁于蚁场放养的蚕，到见茧时移入茧场。优点：稀放，少匀、少移、省工；又因稀放，可减少因创伤等使蚕体感染病原的机会，有利于防病。缺点：稀放面积大，管理不便，保苗困难，并易受敌害；蚕在同一蚕场食叶时间长，蚕分布密度不均，应经常匀蚕。此法适用于气温不高、叶质较好、虫敌害较少、收蚁较早、早霜来临不早的蚕区丝茧生产用。收蚁前，必须彻底药杀害虫。

(2)2 移放养法　整个蚕期移蚕 2 次，即 4 龄移入大蚕场，见茧后移进茧场。优点：密放面积小，便于保苗管理；多移、早移，蚕生长发育快、齐。缺点：多移 1 次蚕而费工，且劳动强度较大；单位树冠上的蚕头密度大，蚕感染病原后扩散快，不利于防病。此法适用于气温较高、常干旱、叶质较差、虫敌害较多、收蚁晚、早霜来临较早的蚕区。由于密放多移，有利于柞蚕良叶饱食，控制蚕多食上层叶，适用于种茧生产。

(3)3 移放养法　蚕期移蚕 3 次，即 4 龄起移入大蚕场，5 龄起移入 5 龄场，见茧后移入茧场；或 2 眠起齐移 1 次，5 龄起齐移入大蚕场，个别蚕营茧时移入茧场。优点：每次蚕场面积小，便于管理和保苗；多移、早移，有利于良叶饱食，蚕生长发育快、齐，茧质好。缺点：费工、费树、劳动强度大且成本高；单位树冠上的蚕头密度大，个体感染病原后易扩散，不利于防病。此法适用于气温高、叶质差、虫敌害多、收蚁晚、早霜来临较早的蚕区。由于多移，有利于良叶饱食，并控制蚕多吃上层叶，所以适用于繁育种茧用。

(4)稀密结合放养法　又称分批放养法，早批蚕稀放，晚批蚕密放，即早批蚕采用 1 移放养法，晚批蚕采用 2、3 移放养法。

5. 放养准备

(1)蚕种准备　根据蚕场面积、气候条件、叶质情况及养蚕技术水平而决定蚕种数量；还应根据生产计划、柞蚕良种繁育规程而定，备种形式有种卵和种茧。如辽宁地区秋柞蚕丝茧生产的用种卵量约为 2 kg/人，如准备种茧，约为 5 千粒种茧。1 个放蚕人的用种量如表 8.2-1。

表 8.2-1　秋柞蚕一人放养量

放养目的	吉 林				黑龙江二化一放秋柞蚕	广西一化二放秋柞蚕
	辽宁	山东	二化秋柞蚕	二化一放秋柞蚕		
母种	50 单蛾或 60~65 双蛾	60 蛾	100~150 蛾	100~150 蛾	80 蛾	30~40 蛾
原种	1.0 kg	300 蛾	1.0 kg	1.0 kg	500 蛾	0.5~0.75 kg
普通种	500~800 蛾	1.0 kg (500~600 蛾)	1.25 kg	1.25 kg	800 蛾	0.75~1.0 kg
丝茧	2.0 kg	1.5~2.0 kg	2.0 kg	2.0 kg	1 000 蛾	1.0~1.5 kg

(2)物资准备　秋柞蚕放养的物资准备基本同春柞蚕，此外，1 人饲养量还应准备药杀蚕场害虫的物资。如瓜类，75.0 kg；杀螽丹，

1.5 kg;羊油,0.1 kg;乐果,2.0 kg 等。

(3)蚕场准备

①合理选择利用秋柞蚕场　合理选择利用蚕场的树种、树龄、方向等,是柞蚕生产的重要技术环节。由于秋蚕期的温度、湿度是由高到低变化的,所以蚕场的利用应先用山的高处后用低处,先用阴坡后用阳坡。

柞树利用与春蚕也有所不同。秋蚕(丝茧)先用芽柞,后用 3～4 年生柞,尤其是干旱、叶老地区。从树种来看,秋蚕收蚁以麻栎为最好,麻栎叶含水分、蛋白质丰富,既保苗,又催蚕,发病也少。繁种或无麻栎地区,用辽东栎、蒙古栎为好。栓皮栎可用于收蚁,然后用其他树种。槲因叶大、厚,易积水及蚕粪,不利于防病保苗,因此不用槲收蚁。

秋蚕场可分为小蚕场(把场、蚁场)、大蚕场(二把场)、茧场(表 8.2-2)。

表 8.2-2　秋柞蚕 3 移放养法的蚕场规划

蚕场	放养蚕龄	方向	位置	树种	枝龄	蚕场比例(%)
小蚕场	1～2 1～3	东南、东,早批用阴坡	上部,高爽通风	麻栎、辽东栎、蒿柳、蒙古栎	1 年生	20
大蚕场	4～5	早批用阴坡,晚批用阳坡	早批用高处,晚批用低处	各树种均可,种茧育不用槲	1～3 年生	50
茧场	老熟结茧	南向,阳坡	低坡	各树种均可,种茧育不用槲	4～5 年生老柞	30

一般一人放养量,需要准备蚕场 4～6 hm²。

②清理蚕场及药杀害虫　为获得高产、优质,使用蚕场前要清理蚕场、要杀害虫。要求消灭敌害;割除高大杂草、杂树;割去弱小枝、贴地枝,使场内整洁、通风透光,便于养蚕管理。应保留低矮的草本植物,保护蚕场植被。同时,采用杀螽丹等药杀害虫。

8.2.2　收蚁

人工将卵纸(袋)挂于柞墩,待蚁蚕孵化后自行上树或人工把从卵内孵化出来的蚁蚕收、送到柞墩上放养（或给叶饲养）的操作称收蚁。前者为挂卵收蚁，后者为散卵收蚁。单蛾或双蛾母种收蚁采用袋收法，其方法同春季。

1. 散卵收蚁

散卵收蚁适合室内塑料纱袋产的卵及分批放养的蚕种、丝茧育收蚁。散卵收蚁具有容易进行卵面消毒、准确称量并便于运输等优点，是秋柞蚕生产的主要收蚁方法之一。

（1）收蚁准备

①收蚁盒　收蚁盒是盛卵、保卵和收蚁的用具，一般四周用木框、底用塑料纱制成。卵盒长 85 cm、宽 50 cm、高 5 cm，每盒可装卵 1 kg。

②卵的保护　将消毒并已晾干的卵置于卵盒内，薄摊并经常摇动卵盒。保卵于自然温度条件下，尽可能接近胚胎发育的适温。湿度可略偏高些，有利于孵化整齐和蚕体健壮。

③孵化　将卵盒拿到山上收蚁棚里，并做好补湿工作。经露水补湿的卵，孵化齐速，蚕活泼健壮。

④引枝准备　收蚁前一天的傍晚准备引枝。

（2）收蚁方法

①引蚁　早收蚁是秋柞蚕散卵收蚁成败的关键。秋蚕 3 时左右孵化，应及时在卵面上放好引枝，当引枝上爬上适当数量的蚁蚕时，收集带蚁蚕的引枝于消毒过的收蚁盒或蚕筐里。

②送蚁　收集起来的带蚁蚕的引枝应及时送到撒蚁场所，防止蚁蚕爬出损失。

③撒蚁　选择有新梢嫩叶的柞墩，把带蚁蚕的引枝撒放在柞墩的适当位置。撒蚁要稳，以防被风吹落。为防止蚁蚕落地损失，可绑把收蚁。

④撤引枝　蚁蚕离开引枝爬上新梢后即可撤引枝，以防止害虫潜藏和积留蚕粪。

2. 挂卵纸收蚁

纸面产卵适合于挂卵纸收蚁。

（1）挂卵纸收蚁方法

①出蚕前一天傍晚，用喷雾器喷雾于产卵纸的背面，使产卵纸湿润，便于撕卵并减少落卵。把产卵纸撕成条状小块，挂在有新梢嫩叶的柞墩分枝处，并用大头针或木棍固定在枝条上。卵面朝下，防止雨淋、

日晒。实际操作时，孵化前一天下午消毒，消毒后直接将蚕卵纸撕成条状挂在柞树上。

②孵化后，及时检查、收回未孵化的产卵纸，补湿保温后继续收蚁。

（2）挂卵纸收蚁优点

①有利于防病、保苗，不仅避免了雨天灌蚁，而且因蚕孵化后直接上树食叶，能防止蚁蚕互相抓伤、减少感染病原的机会。

②挂卵纸收蚁容易操作，在蚁蚕孵化前一天傍晚进行，密度容易掌握。

（3）挂卵纸收蚁缺点

①孵化前夕挂卵，常有螽斯食害蚕卵、蚁类为害刚孵化的蚁蚕。

②卵早接触低湿、风等不利条件，影响孵化率；挂卵纸常常遗失，降低收蚁蚕头数。当天不孵化的蚕卵，如不及时收回补湿，会造成部分卵不孵化。

③由于挂卵纸重、落卵等影响，难以准确计算收蚁量；挂卵纸体积较大，运输不便。

8.2.3　小蚕放养

1. 秋柞蚕小蚕期环境及蚕的适应性

（1）秋柞蚕小蚕期的生态环境　秋季小蚕期的生态环境特点常为高温多湿，有时为高温干旱。气温常高于 30 ℃，有时高达 35 ℃，日中温度更高些。小蚕期的环境温度常高于柞蚕生存的最高界限温度。

（2）小蚕对高温多湿的适应性　小蚕单位体重的体表面积大，散热面积相对较大，体温易降低；小蚕体壁的蜡质层薄、气门对体躯的面积比率较大，蚕体水分易散发。小蚕对高温多湿的适应虽强，但对过热、过湿或久旱等则不能适应。小蚕放养要选择适期收蚁，选用地势较高、通风凉爽的东向或东南向蚕场，不用西向坡；在特殊干旱的地区，应选用耐热耐旱品种；采用勤匀多移的放养法等获得优质高产。

（3）小蚕生长速度快　秋柞蚕 1 龄蚕的生长速度快，1 龄增重接近 10 倍，2 龄增重近 5 倍，3 龄增重 4.5 倍，5 龄增重 3.2 倍。1 龄经过 6 天，增重 10 倍，5 龄经过 18 天，增重 3.2 倍。必须选用含蛋白质和水分丰富、糖类适当的嫩、软适熟叶，以满足迅速生长的需要；撒蚕要均匀，并及时匀蚕，防止局部过密和食叶不足。小蚕选用 1～2 年生枝龄，种茧育宜选用 2 年生枝龄养蚁蚕。

(4)小蚕对病原的抵抗力弱　春蚕结束后环境中病原体数量多。蚁蚕感染新鲜病毒，7天左右就可发病；感染环境中致病力弱的病毒，能潜伏到4、5龄才发病。小蚕用具要彻底洗刷并消毒。

(5)1龄蚕的移动距离小、群集性强　在高温的秋期应注意撒蚁均匀、密度适当并及时匀蚕。

(6)小蚕尤其是蚁蚕的抓着力弱　小蚕因抓着力弱而落地遗失蚕较多，取食老硬叶及天气高温干旱时更为严重。因此秋蚕收蚁要选用有嫩梢的柞墩，以防因觅食窜枝而失落蚕。

2. 保苗

遗失蚕的主要时期是小蚕期，因此小蚕保苗尤为重要。做好保苗工作应注意以下几点：

(1)选用适合本地区的优良品种或杂交种是获得高产的关键，"种不旺，则蚕不佳"。

(2)选择树质条件和植被条件优良的蚕场，保证柞蚕饱食良叶，是蚕体强健与优质高产的物质基础。

(3)按消毒标准进行卵面消毒及蚕室蚕具消毒，养蚕中及时淘汰病弱蚕，是防病高产的重要环节。

(4)加强蚕期管理，掌握合理的放养密度，是柞蚕获取营养物质与生存的基础；及时消灭敌害，防止各种不利因素的影响，是秋柞蚕高产、高效的保证。

3. 匀蚕

(1)目的密度

匀蚕是根据目的密度对柞墩实际蚕头数进行局部调整的技术措施，以采用3移饲养法为例，小蚕期的饲养密度可参考表8.2-3。根据目的密度，及时匀出过密蚕，能防止窜枝、跑坡，保证蚕饱食良叶而生长发育整齐，有利于防病保苗；又能因蚕分布均匀而减少病原感染。

表8.2-3　秋柞蚕小蚕场的放蚕密度　　　　　　　单位：头

龄 期	大 墩	中 墩	小 墩
	(树冠 1.5×1.5m²)	(树冠 1.0×1.0 m²)	(树冠 0.6×0.6m²)
1～2龄	250～350	100～120	50～80
1龄	800～1 000	500～800	100～120

(2)匀蚕时间

伏季高温、多雨、病原多，蚕生长发育快，要及早匀蚕。一般在 2 龄起后即可匀蚕，重点做好收蚁后、移蚕后的匀蚕工作，眠期不应匀蚕。

(3)匀蚕方法　把附有过密蚕枝条剪出，放在空墩或装筐放在场边无蚕柞墩上。收蚁后的普遍匀蚕要求一次完成，匀蚕次数多，则费工、费树、失蚕多；普遍匀蚕后应随时匀蚕。匀蚕要根据天气状况进行，多雨的季节，要在雨前匀完；高温、强光照时，要在日中高温、强光照之前匀蚕。

4. 移蚕

丝茧生产采用 1 移和 2 移放养法，小蚕期一般不移蚕。种茧生产采用 2 移或 3 移放养法，一般在 2 眠前或 3 龄起移蚕，具体移蚕时间要根据蚕的生长发育及蚕场叶量而定。

8.2.4　大蚕放养

1. 大蚕期的特点和环境条件

(1)大蚕期的特点

①大蚕期对高温、多湿、闷热的抵抗力弱　大蚕单位体重的表面积相对小，散热面积小，体温下降慢。大蚕对高温、多湿、闷热的抵抗力弱，应选在温度不高、湿度偏低且有微风的蚕场放养大蚕。

②大蚕期食叶量大　大蚕期在单位时间内的绝对增长量大(丝腺生长最快)，食叶量大。这时食良叶愈多，蚕体愈大，丝腺越发达，产量高、质量好。大蚕期饱食良叶是提高产量和茧质的关键。

③大蚕期的食叶时间长、静止时间短　大蚕运动时间比小蚕短，食叶时间比小蚕长。应少移，撒蚕要均匀、位置可偏低。

④大蚕期要求含碳水化合物多、蛋白质适当的柞叶　用碳水化合物多、蛋白质适当的成熟叶饲养大蚕，有利于蚕积累能源物质。

⑤大蚕期易遭兽食害　大蚕期体内积累的脂肪、蛋白质等营养物质比较丰富，易遭兽类食害，特别是排毕肠液、熟蚕尿和吐丝前的熟蚕更易遭受危害。应尽量缩小放养场面积，以利于防鸟兽害。

(2)秋柞蚕大蚕期的环境特点

①气象环境　大蚕期已过高温和雨季，气象环境条件比较适合于大蚕的生长发育。但在高海拔地区，有时温度较低，因此大蚕场和茧场，应选用日照长的阳坡。高温蚕区，仍需要预防高温，以利提高全茧量和

茧质。在放养早秋蚕的地区及久用阳坡蚕场，蚕发育快、经过短，导致不滞育蛹增多、茧小而轻，这时应选用温度较低的高山或阴坡放养。

②营养条件　叶质适合大蚕生长发育。但蚕多食偏嫩柞叶时，蚕体虽较大，其茧质较差；如食过老柞叶，则蚕体瘦小、发育慢、茧也小。应给予成熟叶，保证种茧质量。

③敌害　大蚕期鸟兽害比小蚕期严重，应加强管理。

2. 匀蚕

(1)秋柞蚕大蚕期的目的密度　大蚕期的目的密度因地区、树种、柞树发育和放养方法而不同。以辽宁省蚕区为例，其目的密度可参见表 8.2-4。

表 8.2-4　秋蚕大蚕密度　　　　　　　单位：头

放养法	小蚕场		大蚕场		茧场
	2 年生枝	3 年生枝	2 年生枝	3 年生枝	
2 移放养法	30~40	50~60	20~30	30~40	40~50
1 移放养法	20~30	30~40	—	—	30~40

(2)匀蚕时间　放养秋蚕的剪移次数少，蚕在同一场内的食叶时间长，容易出现稀密不匀现象。除收蚁、撒蚁时要掌握密度适当及移蚕后进行普遍匀蚕外，应坚持随时匀蚕。

3. 移蚕

(1)移蚕次数　种茧生产采用 2 移或 3 移放养法，2 移法比 1 移法好(表 8.2-5)。千克卵产茧比 1 移法提高 21%，健蛹率增加 7.1%。因多移 1 次，蚕多吃上位新鲜叶，促蚕早熟，增强体质，提高茧质。

低温地区或低温之年，为促蚕早熟，应增加移蚕次数，使蚕饱食良叶而促进蚕生长。高温干燥及叶质较硬的地区，通过密放和增加移蚕次数来获得高产。

表 8.2-5　秋蚕不同剪移方法的生产成绩(辽宁省蚕业科学研究所)

剪移方法	日期	卵量 kg	收茧 kg	斤卵产茧		健蛹率		千粒茧重 kg
				kg	%	实数(%)	指数	kg
1 移法	8 月 1 日	3.35	583.8	87.0	100.0	85.5	100	7.35
2 移法	8 月 1 日	3.35	705.6	105.3	121.0	91.5	107.1	7.60

(2)移蚕方法　移蚕前清理蚕场，以便移蚕操作。移蚕后，及时捞蚕、撒撒枝。对晚上树的眠蚕、起蚕，要另换新树放养；及时剔除病弱蚕并消灭害虫。

4. 饱食良叶

(1)良叶　大蚕期的良叶，以适合 4、5 龄蚕生长发育为标准。

①柞叶的主要营养成分含量　大蚕期应以含糖类较多、蛋白质适当的成熟叶为适。

②不含有害物　农田、果园附近的蚕场柞叶，容易受到农药的污染。

③柞叶被食状况　蚕取食后，以叶的残留量少为好。残留量多，说明柞叶老硬；残留量少，表明柞叶适蚕需要。

(2)饱食良叶　根据柞蚕生理需要，选用有营养价值的饲料去满足各龄柞蚕的需要，保证并促使柞蚕生长发育，提高产量和质量。

大蚕期的饱食良叶，主要是选用适龄柞和适熟叶，还要掌握适时剪移和稀放。种茧育放养的饱食良叶尤为重要，不同种级的种蚕放养，其良叶饱食程度不同，因而表现在蛹体脂肪含量有显著的差别(表 8.2-6～表 8.2-9)。

表 8.2-6　秋柞蚕饱食良叶与蛹体脂肪含量的关系

(辽宁省蚕业科学研究所　李广泽等)

项目	放养法				放养管理		
	母种	原种	普通种	大茧	稀放及时移	密放吃光移	5 龄缺食
蛹含水量(%)	75.23	75.77	76.37	77.10	76.00	76.38	80.05
蛹脂肪量/干物	32.21	31.52	28.16	26.67	30.19	27.05	26.07

表 8.2-7　秋蚕稀密放养与养蚕成绩的关系(辽宁省蚕业科学研究所)

放养法	全茧量 (g)	蛹重 (g)	茧层率 (%)	微粒子病率 (%)	性 比		蛹体含水量(%)	蛹体脂肪 (%)
					雌	雄		
密放	8.15	7.08	10.08	34	30	70	76.38	27.05
稀放	9.9	8.6	10.72	14	50	50	76.00	30.19

由此可以看出，饱食良叶的蚕，其蛹体脂肪含量高；密放，因不能及时剪移，食下不良叶，易扩大传染，蛹体脂肪比稀放降低 3.14%，发病率比稀放增加 20%。为了提高抗病能力，获得优质高产，必须饱食良叶。

表 8.2-8　秋期不同叶位的营养成分与蚕蛹脂肪量关系

（辽宁省蚕业科学研究所　李广泽等）

叶位	日期	水分(%)	单糖(%)	蔗糖(%)	总氮量(%)	粗蛋白(%)	粗脂肪(%)	蛹		
								重量(g)	水分(%)	粗脂肪(%)
上位叶	8 月 22 日	61.25	6.593	0.331	1.116	6.975	—	5.82	72.60	23.18
下位叶	8 月 22 日	67.66	4.341	1.440	1.627	10.168	—	4.38	75.60	19.335

表 8.2-8 表明，上位叶的单糖含量高，适大蚕需要。此叶养蚕，蚕蛹脂肪含量多，蚕种质量高。

表 8.2-9　秋蚕食叶程度对秋柞蚕的影响

（辽宁省蚕业科学研究所　李广泽等）

食叶程度	茧质			发病率(%)	蚕蛹		性比	
	全茧量(g)	蛹重(g)	茧层率(%)		水分(%)	粗脂肪(%)	雌	雄
食叶 1/2	9.9	8.6	10.72	14	76	30.19	50	50
全株食光	8.15	7.08	10.08	34	76.83	27.05	30	70

由表 8.2-9 说明，全株食光区比吃 1/2 区的发病率高、茧质及蛹质差，因此放养管理中，要控制食叶量，使蚕饱食良叶，提高泌丝量。

5. 齐蚕

柞蚕是群体放养，要求生长发育整齐。如蚕发育不齐，不但增加养蚕批次，而且影响技术处理、蚕茧质量及产量。

(1)柞蚕幼虫生长不齐的原因

品种不纯是影响发育齐一的重要原因；柞蚕场坡向、海拔高度、叶质等不同，造成蚕生活的小气候环境条件及营养条件有差异，导致蚕发育不齐；匀蚕、移蚕不及时也是影响蚕发育齐否的原因之一。

(2)齐蚕措施

根据影响蚕生长发育的因素，采取勤匀蚕、剔迟蚕、催育小蚕、抑制早蚕等措施，使蚕生长发育整齐一致。

8.2.5 窝茧与摘茧

1. 窝茧

(1)目的 窝茧是把已见茧的蚕群从大蚕场抓进茧场。目的为缩小面积，便于管理和有利于摘茧。

秋蚕茧场，应选择鼠害轻、向阳温暖的蚕场。为防霜不要用洼地；为使蚕后期饱食，应不用早烘蚕场。窝茧前最好选用农药药杀鼠类等敌害。

(2)窝茧时间及密度 5龄起后5～8天，少量蚕已开始营茧时，即可移入茧场。由于蚕在茧场还要取食全龄总食叶量的1/2左右柞叶，所以窝茧不可过早、撒蚕不宜过密。窝茧密度，要根据蚕的发育程度、树墩大小、叶量多少、叶质好坏而定。进茧场一般在盛食期前进行，每墩树可放蚕40～50头(2移法)。

(3)窝茧方法 撒蚕部位以树的中部为好，便于蚕分散到各枝条取食；营茧在中部，采茧方便。

种茧窝茧时，应进行选蚕。根据品种的特征特性及健蚕和劣蚕特征进行选择。

(4)茧场管理 秋蚕在茧场的时间较长、食叶量大，要加强管理，经常巡查柞墩，及时匀蚕，保证饱食良叶，做好敌害防治工作。

种茧生产及育种应严格淘汰晚蚕、弱蚕。当营茧80%～90%时，剔出晚蚕，另换新树放养。

2. 摘茧

(1)摘茧时间 秋期温度低，群体营茧到化蛹需1～2周，摘茧常在营茧后的2周进行，即在10月上旬或中旬。过早摘茧，易伤嫩蛹，种茧应适当晚摘茧。

(2)摘茧方法 摘茧以扯断茧柄为主，不要损伤茧衣和茧层，摘下的茧应轻放在茧筐内。在茧基本干燥较硬时剥下茧外的柞叶，剥茧的同时进行选茧，按良茧、油烂茧、薄茧、损伤茧、双宫茧等分别放置。摘茧后要进行捞茧。

3. 种茧保护

剥叶后的茧要妥善保管，种茧在保种室的摊放厚度，以 3 粒茧厚为适。低温年份，因营茧晚而嫩蛹多，既影响选茧及种茧检验，又不利于蛹体越冬，应加温到 15 ℃～18 ℃，促进蛹化及蛹体发育。

种茧按各级蚕种标准进行检验，检验合格后出售。

第 9 章
柞蚕良种繁育

柞蚕良种繁育(tussah stock breeding 或 fine variety breeding)是按生产的需要繁育出优质、高产的优良蚕种。柞蚕种是柞蚕生产的物质基础,发展柞蚕生产,必须及时地繁育出优质、高产的柞蚕种满足蚕业生产的需要。

9.1 柞蚕现行品种

9.1.1 选用良种

1. 品种

品种(variety)是指具有共同来源、生物学性状与经济特性具有相对一致性、具有一定的经济价值的群体。柞蚕品种必须在遗传上具有共同的比较稳定的特性,在生物学上具有相对的一致性,在生产上具有一定的经济价值。因为遗传性还不稳定的群体,其后代就不能保持与其相似的特性,表现出群体的性状不稳定和不一致,性状还不稳定的群体就难以衡量其在生产上的意义。如果只具有稳定的遗传性,而无一定的经济价值,也不能满足生产上的需要,而成为毫无价值的群体。所以品种的概念包括了遗传性和经济性 2 个方面,二者相互联系不可分割。

2. 良种

良种(high-quality seed)即优良品种,是发展柞蚕生产的 3 要素(品种、柞树与蚕场、人与技术)之一。选用良种是发展柞蚕生产最经济有效的手段。优良品种有两层含义,一是优良品种;二是优良种子,即优良品种的优良种子。

正确选择良种,发挥良种的增产作用,才能提高良种繁育工作的成效,为柞蚕茧生产提供优质高产的蚕种,从而提高柞蚕茧的质量和产量。

9.1.2　选用良种的原则

选用优良品种必须根据生产发展的需要,结合市场对柞蚕原料茧的要求来选择。

(1)根据饲养地生态条件、技术水平等综合考虑。品种有其地区适应性,不同地区之间的生态条件存在差异,应通过品种比较试验和当地历年选用品种的经验,正确选用适合当地气候条件、饲料条件和生产要求的丰产品种。

(2)了解并掌握被选用品种的特征、特性。每一品种都有一定的特征、特性,任何品种的优良特性只有在适合其生长发育的生态条件下,才能得到充分发挥。在柞蚕良种繁育过程中,应根据品种的特征、特性采用适合其生长发育的环境条件下繁育,按柞蚕良种繁育规程操作,才能充分发挥和不断提高其优良性。

(3)选用好养、易繁、高产、优质的柞蚕品种。优良品种必须具备生命力强、适应性强、饲养容易、发育整齐迅速、全茧量高、茧重转化率高、产茧量高、茧质优良等特点,才具有应用价值;从缫丝生产上看,优良品种还必须具备解舒好、解舒丝长长、回收率高、匀整度高、能缫制高品位生丝等性状。

(4)适合缫丝工业的需要,考虑同一地区茧质性状的一致性。秋柞蚕生产除一部分作为下一年的种茧外,主要是为纺织工业提供优质的原料茧,其次是生产作为食品的柞蚕蛹。同一地区,最好饲养经济性状相似或同一品种,这样才能获得茧丝质性状一致的原料茧,有利于缫丝工业提高劳动生产率并保证生丝品质。

9.1.3　目前主要应用的柞蚕品种性状概述

1. 辽宁省现行柞蚕品种的主要性状

(1)青黄 1 号

①品种来源　原是辽东农家品种,经辽宁省蚕业试验站系统选择育

成后于 1954 年推广。

②特征特性　青黄蚕血统，二化性，中熟。卵褐色，卵壳乳白色。幼虫大蚕期体背橄榄黄绿色，气门上线佛手黄色，体背疣状突起嫩菊绿色，气门下线疣状突起晴山蓝色，臀板古铜绿色。蛹黄褐色间有少数黑色，蛾体笋皮棕色。卵孵化率高，幼虫蚁蚕行动活泼，趋光性强，对低温适应性较强。幼虫体质强健，抗逆性强，把握力强，较耐干旱。春蚕期 59 天，秋蚕期 47 天。千粒茧重 9.1 kg，全茧量 9.08 g，茧层量 1.0 g，茧层率 11.01%。

③适应地区　辽宁省等二化性地区。

(2)青 6 号

①品种来源　原是辽宁省农家品种，经辽宁省多家研究单位系统选择，于 1956 年育成。

②特征特性　青黄蚕血统，二化性，中熟，卵褐色，卵壳乳白色。幼虫大蚕期体背橄榄黄绿色，体侧深鹦鹉绿色，气门上线佛手黄色，体背疣状突起淡藤萝紫色，气门下线疣状突起浅宵蓝色，臀板焦茶绿色。蛹暗褐色，雌蛾风帆黄色。幼虫蚁蚕行动活泼，向上性强，幼虫体质强健，抗逆性强，适应范围广，食性强，易饲养，稳产。营茧集中，发育整齐，蛹期较耐低温。春蚕期 56 天，秋蚕期 46 天。千粒茧重 8.5 kg，全茧量 9.91 g，茧层量 0.92 g，茧层率 10.33%。

③适应地区　辽宁省等二化性地区。

(3)白茧 1 号

①品种来源　辽宁省蚕业科学研究所与西丰县松树蚕种场从褐色茧中选择白色茧个体，通过系统选择培育而成。

②特征特性　青黄蚕血统，二化性，中熟。卵褐色，卵壳乳白色。幼虫大蚕期体背苹果绿色，体侧深橄榄绿色，气门上线麦秆黄色。茧白色。蛹黑褐色，间有少数黄褐色。雌蛾芒果棕色，翅后缘山鸡褐色，雄蛾体色较雌蛾淡。幼虫蚁蚕孵化集中，喜食嫩叶，向上性与群集性强，抗病性强，春蚕期 54 天，秋蚕期 47 天。千粒茧重 9.0 kg，全茧量 9.13 g，茧层量 1.03 g，茧层率 10.95%。

③适应地区　辽宁省等二化性地区。

(4)抗病 2 号

①品种来源　辽宁省蚕业科学研究所经过 10 年 20 代选择培育的抗病品种。

②特征特性　青黄蚕血统，二化性，中熟。卵褐色，卵壳乳白色。幼虫大蚕期体背芦苇绿色，体侧橄榄黄绿色，气门上线蝶黄色，体背疣状突起淡蓝紫色，气门下线疣状突起尼罗蓝色，臀板古铜绿色。蛹黑褐色，蛾前翅网状斑纹外侧有土黄色半圆形黑边斑纹，雌蛾芒果棕色。雄蛾山鸡褐色。幼虫蚁蚕耐低温、饥饿，食性强，抗逆、抗病性强，幼虫发育整齐，营茧集中。春蚕期 55 天，秋蚕期 46 天。千粒茧重 8.49 kg，全茧量 8.8 g，茧层量 0.93 g，茧层率 10.55％。

③适应地区　辽宁省等二化性地区。

（5）沈黄 1 号

①品种来源　沈阳农业大学柞蚕研究所经过 6 年 12 代杂交选育的黄蚕血统品种。

②特征特性　黄蚕血统，二化性，中熟。大蚕期体背大豆黄色，体侧麦秆黄色，气门上线葵花黄色，臀板古铜褐色。发育齐、抗逆性强、营茧集中，全龄期经过春季为 52 天，秋季 42 天。茧大，黄褐色。蛾浅棕色。秋季全茧量 9.6 g、茧层量 1.29 g、茧层率 13.22％。与选大 1 号组配成杂交种，杂种优势强。

③适应地区　辽宁省等二化性地区，尤其适合高温干旱蚕区。

（6）抗大

①品种来源　辽宁省蚕业科学研究所选用选大雌蛾与抗病 2 号雄蛾进行杂交育种选育出的强健性新品种。

②特征特性　青黄蚕血统，二化性。雌蛾芒果棕色（偏红），雄蛾斑纹明显，色偏淡。蚕体背为橄榄黄绿色，体侧为鹦鹉绿色，气门上线为油菜花黄色。环节紧凑无辉点。小蚕对 ApNPV 抵抗力强，对柞蚕链球菌及低温饥饿的抵抗力强，食性强，发育整齐，适应性强，配合力好、杂种优势强。

③适应地区　辽宁省等二化性蚕区。

（7）9906

①品种来源　辽宁省蚕业科学研究所选用青 6 号中大型茧材料经过系统选育而成的高饲料效率新品种。

②特征特性　青黄蚕血统品种，二化性，中晚熟。大蚕体背为苹果绿色，体侧为浅鹦鹉绿色，气门上线为秋葵黄色，体背疣状突起为荧光蓝色，气门下线疣状突起为焰蓝色，臀板丁香棕色，成虫雌蛾桂皮黄色，雄蛾桂皮棕色。蚕大、茧大、蛾大，全龄经过与青 6 号相当。

③适应地区　辽宁省等二化性地区。

2. 山东省现行柞蚕品种的主要性状

(1)黄安东

①品种来源　从辽宁省引进青黄蚕农家品种，经选择培育于 1958 年育成。

②特征特性　青黄蚕血统，二化性，中熟。卵褐色，卵壳乳白色。幼虫大蚕期体背橄榄黄绿色，体侧鹦鹉绿色，气门上线油菜花黄色，体背疣状突起灰白色，气门下线疣状突起银鼠蓝色，臀板驼色，边线菊蕾白色。蛹栗紫色，茧鹿角棕色。蛾浅褐色。春蚕期 50 天，秋蚕期 39 天。千粒茧重 7.5 kg，全茧量 7.32 g，茧层量 0.80 g，茧层率 10.93%。

③适应地区　山东省、辽宁省等二化性地区。

(2)方山黄 1 号

①品种来源　山东省方山柞蚕种场以豫 6 号为母本、青黄为父本杂交选育而成。

②特征特性　黄蚕血统，二化性，中熟。卵褐色，卵壳乳白色。1 眠蜕皮后为浅杏黄色，腰线为紫红色。幼虫大蚕期体背大豆黄色，体侧麦秆黄色，气门上线秋葵花黄色，线边缘有红色镶嵌，臀板古铜褐色，边线菊蕾白色。茧鹿角棕色，蛹栗紫色，蛾浅褐色。发育齐、营茧集中。春蚕期 52 天，秋蚕期 41 天。千粒茧重 7.5 kg，全茧量 8.5 g，茧层量 1.27 g，茧层率 14.94%，鲜茧出丝率 8.78%。暖茧有效积温为 215℃，卵期发育有效积温为 165℃。

③适应地区　山东省及辽宁省南部地区。

(3)胶蓝

①品种来源　1946 年牟平县蚕种场采用克岭和银白杂交选育，山东省烟台柞蚕种场整理于 1958 年育成。

②特征特性　蓝蚕血统，幼虫体色靛蓝色。二化性，迟熟。卵褐色，卵壳乳白色。个体发育不齐，眠起迟缓，全龄经过较长。蚕体肥大，茧形大，茧层厚，出丝量多。饲料过嫩时易发生脓病，孵化率偏低。杂交性能好。春蚕期 47～52 天，全茧量 7.66 g，茧层量 0.86 g，茧层率 10.8%。

③适应地区　山东省二化性地区。

(4)方山黄 2 号

①品种来源　山东省方山柞蚕种场以方山黄 1 号为材料，经 5 年 10 代于 1995 年系统选育而成。

②特征特性　黄蚕血统，二化性，中晚熟。卵深褐色，卵壳乳白色，扁椭圆形。雌蛾黄褐色，雄蛾色稍淡。蚁蚕黑色，1 眠蜕皮后为浅杏黄色。茧形长椭圆形，大小中等，茧色浅褐色，茧层厚而匀，茧丝纤度稍粗。越冬种茧暖茧有效积温为 225 ℃；羽化集中，卵期发育有效积温为 170 ℃，孵化整齐，幼虫生长发育齐，抗逆性强；对饲料要求不严，龄期偏长，茧层率为 16.61%，鲜茧出丝率 9.42%。与烟 6 和胶蓝杂交的杂种优势强。

③适应地区　山东省、辽宁省南部等二化性地区。

3. 吉林省现行柞蚕品种的主要性状

(1)选大 1 号

①品种来源　吉林省蚕业科学研究所以青 6 号为材料，选择大型茧优良个体，经 12 代系统选育于 1994 年育成。

②特征特性　青黄蚕血统(偏青)，二化性，中晚熟。卵褐色，卵壳乳白色，卵粒大、匀整。蚁蚕头壳红褐色，体黑色。5 龄幼虫体背橄榄黄绿色，体侧鹦鹉绿色。茧大，灰褐色，长椭圆形。雌雄蛹平均重 10.3 g。蛾体灰褐色或黄褐色，雌蛾翅展 17.5 cm，雄蛾翅展 16.5 cm，单蛾产卵量 326 粒。克卵数 105 粒，实用孵化率春 97.5%、秋 99.4%。蚁蚕行动活泼，向上性强。幼虫食性强，体质强健，抗逆性强，易放养，发育齐，适应性广；蛹期耐低温。幼虫龄期经过春 53 天、秋 50 天。千粒茧重 11 kg，全茧量 11.52 g，茧层量 1.21 g，茧层率 10.44%。解舒率 42%，茧丝长 1 167 m。成虫羽化期较青 6 号长 1~2 天，配合力高，杂交优势强。

③适应地区　吉林省、辽宁省等二化性地区。

(2)高新 1 号

①品种来源　吉林省永吉县高新柞蚕科学技术研究所以延边地区的农家品种和选大 1 号为亲本杂交选育，于 2009 年育成。

②特征特性　绿蚕血统，二化性，幼虫体色翠绿，体质强健，抗病性强，全龄经过春蚕 49 天、秋蚕 50 天，发育快，营茧齐速。茧型中等，茧层厚，秋季千粒茧重 11.3 kg，茧层率 11.5%。蛹体饱满，蛹与茧壳间隙小。蛾体中等、红褐色，交配性能优良，上对快，产卵快而集

中，产卵量高，春季单蛾产卵 350 粒，秋季单蛾产卵 296 粒。卵产出率高，遗腹卵少。

③适应地区 吉林省、辽宁省等二化性地区。

(3)特大茧

①品种来源 吉林省农业厅园艺特产站以选大 1 号为材料，以蛾体色为标记，以高全茧量为主要选育目标选育而成。

②特征特性 青黄蚕血统，二化性，中晚熟。蛾体大灰褐色，单蛾产卵量 350 粒，克卵 100～105 粒，幼虫青黄体色偏淡（青），5 龄蚕体长 10～12 cm，体宽 3.5～3.6 cm，食量大，幼虫龄期经过春 54 天，秋 51 天。茧灰褐色偏淡，千粒茧重 12 kg 以上，茧丝长 1 181 m，百粒茧生丝公量 88.2 g。

③适应地区 吉林省、辽宁省等二化性地区。

4. 河南省现行柞蚕品种的主要性状

(1)河 41

①品种来源 河南省农牧厅柞蚕改良所以当地农家品种为材料，于 1954 年开始整理，经 5 年 6 代系统选育而成。

②特征特性 黄蚕血统，一化性。卵褐色，卵壳乳白色。幼虫大蚕期体背香蕉黄色，体侧新禾绿色，气门上线槟榔棕色，蛹深褐色，少数浅褐色，雌蛾可可棕色，雄蛾淡可可棕色。小蚕发育整齐，大蚕稍差，幼虫食叶旺盛，食叶量较大，抗病力较差。全龄经过为 48 天，全茧量 8.72 g，茧层量 1.23 g，茧层率 14.11%。

③适应地区 河南省等一化性地区。

(2)33

①品种来源 河南省农牧厅柞蚕改良所以一化性地方品种为材料，于 1953 年开始整理，经 6 年 6 代系统选育而成。

②特征特性 黄蚕血统，一化性。卵壳乳白色、椭圆形略扁。幼虫大蚕期体背香蕉黄色，体侧新禾绿色，气门上线槟榔棕色，蛹深褐色，少数黄褐色，雌蛾咖啡色，雄蛾淡咖啡色。幼虫体质强健，生活力强，抗逆性强，有较强的抗病能力，食欲旺盛，眠起整齐。全龄经过为 45 天，千粒茧重 8.40 kg，全茧量 8.40 g，茧层量 1.04 g，茧层率 12.38%。

③适应地区 一化性地区，与 101 组配成杂交种豫杂 1 号，杂种优势强。

（3）豫 7 号

①品种来源　河南省云阳蚕业试验站以豫 6 号为原始材料，于 1995 年选育而成。

②特征特性　黄蚕血统，一化性。卵巧克力棕色，卵壳乳白色，椭圆形略扁，卵粒较小，克卵 121 粒。幼虫大蚕期体背佛手黄色，体侧向日葵黄色，气门线淡可可棕色。蛹黄褐色，雌蛾芒果棕色，雄蛾体色稍淡。单蛾产卵数约 258 粒。蛹期发育有效积温 252 ℃，卵期发育有效积温 135 ℃，孵化较齐，幼虫食性强，龄期稍长，茧质优。全茧量8.50 g，茧层量 1.34 g，茧层率 15.76％。鲜茧出丝率 9.87％。

③适应地区　一化性地区。

5. 黑龙江省现行柞蚕品种的主要性状

（1）德花 1 号

①品种来源　黑龙江省花园蚕种场，于 1959 年采用青黄 1 号为材料，以茧绀红色为标记，经 10 年 10 代系统选育而成。

②特征特性　青黄蚕血统，二化性。卵壳乳白色，卵型较小。幼虫大蚕期体背橄榄黄绿色，体侧苹果绿色，气门上线油菜花黄色，茧绀红色。蛹黄褐色，蛾火岩棕色。蚁蚕行动活泼，向上性强，幼虫体质强健，营茧齐速。二化一放全龄经过 48 天，千粒茧重 8.70 kg，全茧量8.65 g，茧层量 0.93 g，茧层率 11.13％。

③适应地区　黑龙江省各蚕区。

（2）华白 1 号

①品种来源　黑龙江省蚕业科学研究所与华山蚕种场于 1977 年，以德花 4 号和德花 6 号种茧中的淡白色茧为材料杂交、定向选白，于 1990 年育成。

②特征特性　青黄蚕血统，二化性。卵壳乳白色。卵型较大。幼虫大蚕期体背芽绿色，体侧为深绿色，气门上线油菜花黄色，蛹黑褐色，蛾黄褐色。全龄经过 49 天，千粒茧重 9.00 kg，全茧量 9.79 g，茧层量 1.06 g，茧层率 11.88％。

③适应地区　黑龙江省、辽宁省等二化性地区。与德花 5 号、青 6 号、德花 6 号配成杂交种，具有较强的杂种优势。

（3）德花 5 号

①品种来源　黑龙江省花园蚕种场以德花 1 号分离出的金叶黄色茧为材料，经系统选育而成。

②特征特性　青黄蚕血统，二化性、4眠。卵壳乳白色，克卵数135粒，普通孵化率96.6％。蚁蚕头壳红褐色，体黑色。5龄蚕体背浅橄榄黄绿色，体侧鹦鹉绿色，气门上线油菜花黄色，全龄经过48天。蛹黄褐色，滞育率高。茧金叶黄色，千粒茧重9.12 kg，全茧量9.73 g，茧层量1.0 g，茧层率10.28％，茧型小。成虫体色金红褐色，单蛾产卵325粒。

③适合地区　黑龙江省北部蚕区。

（4）德花6号

①品种来源　黑龙江省花园蚕种场以德花3号自然突变体黑体色蛾为材料，提纯好回交，经系统选育而成。

②特征特性　青黄蚕血统，二化性、4眠。卵壳乳白色，卵粒小，克卵数134粒，普通孵化率97.8％。蚁蚕头壳黑色，有光泽，体黑色。幼虫发育快，5龄蚕体背浅橄榄黄绿色，体侧芽绿色，气门上线乳黄色，全龄经过48天。蛹体及节间黑色，滞育率高。茧暗粉红色，千粒茧重7.12 kg，全茧量7.37 g，茧层量0.76 g，茧层率10.32％，茧型小。成虫体色古鼎灰色，单蛾产卵257粒。

③适合地区　黑龙江省北部蚕区。

（5）龙蚕1号

①品种来源　黑龙江省蚕业科学研究所以青黄1号为材料，经10年12代系统选育而成。

②特征特性　青黄蚕血统，二化性、4眠。卵壳乳白色，克卵数105粒，普通孵化率96.0％。蚁蚕头壳深褐色，体黑色。幼虫体质强健，把握力强，蚕体大，食性强，食叶量大，易放养。5龄蚕体背橄榄黄绿色，体侧深鹦鹉绿色，气门上线佛手黄色，全龄经过52天。蛹体黑褐色，茧浅褐色，千粒茧重11.44 kg，全茧量11.9 g，茧层量1.36 g，茧层率11.42％。成虫体色浅褐色，单蛾产卵320粒。

③适合地区　黑龙江省北部蚕区。

6. 内蒙古自治区现行柞蚕品种的主要性状

（1）扎兰1号

①品种来源　内蒙古自治区扎兰屯蚕业研究所以青6号为材料，经10年系统选择培育，于1969年育成。

②特征特性　青黄蚕血统，二化性。卵壳乳白色。幼虫大蚕期体背橄榄黄绿色，体侧为芽绿色，气门上线油菜花黄色，蛹黑棕色间有黄棕

色，雌蛾深风帆黄色，雄蛾桂皮淡棕色。蚁蚕行动活泼，上树快，食叶快，能抗御突变的低温；幼虫发育整齐，体质强，抗逆性强。全龄经过50 天，千粒茧重 9.20 kg，全茧量 9.30 g，茧层量 1.08 g，茧层率 11.43％。

③适应地区　内蒙古自治区及辽宁省等二化性地区，与青绿配成杂交种，具有较强的杂种优势。

(2)扎兰 2 号

①品种来源　内蒙古自治区扎兰屯蚕业研究所以青黄 1 号为母本、胶蓝为父本进行杂交选育，经 6 年 6 代选择培育，于 1972 年育成。

②特征特性　青黄蚕血统，二化性。卵壳乳白色、扁圆形。幼虫大蚕期体背橄榄黄绿色，体侧为鹦鹉绿色，气门上线佛手黄色，蛹黑褐色间有黄褐色，雌蛾深鹿皮黄色，雄蛾桂皮淡棕色。蚁蚕行动活泼，上树快，食叶快，能抗御突变的低温；幼虫发育整齐，体质强，抗逆性强。全龄经过 50 天，千粒茧重 9.10 kg，全茧量 9.50 g，茧层量 1.10 g，茧层率 11.60％。

③适应地区　内蒙古自治区各蚕区。

9.2　柞蚕良种繁育制度

9.2.1　柞蚕良种繁育的意义和任务

1. 柞蚕良种繁育的意义

柞蚕良种繁育指采用科学的方法繁殖柞蚕优良品种，扩大蚕种数量，保持和提高蚕种质量，为柞蚕茧生产提供优质柞蚕种。柞蚕良种繁育是柞蚕育种工作的继续，是柞蚕品种选育在生产中的具体体现。良种繁育是品种选育的继续和发展，"繁"是扩大良种的数量，是量的增多；"育"是保持和提高良种的种性，是质量上的保证，两者相互联系、相辅相承。

新品种经育种部门育成后，必须经过蚕种生产部门来繁殖、扩大蚕种数量，保持原品种的固有特征特性，通过科学的繁育方法不断提高种性，满足柞蚕茧生产的需要。

柞蚕良种繁育对于新品种的种性保持和提高、新品种的普及和推广以及柞蚕茧生产都是不可缺少的重要一环，对柞蚕茧的丰收具有重要意义。

2. 柞蚕良种繁育的任务

柞蚕良种繁育的任务是根据柞蚕茧生产的需要，运用科学的方法，及时地繁育出适合不同地区自然条件和生产水平的具有该品种固有性状的优良品种，满足柞蚕茧生产的需要。同时，良种繁育还可起到新品种的示范、推广作用。

各级蚕种生产部门在生产过程中，要采用先进的技术手段，通过正确、严格的选择，保持并进一步提高品种的优良特性，克服品种的某些缺点，创造良好的繁育条件，使品种的优良性状得到充分发挥。优良品种不是永久不变的，它有相对稳定的一面，也有因环境等因素的影响而变化的一面。不变是相对的，变是绝对的。在繁育过程中，不仅要保持其优良性状，还要防止其退化变劣，巩固并提高固有的优良性状，充分发挥良种的增产作用。

蚕种的生产要有计划性，即要根据丝茧生产对蚕种的需求、蚕种的繁育系数等来决定蚕种的生产数量。还应根据历年蚕种的生产计划、当年丝绸市场、柞蚕蛹等的消费情况决定当年生产计划，蚕种的繁育系数是指单位卵量或蛾区平均生产的蚕种数量。

9.2.2 柞蚕良种繁育的程序与分工

1. 柞蚕良种繁育程序

柞蚕良种繁育程序分为：母种(super elit silkworm)、原种(elit silkworm eggs)、普通种(eggs for silk production)三级。母种和原种是繁育用种，分保育母种和繁育母种。保育母种是育种单位或繁种单位采用单蛾区饲养方式，累代选择繁育的母种，或指作为蚕种继代和生产繁育母种用种；繁育母种是用于繁育原种的母种；繁育母种是生产普通种的上代种级，普通种主要用于丝茧生产。二化性地区各级蚕种每年要繁育2次，因春季生产是为秋季繁殖同级种茧提供种茧，秋季生产才是为下一级种生产提供种茧，所以母种、原种和普通种要经过3年半的时间鉴定，繁育7代后才投入丝茧生产。一化性地区则每年繁育1代。

20世纪90年代以后，由于柞蚕微粒子病的蔓延，原种、普通种的微粒子病率出现偏高的倾向。一部分繁种单位开始采用由母种到普通种的二级繁种程序，减少了繁育代数，在某种程度上降低了微粒子病率。

2. 柞蚕良种繁育分工

母种由省蚕业主管部门指定的生态条件好、技术力量强、繁种设备优良的蚕种场或有条件的教学科研单位进行繁育；原种则由各市县蚕种场繁育；普通种则由乡办的蚕种场或有技术的蚕农进行繁育。要求繁种区与丝茧生产区严格分开，防止丝茧生产区的微粒子病蔓延。

9.2.3　柞蚕良种繁育的基本原则和技术要点

1. 柞蚕良种繁育的基本原则

为了保证蚕种质量、适应柞蚕生产的需要，使柞蚕生产实现高产、高效、优质和可持续发展，柞蚕良种繁育要根据蚕种生产专业化、种子质量标准化、品种布局区域化和统一繁殖蚕种、统一保种暖种、统一制种、统一镜检消毒、统一供应种卵的原则进行，还要掌握如下几点：

(1)柞蚕良种繁育要保证蚕种质量的不断提高和良种的计划供应，为柞蚕茧生产提供优良种茧。

(2)良种繁育场必须具备与生产规模相适应的技术、房屋及设备等条件。

(3)繁育的品种必须是由农作物品种审定部门审定批准的优良品种；品种要纯正、无微粒子病；在繁育过程中，要充分发挥品种的优良性状，保持并提高品种的种性。

(4)繁育良种的数量既要满足生产需要，又要留有余地，同时不能因过剩而浪费。

(5)柞蚕种场必须具备适合的柞蚕场、优良树种及树形，按照柞蚕良种繁育规程，科学管理、饲养及繁育。

2. 柞蚕良种繁育技术要点

柞蚕良种繁育是柞蚕生产的关键，不同的种级有不同的技术规程，应严格按技术要求进行。

(1)彻底消毒、严防蚕病　病害是影响柞蚕种质量的关键因素，通过对卵面及蚕室、蚕具消毒，能够消灭病原微生物，防止柞蚕病害发生。

(2)严格显微镜检查　繁育柞蚕良种，必须杜绝微粒子病的胚种传染。制种过程中，实行单蛾袋制种，雌蛾全部实行显微镜检查，对镜检无微粒子病的种卵，春季母种每蛾取 5 粒种卵，采用 28 ℃ 加温，孵化后研磨镜检，淘汰感染微粒子病的蛾区。母种、原种实行小蚕单蛾区饲养，孵化后每区选 5 头弱小蚕，再次制片检查，杜绝微粒子病胚种传染。

（3）严格选择、保持品种性状　在良种繁育过程中，按照品种的特征特性进行 4 个变态期的选择。卵期注重卵量、克卵粒数、卵型均匀一致；幼虫期选择，母种以蛾区选择为主，结合个体选择，注重品种固有体色、环境紧凑、血淋巴清亮、刚毛壮直等性状，淘汰杂色蚕、弱小蚕；茧期注重茧型、茧色、全茧量、茧层量、蛹体健康程度等；蛾期注重蛾的强健性和蛾体色的选择。

（4）加强管理，良叶饱食　繁育不同的种级有不同的蚕场条件要求，特别是对食叶程度的要求比较严格，留有适当的柞叶，可以减少蚕病的发生，提高蚕种质量并有利于蚕场的生态建设。

小蚕期选择适龄柞及适熟叶，使叶适蚕需；大蚕期食叶量大，要注意良叶饱食，适当给予成熟叶能提高茧质和蚕种的质量。春蚕注意防高温、干旱，秋蚕注意防低温冷害。

（5）加强培育，防止退化　新品种经过数年繁育后，一些优良性状会因各种因素的影响丧失或降低，即品种退化。如抗逆性、全茧量、茧层量、产卵量、发育整齐度等失去了原品种优良性状。

①造成品种退化的原因

a. 机械混杂　在良种繁育过程中，各种因素如品种特征不典型、制种中雄蛾飞舞等，都会造成机械混杂。

b. 不合理的人工选择　选择时偏离了本品种的固有特征、特性，失去了原有的优良性状。

c. 繁育环境条件不适合品种优良性状的发挥　新品种长期在不良环境下培育，其优良性状得不到正常发挥甚至丧失。

d. 多代近亲繁殖　由于近亲繁殖，生命力、生殖力及某些生产性能下降，产量不稳定。母种生产更为严重，因其群体小，个体之间亲缘关系近，常出现同胞或半同胞自交导致品种退化。

e. 自然突变　自然突变频率虽然较小，但确有发生，也会造成品种的遗传性状发生变化。

②复壮措施　优良品种发生退化以后，应采取科学的技术措施进行复壮（race restoration），使其恢复原有的优良特性，提高其生命力和生产力。

a. 不同温度暖茧、暖卵饲育后交配　试验表明，改变暖种及暖卵温度再进行交配，可以提高蛹的羽化率和幼虫孵化率。

b. 不同季节饲育的个体进行交配 、不同饲料饲育后进行交配　同品种不同季节或不同饲料饲育后交配可以起到复壮的作用。

c. 同品种不同品系及同品种异地交配　在品种育成推广时保留 2 个品系，复壮时进行品系间交配；或同品种在异地繁育后进行交配均可起到复壮作用。

d. 同品种多雄交配可提高生命力　根据受精选择理论，采用多雄授精可提高后代生命力。

e. 系统地连续地进行综合选择　在 4 个变态阶段，按品种固有的特征、特性，从数量与质量性状两个方面逐代进行选择。

9.3　柞蚕良种繁育中质量控制要求

9.3.1　各级种繁育的投种量

1. 二化性蚕区放养量

(1)母种　单蛾区饲养，春蚕每人放养 50 蛾，保育母种，秋蚕放养 60 蛾；双蛾母种，秋蚕不超过 200 蛾。

(2)原种　春蚕放养不超过 250 蛾，小蚕双蛾区育，3 龄淘汰微粒子病区混育，秋蚕卵量饲养不超过 1.25 kg。

(3)普通种　卵量饲养，春蚕不超过 1.25 kg，秋蚕不超过 1.5 kg。

2. 一化性蚕区放养量

(1)母种　每人放养 100 蛾。

(2)原种　每人饲养卵量 0.4 kg。

(3)普通种　每人饲养卵量 0.5 kg。

3. 二化一放秋柞蚕

(1)母种　保育母种每人放养 80 蛾；繁育母种每人放养 130 蛾。

(2)原种　每人放养 600 蛾。

(3)普通种　每人饲养卵量 1.5 kg。

9.3.2　选择淘汰

1. 蚕期微粒子病检查

各级蚕种在繁育过程中都必须进行补正检查和预知检查，发现微粒子孢子的蛾区整区淘汰。

2. 选择淘汰

(1)选卵　各级蚕种应按该品种的性能指标及质量标准，在孵化收蚁前进行选卵，卵粒大小均匀，淘汰单蛾卵数量过少或过多的蛾区，去劣留优，保持品种的特征特性。

(2)选蚕　各级蚕种在饲养过程中，应做好选蚕工作，及时淘汰迟眠蚕、弱小蚕、病态蚕、非本品种特征特性蚕。选留蚕标准为具有本品种固有的特征、特性，发育齐一，体色一致。

各级蚕种在收蚁时可增加 10％ 的数量，保证繁种数量。

(3)选茧　种茧采收后，严格选出薄皮茧、畸形茧、双宫茧等。茧型端正、大小匀整，封口紧密，茧丝排列均匀整齐，茧衣完整。

蛹体端正，颅顶板清白，血液清亮，黏度大，脂肪饱满、无红褐色渣点。

(4)选蛾　制种过程中，按照品种蛾期特征特性进行选择，淘汰病劣蛾、畸形蛾、非本品种特征特性蛾。形态端正，体色一致，腹部环节紧凑，鳞毛厚密，血液清晰，背脉管不变色，翅脉坚硬。

9.3.3　制种形式

(1)单蛾母种　单蛾区发蛾、异蛾区交配、单蛾袋制或纸面产卵、全部镜检，制种量是放养量的 2 倍。建立谱系档案，定期复壮。

(2)双蛾母种分区发蛾、异区交配、双蛾袋制、全部镜检，制种量比放养量多 50％。

(3)原种、普通种　认真选蛾，严格淘汰；全部进行微粒子病检查。

9.3.4　食叶量

1. 春蚕母、原、普通种

放养需剪移 3 次以上，小蚕食叶量不得超过墩柞叶量 1/3，大蚕食叶量不得超过 2/5，普通种不得超过 2/3。

2. 秋蚕母种

放养需剪移 3 次以上，原种和普通种需剪移 2 次以上，小蚕食叶量不得超过墩柞叶量 1/2，大蚕食叶量不得超过 3/5。

9.3.5　蚕期发病检查

1. 母种

脓病、软化病在 5 龄蚕期发病率 2％ 以下，及时淘汰病弱蚕；微粒子病区必须淘汰。

2. 原种

脓病、软化病在 5 龄蚕期发病率 3％以下，及时淘汰病弱蚕；微粒子病率在 0.5％以下。

3. 普通种

脓病、软化病在 5 龄蚕期发病率在 4％以下，及时淘汰病弱蚕；微粒子病率在 1％以下。

9.4　柞蚕良种繁育场(基地)的建立

9.4.1　柞蚕良种繁育场的环境条件

柞蚕良种繁育是一种季节性强、生产集中、生产过程复杂、技术性强的工作，建立柞蚕良种繁育场需要选择合适的生态环境和地区。

(1)气象条件　建场地点要选择自然条件好的地区，该地区纬度适宜、无霜期较长，年降雨量在 700 mm 以上，春秋季基本上无霜冻危害，温湿度适合柞蚕生长发育。

(2)生物条件　建场地区要有成规模的柞林分布和发展前途，柞蚕场植被良好，柞树郁密度大，每公顷柞树约 2 200 墩。

良种繁育场设在柞蚕生产区，以便示范推广和技术指导，场址要求地势高燥，土质适宜，气候少变，水源充足，交通便利等特点。

9.4.2　柞蚕良种繁育场的规模

为了保证柞蚕种质量，依其设备条件、柞林面积、技术力量的配备决定其规模。

(1)蚕场　蚕场数量充足，每人用蚕场面积 4 hm² 左右；柞树树形为中干树形，密度约为 150 株/667 m²，树种为辽东栎、麻栎或蒙古栎；坡度低缓，南北坡向，土质肥沃；经轮伐更新，养成树枝龄分别为 1 年生、2 年生、3 年生、4 年生的蚕场。

(2)蚕室　必须具备有最大制种量相称的生产用房，如发蛾室、晾蛾室、产卵室、保卵室、低温室或冷库、镜检室、附属屋等。主要生产用房要能调节温度和湿度，并且便于换气采光、消毒防病。还要准备一些其他用房，如宿舍、食堂、办公室、仓库等。

(3)蚕具　茧床、移蚕制种用蚕筐、晾蛾架晾蛾用塑料纱、产卵袋等。

（4）设备　显微镜、冷冻机、温度计、天平、喷雾器、喷粉器、量筒、加温设备等。

（5）配备足够的技术力量　一个蚕种场技术水平的高低，对于提高蚕种质量、保证蚕种生产任务的完成具有重要的意义。要配备经验丰富、技术熟练的技术员。技术员要掌握全面计划，组织蚕种生产，并能根据气候变化、品种特点，结合生产的薄弱环节及时提出切合实际的和有效的技术措施，解决生产中存在的实际问题。

9.5　柞蚕杂交种繁育

9.5.1　柞蚕杂种优势

1. 柞蚕杂种优势的研究简史

杂种优势（heterosis）是提高产品质量和产量的重要途径，也是柞蚕良种繁育的重要措施之一。我国古代早就积累了不同蚕品种杂交的实践，并观察到蚕的杂种优势现象。明崇祯 11 年（1637），宋元星在《天工开物》中记载："凡茧色为黄白两种，川、陕、晋、豫有黄无白，嘉湖有白无黄。若将白雄配黄雌，则其嗣变成褐茧。"同书又说："今寒家有将早雄配晚雌者，幻出嘉种，一异也。"这里所指的早雄配晚雌是指二化性中的桑蚕雄蛾与一化性种的桑蚕雌蛾杂交，嘉种即表现为杂种优势。1906 年日本学者外山博士首次提出饲养 1 代杂交种，杂交种的应用在日本堪称一次"蚕业革命"。柞蚕杂种优势的研究和利用开始于 20 世纪 50 年代，藤云鹤等（1956）利用多雄授精法培育出多丝量品种三里丝，将三里丝与辽青组配成杂交种，具有较好的生产性能。1963 年山东省开始利用 1 代杂交种并取得较好的效果。河南省李铁樵（1964）提出柞蚕生产上可以利用杂种 1 代。2001 年朱绪伟等又采用二化性品种 802 与一化性品种河 6 号杂交，在一化性地区表现较强的杂种优势。辽宁省蚕业科学研究所从 20 世纪 80 年代开始，陆续选育了柞杂 1～5 号二元杂交种。内蒙古蚕业科学研究所于 20 世纪 90 年代组配成（扎兰 1 号·青绿）×（青黄 1 号·黄安东）、（扎兰 1 号·青 6 号）×（青绿·黄安东）等四元杂交种。

吉林省蚕业科学研究所为解决无霜期短的问题，用小黄皮与现行品种杂交收到了较好的效果。为解决柞蚕生产上春季饲养杂交 1 代，秋季可能遇到饲养杂交 2 代的困难，又开展了多元杂交种的选育工作。1993 年高德三等育成了三元杂交种(C_{66}·781)×青 6 号；1996 年王殿佐等育成了三元多丝量杂交种(多丝 4 号·方山黄 1 号)×多丝 3 号。为了提高柞蚕的饲料效率，开展了高饲料效率品种选育研究，并育成了高饲料效率品种 8821 和 8822，并组配成了三元杂交种(8821·8822)×选大 1 号。该品种及杂交种的选育成功，开辟了柞蚕育种的新途径，有效地利用自然资源，并实现了高产稳产的目标。李维田等根据柞蚕生产的实际情况提出了春用杂交 1 代、秋用四元杂交种的生产模式，育成并推广了四元杂交种丰杂 1 号、丰杂 2 号、丰杂 3 号。2003 年沈阳农业大学柞蚕研究所育成了抗病性强的丰产型青黄杂交种选大 1 号×沈黄 1 号。实践证明，柞蚕生产上采用杂交种，可以提高产茧量 15%～25%。

在进行杂交种组配的同时，又开展了有关柞蚕杂种优势的基础理论研究，1981 年任兆光等认为，柞蚕杂种优势的大小顺序为斤卵茧层量＞斤卵产茧量＞斤卵收茧粒数＞收蚁结茧率＞产卵重＞产卵粒数＞茧层量＞全茧量＞茧层率＞全龄经过。采用 Griffing 的完全双列杂交法测定，在柞蚕茧质性状中，一般配合力与杂种优势率间的相关系数较小，只有全茧量的相关系数达显著性水平，而特殊配合力与杂种优势率的相关系数较大，具有明显的正相关，但柞蚕茧质性状的一般配合力和特殊配合力均达显著水平，说明该类性状是由二种配合力共同作用的。关于柞蚕杂种优势产生的生理基础，有研究认为不同品种的某些生理活性物质有差异，杂交后两亲的异质性生理活性物质彼此互补，相互刺激，强化了杂合体的生理反应，从而产生了旺盛的生活力形成杂种优势。我们研究发现，青 6 号×方山黄 1 号这一杂种优势强的组合血淋巴酯酶同工酶有"杂种酶带"，消化液淀粉酶同工酶有"互补酶带"；从酯酶活性上看，F_1 代卵期的酯酶活性较两亲本的活性高，酯酶同工酶电泳也显示，F_1 代的酶带宽、颜色深，即 F_1 代酯酶活性较强。RAPD 标记研究表明，从 30 个引物中筛选出 11 个引物对四个柞蚕群体扩增出差异性条带，从 F_1 代扩增出的非亲性位点及其基因组 DNA 较亲本具有更丰富的多态性。

2. 柞蚕杂种优势的基本概念

(1)杂交：指 2 个遗传结构不同的个体间的交配，生产上一般指不同品种和品种以上个体间的交配。

(2)杂交种：指 2 个遗传结构不同的柞蚕品种杂交后所产生的后代。现行柞蚕杂交种均为正反交。

(3)杂种优势：在某一群体特别是在小群体范围内，如果不断地采用群体内个体间的交配，各发育阶段所表现的形态特性和经济性状就会逐渐纯化，而生命力和抗逆性则相应下降，在不良的环境条件下，会造成群体下降。但是，遗传结构不同的两个群体之间的个体进行交配，就会表现出强大的生命力和优良的经济性状，这种现象称杂种优势（Heterosis）。

柞蚕杂种优势的表现为杂种 1 代（F_1）的性状在个体间表现高度一致；并且 F_1 代具有比双亲更强的生长势。即个体间眠起齐、发育齐、老熟齐；生活力强、发育快、抗逆性强、适应性广、繁殖力高（好养、高产、茧大、丝多、卵多）；产量高、丝质优良等优于双亲的现象。杂种优势在生物界广泛存在，以第 1 代最强，以后随近亲交配代数的增加而逐渐下降以致消失。F_2 代优势降低程度可依下列方法估算：

$$F_2 \text{ 优势低}(\%) = \frac{F_1 - F_2}{F_1} \times 100 \tag{9.5-1}$$

3. 柞蚕杂种优势的度量

表示柞蚕杂种优势强弱的指标主要有杂种效果、杂种优势率、杂种优势指数、真杂种优势率、竞争杂种优势率和势能比值等，现介绍如下：

(1)杂种效果（hybrid effect）（δ）

F_1 的表型值与两亲平均值（Mid-parent，MP）之差。计算式：

$$\delta = F_1 - MP \tag{9.5-2}$$

其中，$MP = \dfrac{P_1 + P_2}{2}$。

杂种效果是某一性状 F_1 与 MP 之间的差数绝对值，只能在同一性状上来比较不同杂交组合间杂种优势的大小，但在不同性状之间难以进行比较。

(2)杂种优势率（vigorous rate，VR）

由于各性状单位不同，杂种效果难于比较不同性状的杂种优势大小。因此可用杂种效果与两亲平均值的百分率来度量。杂种优势率是一代杂交种值超过两亲平均值的百分率（优势率）。计算式：

$$VR(\%) = \frac{F_1 + MP}{MP} \times 100 \tag{9.5-3}$$

　　杂种优势率可以进行同一性状和不同性状间的杂种优势比较，用途广。

　　柞蚕经济性状的杂种优势率因组合方式、季节、性状不同而有差异。我们以沈黄 1 号和选大 1 号及 F_1 为材料测定柞蚕茧质性状及饲料效率的杂种优势率（表 9.5-1、表 9.5-2）。

表 9.5-1　秋柞蚕茧质性状及杂种优势率（李俊、秦利　2007）

品种组合	全茧量 (g)	茧层量 (g)	茧层率 (%)	蛹重 (g)	全茧量 /VR	茧层量 /VR	茧层率 /VR	蛹重 /VR
X	8.715	0.995	11.955	7.685				
S	8.995	1.085	12.295	7.905				
X×S	9.26	1.095	12.16	8.165	4.58%	0.48%	0.29%	4.75%
S×X	9.405	1.16	12.625	8.245	6.21%	11.54%	4.12%	5.77%
X×(X·S)	9.055	1.125	12.675	7.93				
(X·S)×X	8.74	1.03	11.985	7.715				
X×(SX)	9.23	1.165	12.82	8.06				
(S·X)×X	9.38	1.13	12.26	8.2				
S×(X·S)	8.345	0.955	11.64	7.39				
(X·S)×S	8.255	1.025	12.72	7.23				
S×(S·X)	8.385	1.035	12.495	7.35				
X·S F_2	8.33	0.965	11.76	7.365	−5.93%	−7.21%	−3.01%	−5.52%
S·X F_2	8.065	0.92	11.54	7.145	−8.92%	−11.54%	−4.82%	−8.34%
(S·X)×S	9.115	1.12	12.495	7.95				

注：X：选大 1 号；S：沈黄 1 号。

表 9.5-2　秋柞蚕 5 龄幼虫的食下量、消化率的杂种优势率

品种组合	食下量(g) AOFI	消化率(%) Digestibility	食下量杂种优势率(%)	消化率杂种优势率(%)
X	44.30	12.07		
S	44.36	13.55		
X×S	45.77	16.47	3.25	28.57
S×X	46.98	16.74	5.98	30.70
X·S F_2	38.67	12.83	−12.77	0.16
S·X F_2	38.33	13.55	−13.53	5.78

注：X：选大 1 号；S：沈黄 1 号。

表 9.5-3 亲本及 F_1、F_2 代的经济性状和杂种优势率（春季）

品种组合	产卵量（粒）	全茧量（g）	蛹重（g）	茧层率（%）	杂种优势率（%）			
					产卵量	全茧量	蛹重	茧层率
X	271	7.83	7.14	8.90				
S	290	7.26	6.66	8.26				
X×S	327	8.56	7.55	11.81	16.58	13.45	9.42	37.65
S×X	307	7.87	6.67	9.12	9.45	4.31	−3.33	6.29
X×(X·S)	262	6.69	5.48	10.37	−6.60	−27.40	−20.58	20.86
(X·S)×X	286	5.9	5.32	9.83	1.96	−29.49	−22.90	14.57

注：X：选大 1 号；S：沈黄 1 号。

（3）杂种优势指数（vigorous index，VI）

杂种优势指数是 F_1 表型值对两亲平均值的指数（优势指数）。计算式：

$$VI = \frac{F_1}{MP} \times 100 \qquad (9.5\text{-}4)$$

优势指数也可以比较不同性状之间杂种优势的大小，计算简单。

（4）超亲优势率（over parents hybrid vigour）

超亲优势率是 F_1 表型值和较优亲本的差与较优亲本的表型值的百分率。计算式：

$$SPH(\%) = \frac{F_1 - P_h}{P_h} \times 100 \qquad (9.5\text{-}5)$$

其中，P_h 最优亲本的表型值。

（5）竞争杂种优势率（rate of competitive heterosis）

竞争杂种优势率属经济学范畴。柞蚕生产上的优势杂交种，不仅其主要经济性状具有杂种优势和真杂种优势，而且还要超过现行最优良的品种（一般品种比较试验中以现行最优品种为对照种）。这种杂种优势称为竞争杂种优势。

$$竞争杂种优势率(\%) = \frac{F_1 - S_t}{S_t} \times 100 \qquad (9.5\text{-}6)$$

其中，S_t 为对照品种或杂交组合的表型值。

（6）势能比值（potence ratio，PR）

势能比值是指杂种效果与两亲中位值的比。计算式：

$$PR = \frac{F_1 - MP}{\dfrac{P_2 - P_1}{2}}, 其中 \ P_2 > P_1 \qquad (9.5-7)$$

势能比值是 Mather K 和 Jinks JL 于 1949 年提出的，用以表示两亲本性状有关基因的平均优良度。h/d 提供了单一基因差异的显性度量，但若考虑一个以上的基因时，h/d 并不提供相应的显性度量。$(h)/(d)$ 可能很小，仅仅是因为有一些 h 是正值，而另一些 h 是负值，甚至即使没有一个 h 是小的，也会导致小的 $\sum_h$ 值；同样，$(h)/(d)$ 可能大，恰好是因为基因在两个亲本品系之间呈如此分布，以至于它们趋于互相抵消其效应，即使每一个 d 值本身都不小，而 $(d)=(d+)-(d-)$ 都是小的。因此 $(h)/(d)$ 虽然随显性而转移，表现在除非一个或更多的基因表现为显性它不能偏离于 0，但是，它本身不是显性的直接度量，因此它常常被称为势能比值。当二品系在一个以上位点有差别时，F_1 超出了两亲本为限的范围而表现出杂种优势，即 $(h)>(d)$。因为 (h) 超过 (d) 可能单纯是由于各种基因的彼此平衡抵消的程度，比其 h 的抵消程度为大，所以无理由去假设所涉及的基因中有超显性的作用。如当 $ha=da$，$hb=db$ 时，AAbb 和 aaBB 的 F_1 表现型将是亲本的表现是 $da-db$ 和 $-da+db$，于是，$(h)/(d)=(ha+hb)/(da-db)=(da+db)/(da-db)$，可见两个基因都不表现超显性时也能表现出杂种优势来。

$$M = \frac{P_1 + P_2}{2}, d = P_2 - MP = P_2 - m = \frac{P_2 - P_1}{2},$$
$$h = F_1 - m = F_1 - MP \qquad (9.5-8)$$

所以 $PR = \dfrac{F_1 - MP}{\dfrac{P_2 - P_1}{2}} = \dfrac{h}{d}$

$PR > 0$ 时，有杂种优势，且 PR 值越大，杂种优势越明显；

$PR = 0$ 时，无显性；$PR = \pm 1$，为正负性完全显性；

$-1 < PR > 1$，为正负向超显性。

4. 柞蚕杂种优势的特点

(1)杂种 1 代在性状上高度一致。表现为发育齐、全龄经过一致、茧质性状一致等。

(2)杂种优势随世代的增加优势递减。表现为 F_2 代发育不齐，各性状表现不一致。但有时 F_2 代的结茧数高于 F_1 代，这可能是由于 F_1 代产卵数多的缘故。

（3）正反交杂种优势率不同。如柞早 1 号×青黄 1 号，正交全龄经过缩短明显，反交则稍差。由于柞蚕生产的特殊性，正反交一般全部用于生产。

（4）不同性状的杂种优势率不同。在同一组合中，产茧量、产茧数、收蚁结茧率的杂种优势率较高；而茧层量、茧层率、全龄经过等杂种优势率较低。

9.5.2 杂种优势产生的原因

杂种优势所涉及的性状一般皆为数量性状，而数量性状是由许多彼此独立的微效多基因所决定的。多基因的效果相等且具有累加作用（Nilson-Ehle，1908）。同时，微效多基因的等同作用易受环境影响。一代杂交组合的遗传成分可分为加性基因效应和非加性基因效应，加性基因效应是既能遗传又能固定的成分，非加性基因效应是能遗传但难以固定的成分，在纯种选育上虽难以固定，但能提高 F_1 代的表型值，在一代杂交组合上仍是重要的成分。杂种优势产生的机理还不十分清楚，目前有以下几种假说。

1. 显性基因的互补作用（显性假说）

该假说是由 Davenport C B(1908)和 Bruce A B(1910)提出来的，主要论点为杂种优势是对生长发育有利的显性基因相互补充的结果。控制生物生长发育的基因往往有许多对，其中显性基因大都对生长发育有利，而相对的隐性基因大都对生长发育不利。这是因为在进化过程中，有害的显性基因作用会马上反映在表现型上而被淘汰，而隐性基因却可以隐蔽下来。当然隐性基因也有对生物有利的，但比例很少。由于有利的显性基因遮盖了隐性基因的不利作用，杂种就出现了超出双亲的生长优势。

如甲品种影响生长势的基因型为 AAbb，乙品种为 aaBB，则甲与乙杂交 F_1 代的基因型为 AaBb，这两对基因都表现为显性作用，即显性基因比亲本增加一倍，而且基因效应又是累加的，隐性基因不起作用，因此可以产生强大的生长优势——杂种优势。

2. 等位基因的相互作用（超显性说）

超显性说又称等位基因的异质性结合假说，是由 East E M(1936)提出的，该观点同达尔文 Darwin and Shull G H(1910)的观点相一致。East 认为对生长有利的基因会分化出许多复等位基因（突变），这些复等位基因能相互累加地发挥作用，即杂合体本身同一基因座位上的不同等位基因的相互作用，对生长势的影响超过任何一种纯合体，从而产生杂种优势。例如，由一个基因位点 A 突变产生复等位基因 a_1，a_2，…，a_n 等，它们在杂合下如 $a_1 a_2$，$a_1 a_3$，…，$a_1 a_n$ 等彼此无显隐关系，但生理功能各有微小的差异。所以当 $a_1 a_2 \times a_1 a_3$ 时，它的多种代谢产物比只有一种产物的纯合体优越，基因间的多种互作关系增加了适应性。

3. 亲本间的遗传差异

不同亲本由于遗传组成（基因频率）不同，当它们杂交后，两种类型各异的雌雄生殖细胞结合在一起产生的后代具有杂合性或异质性，因而获得比两亲高的生活力，表现为杂种优势。在桑蚕和柞蚕杂种优势研究中，凡是血缘关系、生态类型、地理条件和生理性差异大的两品种杂交，产生杂种优势的组合较多，而这些性状的不同都是遗传差异的反映。所以亲本间的遗传差异是产生杂种优势的主要原因。如桑蚕上的中×日杂交种、柞蚕上的柞杂 6 号等。

4. 生理活性物质的互补和刺激作用

不同品种的某些生理活性物质有差异，杂交后从两亲来的异质性生理活性物质彼此互补，相互刺激，强化了杂合体的生理反应，从而产生了旺盛的生活力形成杂种优势。

孙本忠（1963）查明了 F_1 代桑蚕过氧化氢酶活性大于杂交双亲的任何一方，而且差异越大，杂种优势越强。章佩祯（1965）测定了桑蚕 F_1 代体液比重、比黏度及蛋白质含量明显高于两亲本。另外，在酯酶同工酶研究中，发现了强优势组合中，血淋巴酯酶同工酶有"互补酶带"和"杂种酶带"现象（何家禄，1981；戴玉锦，1985）。在柞蚕杂种优势研究中也发现，青 6 号×方山黄这一杂种优势强的组合血淋巴酯酶同工酶有"杂种酶带"，消化液淀粉酶同工酶有"互补酶带"（秦利，1996）。2003年，我们又测定了春 5 龄盛时期柞蚕血淋巴酯酶同工酶活性、中肠消化液酯酶同工酶活性及杂种优势率（表 9.5-4、表 9.5-5）。王惠等（2007）对10 个柞蚕品种的雌特异蛋白进行了测定，同时对血淋巴雌特异蛋白含量与若干经济性状的相关性进行了分析。结果表明，柞蚕雌特异蛋白含量与某些经济性状密切相关。因此，柞蚕雌特异蛋白含量可以作为一项生理指标，在柞蚕育种中加以应用，对某些经济性状进行早期预测或选择。

表 9.5-4　春 5 龄盛时期柞蚕血淋巴酯酶同工酶活性及杂种优势率

品种组合	性别/OD 值		杂种优势率	
	雌	雄	雌	雄
X	1.125	1.256		
S	1.379	1.393		
X×S	1.438	1.529	14.22%	21.45%
S×X	1.695	1.717	28.65%	30.32%
X×(X·S)	1.427	1.529		
(X·S)×X	1.311	1.449		
X×(SX)	1.292	1.320		
(S·X)×X	1.214	1.233		
S×(X·S)	1.411	1.555		
(X·S)×S	1.391	1.584		
S×(S·X)	1.152	1.356		
X·S F$_2$	1.097	1.117	−12.87%	−11.28%
S·X F$_2$	1.112	1.243	−15.60%	−5.65%

注：X：选大 1 号；S：沈黄 1 号。

表 9.5-5　春柞蚕中肠消化液酯酶同工酶活性及杂种优势率

品种组合	性别/OD 值		杂种优势率	
	雌	雄	雌	雄
X	1.669	1.551		
S	1.797	1.689		
X×S	2.001	1.871	19.18%	11.44%
S×X	2.072	1.945	23.78%	16.19%
X×(X·S)	2.075	1.853		
(X·S)×X	1.765	1.759		
X×(SX)	1.744	1.669		
(S·X)×X	1.943	1.945		
S×(X·S)	2.024	1.637		
(X·S)×S	1.977	1.679		
S×(S·X)	1.989	1.756		
X·S F$_2$	1.720	1.704	2.44%	1.49%
S·X F$_2$	1.840	1.794	9.92%	7.19%

注：X：选大 1 号；S：沈黄 1 号。

9.5.3　影响杂种优势的因素

研究证明，影响柞蚕杂种优势的主要因素有两亲血缘关系的远近、生态型、亲本的纯合度、环境条件等。

(1)地理系统和品种　柞蚕起源于山东省鲁中南地区，通过不同的途径传播到各地，在不同的生态条件下，经自然选择和人工选择已形成了适应于各地的柞蚕品种。如辽宁等东北地区的青黄蚕血统、山东的克岭种、河南的鲁山种、贵州的湄潭种等。这些品种在地理隔离和生殖隔离长期延续的情况下，差异不断扩大，产生变异，形成了各自的遗传基础。研究表明，地理隔离的两个品种杂交，其杂种优势较强，如柞杂 6号、882 × 河 6 号等。

(2)血缘关系　血缘关系远的品种间杂交，其杂种优势较强。如青黄蚕血统品种与黄蚕血统品种间的杂种优势强。

(3)纯合度　杂种优势的大小受双亲纯合度的影响。一般两亲纯正、性状稳定，杂种优势较大。

(4)环境条件　饲养的环境条件影响杂种优势的发挥。环境条件差时，杂种优势表现较明显。这是因为一代杂交种的抗逆性和生命力较高。另外，春、秋期杂种优势的表现也不同。

另外，不同性状的杂种优势表现不同，柞蚕杂种一代的产量性状的杂种优势最大，如单蛾收茧数或收蚁结茧率在春秋都有显著的优势率，其中以血缘关系远的产茧量优势最显著。产卵量的杂种优势率也与对交品种亲缘关系有关。全龄经过的杂种优势也比较大。

茧质性状虽然也存在杂种优势，但杂种优势率不如产量性状明显。这可能是因为杂交种发育经过快，储存物质增加不显著所致。

9.5.4　柞蚕杂交种的组配原则

组配柞蚕杂交种时，两亲本的遗传性状必须相对稳定、纯正。杂交原种如果不纯，则 F_1 代经济性状及生物学性状不一致，蚕发育不齐，茧质等性状差异较大，生产性能低，杂种优势不能充分发挥。

(1)两亲本的遗传差异大，血缘关系较远，有地理阻隔，则杂种优势强。

(2)根据配合力的高低来组配杂交种。采用 Griffing(1956)的完全双列杂交法测定，在柞蚕茧质性状中，一般配合力与杂种优势率间的相关系数较小，只有全茧量的相关系数达显著性水平，而特殊配合力与杂种优势率的相关系数较大，具有明显的正相关。但柞蚕茧质性状的 GCA 和 SCA 均达显著水平，说明该类性状是由二种配合力共同作用的（秦利，1989、1996）。

（3）饲养季节和环境影响杂交组合的杂种优势。二化性地区的春柞蚕生产是种茧生产，秋柞蚕生产是商品茧生产，应考虑各性状的杂种优势高低来组配杂交种；还要考虑环境因素如高温多雨、高温干旱的影响。如黄蚕系统蚕品种对高温干旱的适应性强，可作为这些地区杂交种的杂交亲本等。

（4）由于蚕业生产的特殊性，多元杂交种的应用也非常广泛。关于多元杂交种的组配已进行了初步的研究，为了使后代性状不发生严重分离，原则上应先将血缘关系近、遗传差异小的 2 个品种组配成杂交原种，然后与血缘关系较远、遗传差异较大的品种杂交成为三元杂交种；或将 2 个遗传差异较大的杂交原种再杂交组配成四元杂交种。目前已选育并推广了一些多元杂交种如柞杂 7 号、"大三元"、丰杂 1～3 号等。

如果新品种包含了若干品系，可采用同品种不同品系之间先杂交组成 2 个单交种，然后由 2 个单交种再杂交组成多元杂交种即双杂交种（double hybrid）。双杂交种实际上也是一种四元杂交种，由于同品种异品系间的遗传差异比同系统品种间的遗传差异小，所以双杂交种比四元杂交种更接近二元杂交种。

9.5.5 柞蚕杂交种的制种方法

1. 防止品种混杂，保证彻底杂交

杂交是按杂交种生产计划制成杂交种，因此必须严格按操作技术规程进行。

（1）饲养 2 个对交种（纯种）时，应分区明显，防止混杂。

（2）收茧后，分室分品种保种、穿茧、挂茧，防止混杂。

（3）羽化时，及时捉蛾，防止品种内自交。

2. 调节羽化期

为了使对交品种杂交，必须使对交二个品种雌雄蛾同时羽化，而且数量相等。根据品种的固有特征、特性，如生命力、羽化率、生长发育速度、蛹期发育有效积温等，在不同发育阶段调节羽化期。

(1)春季制 F_1 代时

①有效积温多的品种，先加温暖种或放在温度偏高的地方；或将有效积温少的品种，晚加温暖种或放在温度偏低的地方。

②早羽化的一方，可降低温度控制。一般青黄蚕血统品种蛹期有效积温少，蛹期短；蓝蚕血统品种的蛹期长；黄蚕血统品种蛹期最长。同一血统内品种不同其蛹期长短也不同。暖茧时，解剖蛹体，观察蛹发育程度，调节羽化期。

(2)秋季制杂交种时

①春季饲养时，对交种进行调整，发育慢的通过调整收蚁日期、饲料和蚕场坡向、海拔高度，使之发育速度加快。

②发育慢的品种可通过早摘茧、蛹期补温的方法，加快其发育进程适时制种；发育快的品种也可早摘茧，采用低温控制降低发育速度。

③如果对交种的一方已见苗蛾，可用 10 ℃ 左右的低温抑制发育快的种茧，必要时也可将雄蛾冷藏。

④二化一放早秋蚕制杂交种时，主要通过控制种茧出库日期进行调节；一化二放秋柞蚕制杂交种时，则通过控制感光日期进行调节。

9.5.6　繁育杂交种注意事项

1. 保证蚕种质量

杂交亲本种质优良纯正，是生产优良杂交种的基础。要加强种蚕的饲养管理，严格进行选择淘汰，保证蚕种质量。只有杂交亲本优良纯正，杂交种才能发挥杂种优势。在茧(蛹)、蛾、卵、幼虫 4 个发育阶段，按品种性状进行选择淘汰。

2. 加强饲养管理

杂交种具有杂种优势，即具有较强的生长势、发育快、齐等特点。应按杂交种生长发育规律和实际饲养情况决定饲养技术措施，如生长势强、发育快、眠起齐等，应早匀、早移、早移进茧场，采取适当稀密度饲养等。否则，容易造成缺食、窜枝等，影响杂种优势的发挥。

3. 杂交种的利用形式

二化性地区柞蚕 2 元杂种优势利用目前有 2 种方式：(1)春蚕饲养对交纯种，秋蚕饲养 F_1 代，这种方式放养量较少；(2)春季饲养 2 元杂交种的 F_1 代，秋季放养 F_2 代，这种方式较为普遍。第 2 种方式利用杂种优势的优点较多，一是杂种优势的利用率高，春养 F_1 代产生的杂种优势为秋季的饲养提供了充足的优良种茧；二是 F_1 代发育快，提前秋季的饲养时间；F_1 代产卵量的增加提高了繁育系数——农户实际投入的种卵量增加；三是减小了秋季农户自制杂交种的难度，春季由制种单位提供杂交种卵，秋季自制 F_2 代。

由于多元杂交种遗传基础丰富，群体内类型之间对环境适应范围扩大，使其对环境条件有较强的适应性，目前应用较为广泛。多元杂交种的利用方式，春季生产部门为农户提高多元杂交种，秋季农户利用春季繁育的种茧自己制种，由于多元杂交种自交后代分离出完全纯合的隐性基因型几率非常小，故可以解决 2 元杂交种利用中的秋季饲养 F_2 代的问题。但应注意亲本的纯度要高，否则多元杂交种的后代分离复杂，影响多元杂交种的实用价值。

4. 防止秋柞蚕不滞育蛹的发生

杂交种具有生长势强、发育快、生育期短等特点，如果发育速度过快，使秋柞蚕营茧过早，则容易产生不滞育蛹再羽化，影响种茧质量和产量。可在 4、5 龄期采用北坡等短光照条件饲养，或者适当采用偏老的柞树叶饲养，延迟蚕的发育速度，减少不滞育蛹的发生。

9.5.7　柞蚕部分现行杂交种的性状

1. 选大 1 号×沈黄 1 号

青黄蚕与黄蚕两个不同血统间杂交组合，二化性，中熟，卵壳乳白色，椭圆形，F_1 代大蚕期蚕体背草黄色，体侧新禾绿色，F_2 代有橄榄黄色、向日葵黄色及少量青黄色。茧米色，蛹黑褐色，少数褐色。蛾槟榔棕色。幼虫食性强，春蚕期 55 天，秋蚕期 49 天。千粒茧重 10.10 kg，全茧量 10.05 g，茧层量 1.06 g，茧层率 10.54%。

适合地区：辽宁省各蚕区，尤其适合辽西、辽南地区。

2. 丰杂 1 号——（青黄 1 号·黄安东）×（青 6 号·抗病 2 号）

青黄蚕品种组成的四元杂交组合，二化性，中熟，卵扁椭圆形，卵壳乳白色。幼虫大蚕期蚕体背橄榄黄绿色，体侧鹦鹉绿色。茧浅驼色，茧型中等。蛾山鸡褐色。幼虫蚁蚕行动活泼，群集性强，抗病、抗逆，强健好养，发育整齐，营茧集中。春蚕期 51 天，秋蚕期 48 天。千粒茧重 8.9 kg，全茧量 10.02 g，茧层率 11.27%。

适合地区：辽宁省等二化性各地区。

3. 丰杂 2 号——（青黄 1 号·黄安东）×（青 6 号·多丝 2 号）

青黄蚕品种组成的四元杂交组合，二化性，中熟，卵椭圆形，卵壳乳白色。幼虫大蚕期蚕体背橄榄黄绿色，体侧深橄榄黄绿色，气门线菜花黄色。茧浅驼色，茧型中等。蛾山鸡褐色，雄蛾稍淡。幼虫蚁蚕行动活泼，群集性强，大蚕食性强，抗病、抗逆性强，发育整齐，营茧集中。春蚕期 51 天，秋蚕期 48 天。千粒茧重 8.7 kg，全茧量 10.0 g，茧层量 1.19 g，茧层率 11.9%。

适合地区：辽宁省等二化性各地区。

4. "大三元"——（8821·8822）×选大 1 号

青黄蚕品种组成的三元杂交组合，二化性，卵椭圆形，卵壳乳白色。幼虫大蚕期体背橄榄黄绿色，体侧鹦鹉绿色，气门上线佛手黄色，气门下线疣状突起睛山蓝色。茧象牙黄色，蛹黑褐间有黄褐色，成虫雌蛾岩石棕色，雄蛾山鸡褐色。幼虫龄期偏长，种茧繁育应抓早，在无霜期短的地区春季可采用小蚕室内保护育。饲料效率高，茧型较大，以辽东栎为饲料，茧重转化率、茧层生产率分别为 17.62%、1.75%。解舒率、解舒丝长、茧丝长均优于青 6 号。幼虫对软化病的抵抗性较强。全茧量 9.99 g，茧层量 1.10 g，茧层率 11.01%，全茧量、茧层量比对照抗病 2 号×青 6 号增加 10%以上。

适合地区：辽宁省等二化性各地区。

5. 辽双 1 号——（405·951）×（404·954）

青黄蚕品种组成的四元杂交组合，二化性，卵椭圆形，卵壳乳白色。幼虫大蚕期鹦鹉绿色，气门线菜花黄色。雌蛾丁香棕色，雄蛾淡咖啡色。茧淡褐色，茧型较大、茧层厚。产卵量多、孵化整齐，幼虫食性强、易饲养、生长发育快，对脓病和软化病抵抗性强，适应性广，具有高产稳产的特点。茧丝工艺性状好、茧丝品质优良。全茧量 10.38 g，茧层量 1.24 g，茧层率 11.95%。

适合地区：辽宁省等二化性各地区。

第 10 章
柞蚕种茧检验

柞蚕种茧检验(seed cocoon inspection)是对所繁育的种茧进行质量的检查，从而确定种茧的等级，它是提高蚕种质量的措施之一。种茧检验分种茧生产单位自检和上级主管部门检验两种。生产单位要对本单位生产的种茧在蚕期和蛹期进行全面检查，填写完整的生产和检查记录交上级主管部门检验。母种由省级蚕业主管部门组织检验，原种和普通种由市县级蚕业主管部门组织检验。主管部门根据生产单位的检查结果进行全面检验或部分抽检。一次取样，一次检查，检验合格的种茧签发合格证，准予出售。不合格的种茧降级或作为商品茧出售。

建立、健全种茧检验制度，是保证蚕种质量的重要一环，同时也是保证蚕种在原有性状的基础上使质量逐步提高的重要手段。因此应制定科学的检验标准、熟练掌握检验技术，定期进行检验，保证柞蚕种生产的有序进行。

10.1　种茧检验标准

种茧检验标准由各柞蚕生产省制定，目前尚无全国统一标准，现分别介绍如下。

10.1.1　辽宁省种茧检验标准

该标准由辽宁省农业厅于 1978 年制定，1995 年由辽宁省农业厅果蚕站修订(表 10.1-1)。

表 10.1-1　辽宁省种茧检验标准

检验项目	母种		原种		普通种	
	春	秋	春	秋	春	秋
微粒子病率(%)	无	无	无	1 以下	1 以下	3 以下
健蛹率(%)	97	97	94	94	90	90
死笼率(%)	5 以下	5 以下	7 以下	7 以下	9 以下	9 以下
全茧量(g)	7 以上	9 以上	7 以上	8.5 以上	6.6 以上	8 以上
茧层率(%)	—	10 以上	—	9.5 以上	—	9 以上
蚕期发病率(%)	3 以下	3 以下	5 以下	5 以下	7 以下	7 以下
杂色蚕	无	无	剔出杂色蚕	剔出杂色蚕	剔出杂色蚕	剔出杂色蚕

注:母种分为母种 1 等(健蛹率 99% 以上)和母种 2 等(健蛹率 97% 以上)。

10.1.2　河南省种茧检验标准

河南省种茧检验标准见表 10.1-2。

表 10.1-2　河南省种茧检验标准

项　目	母　种	原　种	普通种
单蛾产卵量(g)	1.8 以上	1.6 以上	—
孵化率(%)	95 以上	95 以上	90 以上
幼虫发病率(%)	8 以下	3 以下(1 次发病)	5 以下(1 次发病)
收蚁结茧率(%)	45 以上	35 以上	10 以上
种茧病毒率(%)	无毒	2 以下	10 以下
健蛹率(%)	92 以上	87 以上	80 以上
全茧量(g)	6 以上	5.5 以上	—
茧层率(%)	10 以上	9.5 以上	—
微粒子病率(%)	无	无	3 以下

10.2　种茧检验方法

各省根据具体情况制定了适合本省的种茧检验方法,现以二化性地区的辽宁省和一化性地区的河南省为例分述如下。

10.2.1 辽宁省种茧检验方法

种茧检验在 11 月上、中旬，根据不同年份的气候特点可适当进行调整。

1. 抽样

种茧检验是用样本的平均数和标准差来估计总体的平均数和方差，从而说明该批种茧的质量。抽样应科学准确、具有代表性。

(1)抽样方法　将选好的种茧以同一个放养人为一个抽样单位统一编号，多点随机一次取样。

(2)抽样数量　母种 10～25 千粒抽取 100 粒。原种和普通种，30 千粒以下抽取 100 粒，31～50 千粒抽取 150 粒，51 千粒以上抽取 200 粒。

2. 主要项目的检查方法

上级监管部门组织的种茧检验，主要以秋蚕蛹期为主，检查的项目如下。

(1)全茧量(cocoon weight)　一粒鲜茧的重量。按抽茧数量全部称重调查。

(2)茧层量(cocoon shell weight)　茧层的重量，包括茧层、茧衣和茧柄的重量。将抽取的样茧剖开调查。

(3)茧层率(rate of cocoon shell)　茧层量与全茧量的百分比。

(4)千粒茧重　按抽茧数量全部称重，换算出千粒茧重量。

(5)雌蛹率和健蛹率

雌蛹率：雌蛹个数占抽检样品粒数的百分比。雌蛹率在 40% 以上为合格。

健蛹率：抽检样品中健蛹数量占抽检总数百分率。

死笼率：指抽检样品中死笼总数占抽样总数的百分率。

健蛹率检查：将抽取的样本全部进行撕蛹检查，撕蛹部位为蛹体背部第三环节处。死蚕、死蛹、伤蛹、嫩蛹、发育蛹、脂肪不饱满、变色有渣点、血淋巴黏稠度小、中肠畸形、缩膛、半蜕皮、畸形蛹等均为非健蛹。特殊年份出现的嫩蛹、活蚕及发育蛹，应根据具体情况分别处理。如数量不超过 5%，可采取补充抽样的方法。

(6)微粒子病率(rate of pebrine)：结合健蛹率调查，母种、原种中的非健蛹全部进行显微镜检查。为了保证种茧检验的科学性，健蛹也进行显微镜检查。

蛹期微粒子病率：蛹期检出微粒子病数量占抽样总数的百分率。

(7)经过检验合格的种茧，发放种茧合格证，准予出售。

10.2.2　河南省种茧检验方法

1. 调查时间

种蛾微粒子病率、单蛾产卵量在制种当时调查；孵化率在收蚁结束后立即进行调查。蚕期发病率在饲养期间调查；收蚁结茧率在采茧后调查。种茧微粒子病率、健蛹率、全茧量、茧层量、茧层率，在当年 9 月下旬调查。

2. 调查方法

(1)单蛾产卵量：母种逐蛾调查，原种每 100 蛾调查 10 蛾。

(2)孵化率：母种逐区调查，原种和普通种每区调查 200 粒卵。

(3)幼虫发病率：母种逐区调查，原种多点调查(10%)。

(4)茧质调查：每区抽取雌雄茧各 20 粒进行调查。

(5)种茧微粒子病率：母种每区抽取雌雄蛹各 5 粒，原种每区抽查雌雄蛹各 25 粒，普通种 10 千粒抽取雌雄蛹各 25 粒。

主要参考文献

1. 黄国瑞. 茧丝学[M]. 农业出版社. 1991.

2. 黄君霆等. 中国蚕丝大全[M]. 四川科学技术出版社. 1996.

3. 姜义仁，刁玉泉，聂磊，李俊，张涛，秦利. 柞蚕育种及分子标记技术应用的研究进展[J]. 蚕业科学，2005(31)(增刊)：52－55.

4. 姜义仁，刘彦群，王洪岩，等. 柞蚕消化液淀粉酶活性与经济性状杂种优势的关系[J]. 沈阳农业大学学报，2008，39(1)：111－113.

5. 李俊，杨瑞生，聂磊，等. 柞蚕杂交 F_1、F_2 代的 ISSR 分析[J]. 蚕业科学，2007，33(1)：113－116.

6. 李敏，王凤成，任淑文，等. 柞蚕品种资源遗传多样性的 ISSR 标记研究[J]，蚕业科学，2007，33(1)：113－116.

7. 李文利. 柞蚕丝素基因转移载体的构建及转基因柞蚕的研究[D]. 大连理工大学博士学位论文，2003.

8. 李玉萍，王欢，武松，等. 柞蚕腺苷酸转移酶基因的克隆与序列分析[J]. 蚕业科学，2009，35(2)：392－396.

9. 辽宁省蚕业科学研究所. 中国柞蚕品种志[M]. 辽宁科技出版社，1994，12.

10. 辽宁省蚕业科学研究所主编. 蚕业研究论文集[M]. 辽宁科技出版社，1998，7.

11. 辽宁省蚕业科学研究所主编. 中国柞蚕[M]. 辽宁科技出版

社，2004，7.

12. 刘彦群，靳向东，秦利，等. 九种绢丝昆虫线粒体 12S rRNA 基因的序列特征和系统发育分析[J]. 昆虫学报，2008，51(3)：307－314.

13. 刘彦群，鲁成，秦利，向仲怀. 利用 RAPD 标记分析柞蚕品种资源的亲缘关系[J]. 中国农业科学，2006，39(12)：2608－2614.

14. 刘彦群，秦利，张涛，等. 柞蚕消化液蛋白酶活性与经济性状相关研究[J]. 西南农业大学学报，2000(2)：128－130.

15. 刘彦群，秦利，张涛，等. 柞蚕杂种优势研究进展[J]. 蚕业科学，2000，26(2)：118－120.

16. 刘彦群，张金山，秦利，等. 酯酶活性与柞蚕部分经济性状关系研究[J]. 沈阳农业大学学报，2002，33(6)：329－333.

17. 鲁成，廖顺尧，刘运强，等. 家蚕线粒体基因组全序列测定与分析[J]. 农业生物技术学报，2002，10(2)：163－170.

18. 鲁成，向仲怀. 家蚕新突变型淡赤蚁的遗传学研究[J]. 蚕业科学，1990，16(1)：21－24.

19. 陆明贤，张义成编著. 柞蚕解剖[M]. 农业出版社.1982，7.

20. 吕鸿声著. 中国养蚕学[M]. 中国农业科技出版社.1998.

21. 毛新国，贾继增. 几种全长 cDNA 文库构建方法比较[J]. 遗传，2006，28 (7)：865－873.

22. 聂磊，钟鸣，李俊，于长海，朴基正，张涛，秦利. 柞蚕杂交 F_1 代的 RAPD 分析[J]. 沈阳农业大学学报，2006，37(1)：61－64.

23. 秦俭. 家蚕第 2 隐性赤蚁的遗传学研究Ⅲ. *ch*-2 基因位点及家蚕第 18 连锁群[J]. 蚕业科学，1988，14(4)：205－207.

24. 秦利，姜义仁，王洪岩. 柞蚕遗传育种研究进展[J]. 沈阳农业大学学报，2006，37(5)：677－682.

25. 秦利主编. 中国柞蚕学[M]. 中国科学文化出版社，2003，5.

26. 沈阳农学院主编. 柞蚕学[M]. 北京农业出版社，1981，6.

27. 苏伦安主编. 野蚕学[M]. 北京农业出版社，1993，9.

28. 仝振祥，王凤成，冀万杰，等. 主成分分析法在柞蚕品种资源经济性状评价中的应用[J]. 蚕业科学，2010，36(3)：513－518.

29. 王振东，武松，曲泽岚，等. 放养型与野生型柞蚕 rDNA ITS-2 的克隆与序列比较[J]. 蚕业科学，2010，36(1).

30. 夏润玺，李玉萍，王欢，等．柞蚕蛹全长 cDNA 文库的构建和随机 EST 测序分析[J]．蚕业科学，2009，35(3)：528—532.

31. 向仲怀主编．家蚕遗传育种学[M]．农业出版社，1994.

32. 向仲怀主编．中国蚕种学[M]．四川科学技术出版社，1995.

33. 徐淑荣，刘丹梅，李文利．柞蚕谷胱甘肽硫转移酶-theta 基因(GSTT)的克隆及其在 5 龄幼虫丝腺中的表达规律[J]．蚕业科学，2009，35(1)：66—70.

34. 杨宝山，侯庆君，王欢，等．不同地理种群银杏大蚕蛾 COI 基因序列变异与遗传分化[J]．昆虫学报，2009，52(4)：406—412.

35. 张蕊，梅兴林，王修业，等．对家蚕第 2 隐性赤蚁基因(ch-2)的 SSR 标记定位及连锁分析[J]．蚕业科学，2010，36(5)：766—770.

36. 浙江农业大学主编．家蚕良种繁育与育种学[M]．农业出版社，1991，10.

37. 中国农业科学院蚕业科学研究所主编．中国养蚕学[M]．上海科学技术出版社，1991，1.

38. 朱宝建，刘朝良，刘秋宁．柞蚕核糖体蛋白基因 $S3a$ 的克隆机表达分析[J]．蚕业科学，2010，36(3)：507—511.

39. 朱绪伟，刘彦群，李喜升，等．利用 DNA 条形编码探讨云南野柞蚕的分类学地位[J]．蚕业科学，2008，34(3)：424—428.

40. Breer, H. , Krieger, J. , Raming, K. A novel class of binding proteins in the antennea of the silkmoth *Antheraea pernyi*[J]. Insect Biochem. , 1990, 20: 735—740.

41. Chang, D. C. , McWatters, H. G. , Williams, J. A. , *et al*. Constructing a feedback loop with circadian clock molecules from the silkmoth, *Antheraea pernyi*[J]. J. Biol. Chem. , 2003, 278 (40): 38149—38158.

42. Daimon, T. , Katsuma, S. , Iwanaga, M. , *et al*. The BmChih gene, a bacterial-type chitinase gene of *Bombyx mori*, encodes a functional exochitinase that plays a role in the chitin degradation during the molting process[J]. Insect Biochem. Mol. Biol. , 2005, 35 (10): 1112—1123.

43. Friedlander, T. P. , Horst, K. R. , Regier, J. C. , *et al*. Two nuclear genes yield concordant relationships within Attacini (Lepidop-

tera: Saturniidae)[J]. Mol. Phylogenet. Evol. , 1998, 9 (1): 131—140.

44. Gotter, A. L. , Levine, J. D. , Reppert, S. M. Sex-linked period genes in the silkmoth, *Antheraea pernyi*: implications for circadian clock regulation and the evolution of sex chromosomes[J]. Neuron, 1999, 24 (4): 953—965.

45. Hirai, M. , Terenius, O. , Li, W. , *et al*. Baculovirus and dsRNA induce Hemolin, but no antibacterial activity, in *Antheraea pernyi*[J]. Insect Mol. Biol. , 2004, 13 (4): 399—405.

46. Hong M. Y. , Lee E. M. , Jo Y. H. , *et al*. Complete nucleotide sequence and organization of the mitogenome of the silk moth *Caligula boisduvalii* (Lepidoptera : Saturniidae) and comparison with other lepidopteran insects[J]. Gene, 2008, 413(1—2): 49—57.

47. Hwang J. S. , Lee J. S. , Goo T. W. , *et al*. Molecular genetic relationships between Bombycidae and Saturniidae based on the mitochondria DNA encoding of large and small rRNA[J]. Genet. Anal. , 1999, 15(6): 223—228.

48. Kim, B. Y. , Park, N. S. , Jin, B. R. , *et al*. Molecular cloning and characterization of a cDNA encoding a novel cuticle protein from the Chinese oak Silkmoth, *Antheraea pernyi* [J]. DNA Seq. , 2005, 16(5): 397—401.

49. Krieger, J. , Klink, O. , Mohl, C. , *et al*. A candidate olfactory receptor subtype highly conserved across different insect orders[J]. J. Comp. Physiol. A Neuroethol. Sens. Neural. Behav. Physiol. , 2003, 189 (7): 519—526.

50. Krieger, J. , Mameli, M. , Breer, H. Elements of the olfactory signaling pathways in insect antennae[J]. Invert. Neurosci. , 1997, 3(2—3): 137—144.

51. Krieger, J. , Raming, K. , Breer, H. Cloning of genomic and complementary DNA encoding insect pheromone binding proteins: evidence for microdiversity[J]. Biochim. Biophys. Acta. , 1991, 1088 (2): 277—284.

52. Mahendran, B. , Ghosh, S. K. , Kundu, S. C. Molecular

phylogeny of silk producing insects based on internal transcribed spacer DNA1[J]. J. Biochem. Mol. Biol. , 2006, 39(5): 522—529.

53. Maida , R. , Krieger, J. , Gebauer, T. , *et al*. Three phero-mone-binding proteins in olfactory sensilla of the two silkmoth species *Antheraea polyphemus* and *Antheraea pernyi*[J]. Eur. J. Biochem. , 2000, 267 (10): 2899—2908.

54. Pan M. H. , Yu Q. Y. , Xia Y. L. , *et al*. Characterization of mitochondrial genome of Chinese wild mulberry silkworm, *Bombyx mandarina* (Lepidoptera: Bombycidae)[J]. Sci. China Ser. C-Life Sci. , 2008, 51(8): 693—701.

55. Raming, K. , Krieger, J. , Breer, H. Primary structure of a pheromone-binding protein from *Antheraea pernyi*: homologies with other ligand-carrying proteins[J]. J. Comp. Physiol. B, Biochem. Syst. Environ. Physiol. , 1990, 160 (5): 503—509.

56. Regier, J. C. , Paukstadt, U. , Paukstadt, L. H. , *et al*. Phylogenetics of eggshell morphogenesis in Antheraea (Lepidoptera: Saturniidae): unique origin and repeated reduction of the aeropyle crown[J]. Syst. Biol. , 2005, 54 (2): 254 —267.

57. Reppert, S. M. , Tsai, T. , Roca, A. L. , Sauman, I. Cloning of a structural and functional homolog of the circadian clock gene period from the giant silkmoth *Antheraea pernyi*[J]. Neuron, 1994, 13 (5): 1167—1176.

58. Sauman, I. , Reppert, S. M. Molecular characterization of prothoracicotropic hormone (PTTH) from the giant silkmoth Antheraea pernyi: developmental appearance of PTTH-expressing cells and rela-tionship to circadian clock cells in central brain[J]. Dev. Biol. , 1996, 178 (2): 418—429.

59. Wei, Z. J. , Hong, G. Y. Jiang, S. T. , *et al*. Characters and expression of the gene encoding DH, PBAN and other FXPRL amide family neuropeptides in *Antheraea pernyi*[J]. J. Appl. Entomol. 2008, 132: 59—67.

60. Liu, Y. Q. , Li, Y. P. , Li, X. H. , *et al*. The origin and dis-persal of domesticated Chinese oak silkworm *Antheraea pernyi* in

China: a reconstruction based on ancient texts[J]. Journal of Insect Science, In press.

61. Yuan, Q. , Metterville, D. , Briscoe, A. D. , *et al*. Insect cryptochromes: gene duplication and loss define diverse ways to construct insect circadian clocks[J]. Mol. Biol. Evol. , 2007, 24 (4): 948—955.

62. Li, Y. P. , Yang, B. S. , Wang H. , *et al*. Mitochondrial DNA analysis reveals a low nucleotide diversity of *Caligula japonica* in China[J]. African Journal of Biotechnology, 2009, 8(12): 2707—2712.

附　图

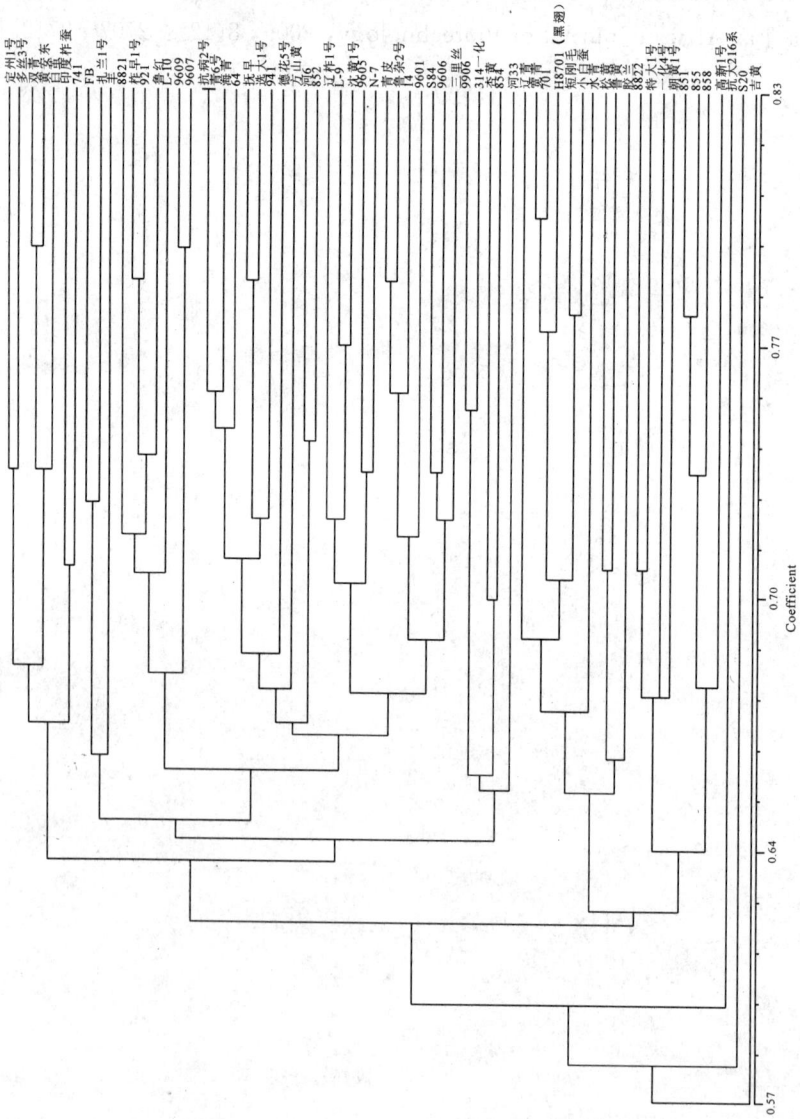

附图 1　基于 RAPD 标记的柞蚕部分品种聚类图

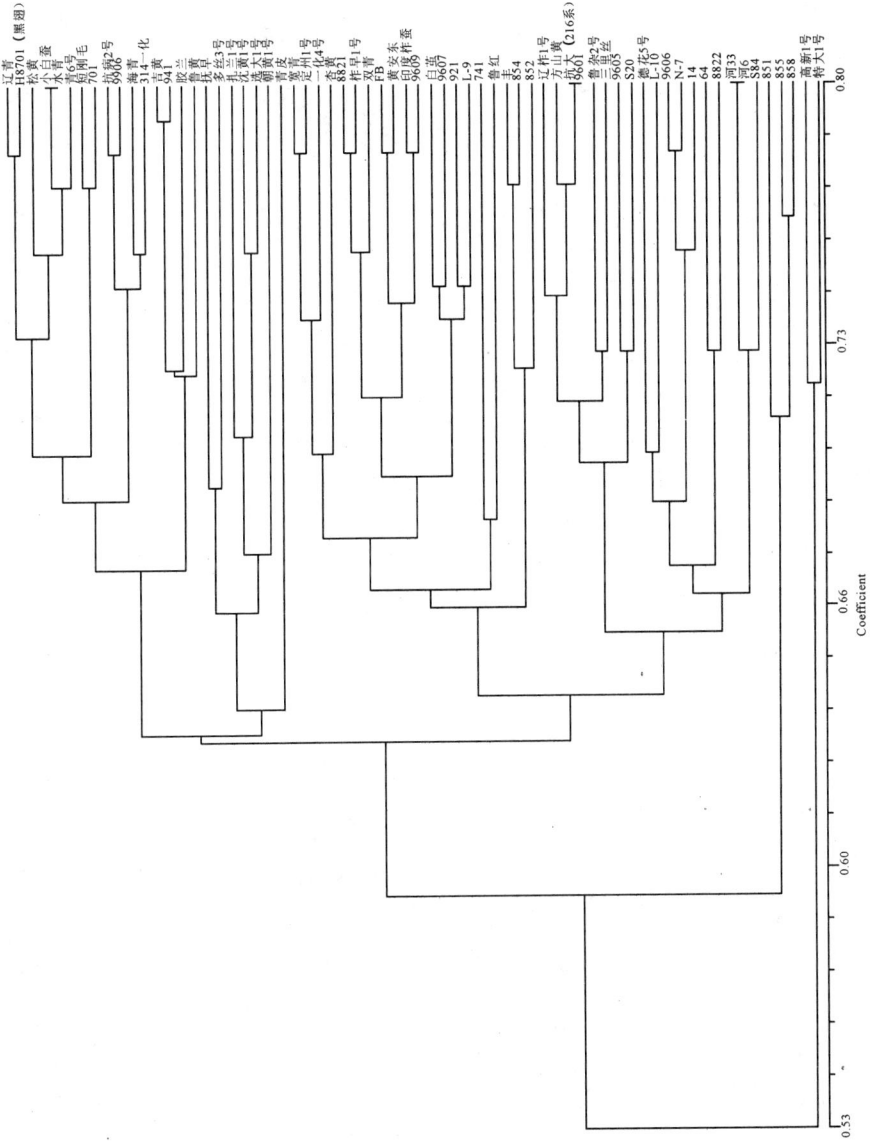

附图 2　基于 ISSR 标记的柞蚕部分品种聚类图